旋挖灌注桩施工新技术

雷　斌　林强有　张宪林　童　心　黄　凯　王　涛　著

中国建筑工业出版社

图书在版编目（CIP）数据

旋挖灌注桩施工新技术 / 雷斌等著. — 北京 ：中国建筑工业出版社，2023. 5（2023.12重印）
ISBN 978-7-112-28664-5

Ⅰ. ①旋…　Ⅱ. ①雷…　Ⅲ. ①钻孔灌注桩-工程施工　Ⅳ. ①TU753. 3

中国国家版本馆 CIP 数据核字（2023）第 071207 号

本书对旋挖灌注桩的每一项施工新技术，从背景现状、工艺特点、适用范围、工艺原理、工艺流程、工序操作要点、机械设备配置、质量控制、安全措施等方面予以综合阐述。全书共分为 9 章，包括：孔口护筒埋设施工新技术、基坑支护桩施工新技术、灌注桩硬岩钻进施工新技术、旋挖灌注桩综合施工新技术、旋挖钻进出渣降噪施工新技术、地下连续墙旋挖引孔新技术、灌注桩孔内事故处理新技术、常见型号旋挖钻机技术参数详表、旋挖钻头。

本书适合从事岩土工程设计、施工、科研、管理人员学习参考。

责任编辑：杨　允　李静伟
责任校对：赵　菲

旋挖灌注桩施工新技术
雷　斌　林强有　张宪林　童　心　黄　凯　王　涛　著
*
中国建筑工业出版社出版、发行（北京海淀三里河路 9 号）
各地新华书店、建筑书店经销
北京科地亚盟排版公司制版
建工社（河北）印刷有限公司印刷
*
开本：787 毫米×1092 毫米　1/16　印张：18¼　字数：456 千字
2023 年 6 月第一版　2023 年 12 月第二次印刷
定价：**75. 00** 元
ISBN 978-7-112-28664-5
(41015)

前　言

近十多年来，在国家政策支持和市场需求推动下，工程机械行业呈现出红火的发展态势，其中桩工机械中的旋挖钻机作为基础工程建设的主要设备之一，为我国地下桩基施工提供了高效、环保、可靠的施工方案，为我国经济建设快速发展做出了突出贡献。

旋挖钻机是我国桩工机械领域起步较晚，但发展最成功的一种基础施工机械。我国地域辽阔、地质条件复杂，为旋挖钻机的发展创造了有利条件。20 世纪 80 年代，我国开始引进国外先进的液压旋挖钻机，1988 年北京市城市建设工程机械厂引进意大利土力公司附着式大直径旋挖钻机，1994 年郑州勘察机械厂以许可证形式引进英国附着式大直径回转斗（短螺旋）钻机。21 世纪初，我国青藏铁路和高速铁路、公路的建设成为促进旋挖钻机快速发展的重要因素，一批自主创新能力强的桩工企业逐渐脱颖而出。2000 年 2 月，国内首台具有自主知识产权的 KHU2000 旋挖钻机彻底打破了国外旋挖钻机产品一统国内市场的格局。2018 年上海宝马展上，XR800E 旋挖钻机成为当时全球最大吨位的旋挖钻机，其最大钻孔直径 4.6m、最大钻孔深度 150m，是国产旋挖钻机制造由跟随到超越的一个标志。目前，我国已能生产 50～1600kN・m 的小、中、大型多种规格的旋挖钻机，各旋挖钻机制造商都取得了良好的市场业绩。

据中国工程机械工业协会桩工机械分会对旋挖钻机的市场保有量统计，2001 年旋挖钻机数量仅数百台，2010 年市场保有量为 5422 台，至 2020 年达 37009 台；2021 年在新冠疫情期间，全年行业销售旋挖钻机 5925 台，截至 2022 年底旋挖钻机保有量估计近 50000 台，目前我国已成为全世界最大的旋挖钻机生产制造国和使用国。

多年来，旋挖钻机在我国基础工程灌注桩施工中发挥了显著的作用，完成了一大批各种复杂地质条件下的大直径、超深孔、入硬岩的灌注桩基础工程，并形成了系列的先进施工工法。然而，在我国无论是旋挖钻机的生产方还是施工使用者，其实践的时间仍然较短，施工经验和技术推广程度仍然有限。同时，随着旋挖钻机用户群的逐步扩大，新入者仍源源不断增加，这就迫切需要对旋挖钻机的科学使用和先进施工工法进行总结和推广，用以指导和规范旋挖钻机施工的各个工序环节，以最大限度地发挥出旋挖钻机的设备优势，创造更多的使用价值和社会财富。

深圳市工勘岩土集团有限公司（工勘集团）是国内首批使用旋挖钻机的专业施工企业之一，拥有各类大中型旋挖钻机 40 多台（套），坚守珠三角和粤港澳大湾区，承接完成了一大批重点基础工程项目施工，在实际施工过程中，针对旋挖钻进过程中的关键技术进行创新研发，包括：孔口护筒埋设、旋挖钻具、泥浆配制、清孔方法、硬岩钻进、钢筋笼制作、灌注成桩、废浆净化处理等全过程，拥有与旋挖桩施工相关的授权发明专利 48 项、实用新型专利 126 项，获市级、省级工法 192 项，122 项科研成果经省级鉴定达到国内领先或先进水平，110 项成果获省部级科学技术奖。工勘集团作为一家基础施工企业，始终将旋挖桩施工工法研究和技术应用实践放在重要位置，取得了一大批良好的业绩。为更好地推广旋挖灌注桩施工新技术，我们将十多年来从事旋挖施工所取得的技术成果编著成册，供专业技术人员参考和借鉴。

本书共包括 9 章，每章的每一节均涉及一项旋挖桩施工新技术，每节从背景现状、工艺特点、适用范围、工艺原理、工艺流程、工序操作要点、机械设备配置、质量控制、安全措施等方面予以综合阐述。第 1 章介绍孔口护筒埋设施工新技术，包括旋挖孔口护筒嵌入式埋设、旋挖灌注桩深长内外双护筒定位、深基坑旋挖灌注桩试桩隔离侧摩阻力双护筒、灌注桩多功能回转钻机深长护筒安放定位等施工技术；第 2 章介绍基坑支护桩施工新技术，包括基坑支护接头箱旋挖"软咬合"成桩、深厚松散填石层咬合桩一荤二素组合式成桩、基坑支护咬合桩长螺旋钻素桩与旋挖钻荤桩、基坑支护旋挖硬咬合灌注桩钻进综合施工、旋挖钻机切除支护桩内半侵入锚索、深厚填石区基坑支护桩强夯预处理旋挖成桩等施工技术；第 3 章介绍灌注桩硬岩钻进施工新技术，包括大直径旋挖灌注桩硬岩分级扩孔、大直径灌注桩硬岩旋挖导向分级扩孔、硬岩旋挖分级扩孔钻进偏孔多牙轮组筒钻纠偏修复、大直径旋挖灌注桩硬岩小钻阵列取芯钻进、大直径旋挖灌注桩硬岩阵列取芯分序钻进等施工技术；第 4 章介绍旋挖灌注桩综合施工新技术，包括大直径嵌岩桩旋挖全断面滚刀钻头孔底岩面修整、抗拔桩嵌岩段孔壁泥皮旋挖伸缩钻头清刷、易塌孔灌注桩旋挖全套管钻进、下沉、起拔一体施工、钢结构装配式平台配合旋挖与全回转组合钻进、软弱地层长螺旋跟管与旋挖钻成孔灌注桩施工、岩溶发育区旋挖地雷形钻头溶洞挤压施工、深厚填石层灌注桩旋挖挡石钻头成孔等施工技术；第 5 章介绍旋挖钻进出渣降噪施工新技术，包括旋挖钻筒三角锥出渣减噪、旋挖钻斗顶推式出渣降噪等施工技术；第 6 章介绍地下连续墙旋挖引孔新技术，包括地铁保护范围内地下连续墙硬岩旋挖引孔与双轮铣凿岩综合成槽、防空洞区地下连续墙堵、填、钻、铣综合成槽等施工技术；第 7 章介绍灌注桩孔内事故处理新技术，包括旋挖桩孔内掉钻螺杆机械手打捞、旋挖筒钻双向反钩孔内掉钻打捞、孔内旋挖掉钻机械手打捞等技术；第 8 章介绍常用的各种旋挖钻机，包括主机、底盘、卷扬、加压系统、动力头、钻孔等技术参数；第 9 章介绍常用的各种类型旋挖钻头，包括钻头的适用范围、特点及功能等。

本书由雷斌统一筹划、编撰指导和审定，深圳市工勘岩土集团有限公司林强有、童心、黄凯、王涛参加了撰写，林强有完成 5.2 万字，童心完成 3.3 万字，黄凯完成 3.2 万字，王涛完成 3.1 万字；江西省地质工程集团有限公司张宪林参加了本书撰写，完成 5.1 万字。

限于作者的水平和能力，书中不足之处在所难免，将以感激的心情诚恳接受读者批评和建议。

雷　斌

2022 年 12 月于深圳工勘大厦

目　录

第1章　孔口护筒埋设施工新技术

1.1　旋挖孔口护筒嵌入式埋设施工技术

1.1.1　引言

灌注桩施工过程中，孔口护筒起到桩孔定位、稳定孔壁的作用。在旋挖灌注桩施工过程中，尤其是入深厚硬岩钻进时，其成桩时间相对较长，孔口护筒底口长时间浸泡在泥浆中，加之频繁提钻、下钻对护筒底部地层的扰动大，如果出现护筒外四周回填不密实，则容易发生护筒底部坍塌，严重的可能造成护筒松动、偏斜、提钻时卡钻、孔口坍塌等，将给灌注桩施工带来质量和安全隐患。

近年来，我公司相继承接了“国信金融大厦建设工程土石方、基坑支护及桩基础工程”“深圳国际会展中心（一期）基坑支护和桩基础工程（三标段）”等旋挖灌注桩施工项目，针对个别旋挖灌注桩入岩施工时间长，施工过程中造成孔口护筒松动、偏斜、卡钻、孔口坍塌等问题，项目组采用旋挖钻头自带扩孔器用于护筒安放，将孔口护筒底埋设在原状地层之中，有效避免了施工过程中孔内泥浆对护筒底口的扰动，确保了护筒底口的稳固，经过一系列现场试验、工艺完善、现场总结、工艺优化，形成了孔口护筒嵌入式埋设定位施工新技术。

1.1.2　工艺特点

1. **操作简单**

本工艺护筒埋设与一般的方法相比，只需增加扩孔埋设时的扩孔钻进和嵌入式定位操作，施工简单、工效高、效果好。

2. **稳定性好**

与通常孔口护筒埋设相比，本工艺通过旋挖钻孔、扩孔，在孔内形成台阶状，并将护筒底口嵌入埋设在稳定的地层内，在施工过程中护筒稳定性好，有效避免了护筒受到扰动而出现松动、移位或坍塌等。

3. **节省成本**

本工艺护筒埋设施工所需配套设备简单，施工用具自行加工制作，护筒埋设安装效率高，有效避免了施工过程中护筒可能出现的各种问题及处理，节省施工成本。

1.1.3　适用范围

适用于常规松散地层旋挖钻进同步扩孔，孔口护筒埋深2～6m，且在埋设深度内有稳定地层，护筒底进入稳定地层要求不小于1m。

1.1.4 工艺原理

本工艺关键技术主要是旋挖钻斗扩孔器孔内扩孔、护筒嵌入式埋设定位技术，钻头自带扩孔器主要用于下护筒，扩孔器上设有不同的插销孔便于调节距离，根据桩径和护筒埋设要求用插销固定，钻头扩孔器与钻头同步钻进，扩孔钻深达到护筒需求深度后安放护筒。

1. 旋挖钻斗扩孔器孔内扩孔原理

1）旋挖钻斗开孔钻进

采用与灌注桩设计直径 D 相同的旋挖钻斗钻孔至护筒埋设深度 H，护筒底进入稳定地层不小于 1m，具体见图 1.1-1。

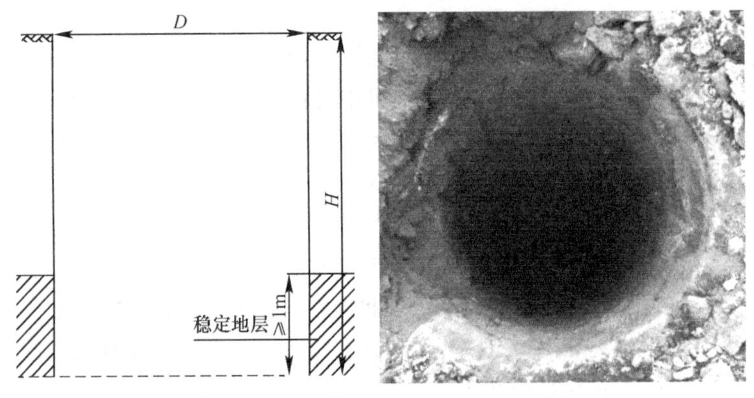

图 1.1-1 旋挖钻斗钻进至护筒埋设深度

2）旋挖钻斗扩孔钻进

（1）在旋挖钻斗的顶部设置护筒扩孔结构，扩孔结构包括焊接在旋挖钻斗顶边缘钢制的扩孔器卡槽、扩孔器、固定扩孔器的插销，具体见图 1.1-2。

图 1.1-2 旋挖钻斗顶部安装扩孔器装置

（2）扩孔器有多种不同的类型，有钢条型、弯钩型、刮渣型，尺寸根据需要配置，具体见图 1.1-3～图 1.1-5。

（3）以实心钢条型扩孔器为例介绍，其为长 300mm、宽 70mm、高 40mm 的长方体；扩孔钢条插入卡槽 100mm，伸出长度即扩孔宽度为 200mm。在距离实心钢条端部 40mm 处设 3 个直径 10mm 插销孔，孔间距 20mm。扩孔器卡槽设计钢板厚 10mm、长 100mm、内宽 70mm、高 40mm，在卡槽上表面间距 40mm 位置同样设置穿销固定孔，其位置与扩孔器相一致，以便扩孔器插入卡槽后用插销固定，具体见图 1.1-6。

图 1.1-3　钢条型扩孔器

图 1.1-4　弯钩型扩孔器

图 1.1-5　刮渣型双刀扩孔器

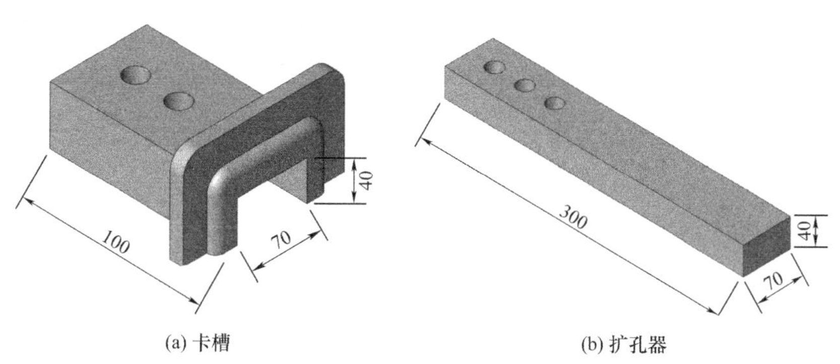

(a) 卡槽　　(b) 扩孔器

图 1.1-6　旋挖钻斗上安装的扩孔器装置设计图

（4）扩孔时，将扩孔钢条插入扩孔器卡槽内，并用插销固定在卡槽上，再下至孔内进行二次扩孔钻进，钻进至护筒深度 2/3，扩孔后钻孔直径比原孔大 400mm，形成钻孔扩孔后孔底的台阶状。旋挖钻斗扩孔器孔内扩孔示意及现场效果具体见图 1.1-7。

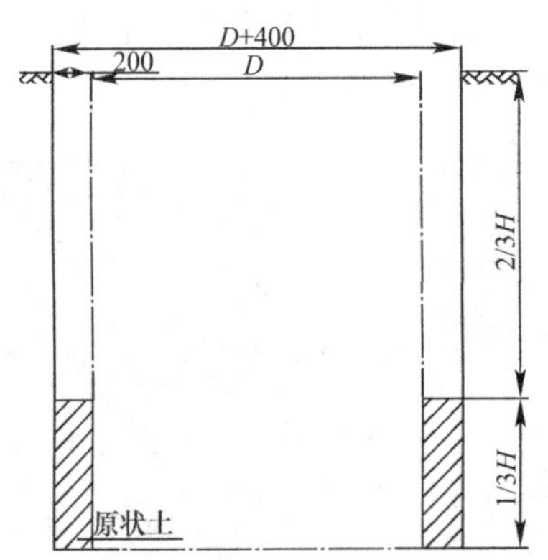

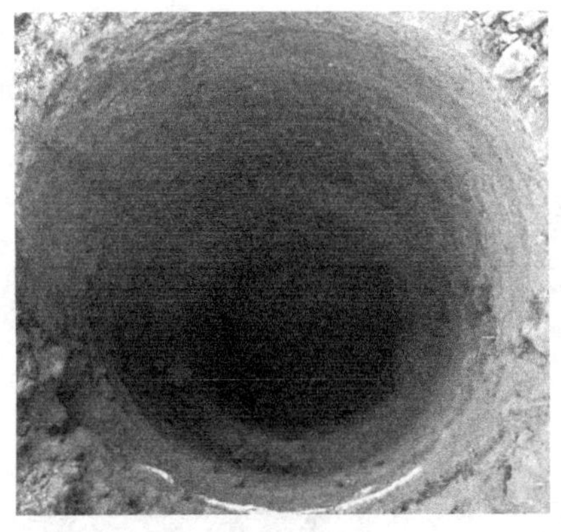

图 1.1-7　旋挖钻斗扩孔器孔内扩孔示意及现场效果

2. **护筒嵌入式埋设定位原理**

旋挖扩孔器扩孔后，提出扩孔旋挖钻斗，孔内形成台阶状；将需埋设的护筒吊入孔内，利用旋挖钻机静力挤压法将护筒压入至埋设深度 H 位置，护筒底口嵌入在稳定的原状地层中，埋设定位示意见图 1.1-8，旋挖灌注桩孔口护筒嵌入式埋设定位施工现场见图 1.1-9。

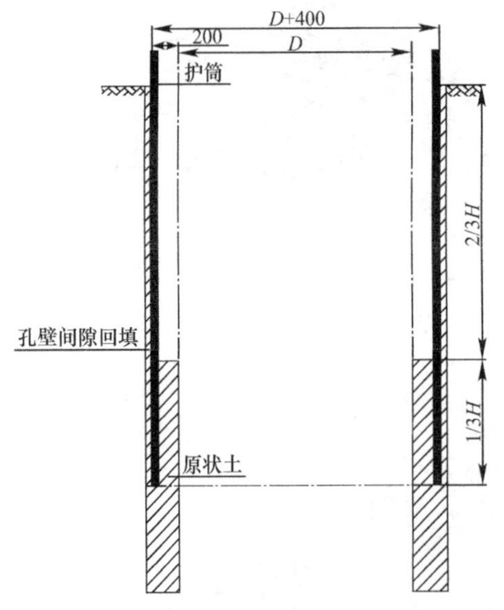

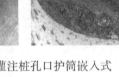

图 1.1-8　旋挖灌注桩孔口护筒嵌入式埋设定位示意

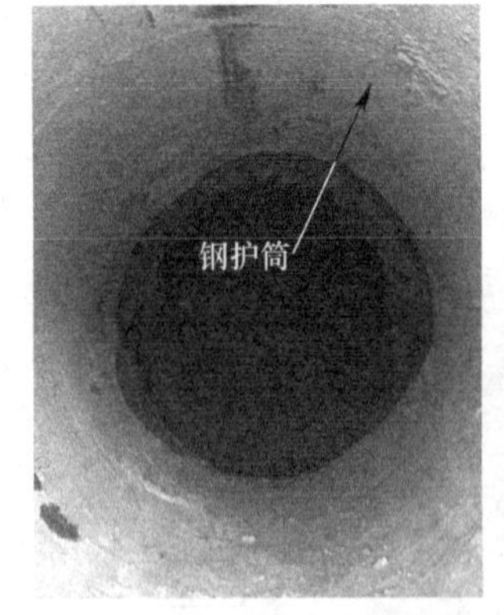

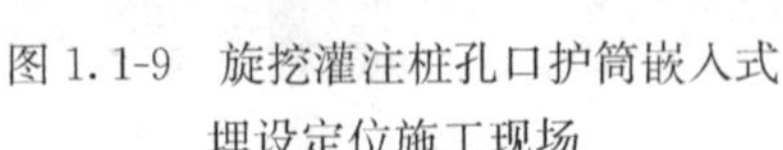

图 1.1-9　旋挖灌注桩孔口护筒嵌入式埋设定位施工现场

1.1.5　施工工艺流程

旋挖灌注桩孔口护筒嵌入式埋设定位施工工艺流程见图 1.1-10。

1.1.6　工序操作要点

1. **施工准备及桩位定位**

(1) 施工前，采用挖机对场地进行整平、压实，并在旋挖钻机履带处铺垫钢板，减小钻机操作时对孔口、孔壁的影响，具体现场铺设见图 1.1-11。

（2）测量工程师对桩位进行放样，采用“十字交叉线”设置 4 个护桩，并将旋挖钻头对准桩位，具体见图 1.1-12。

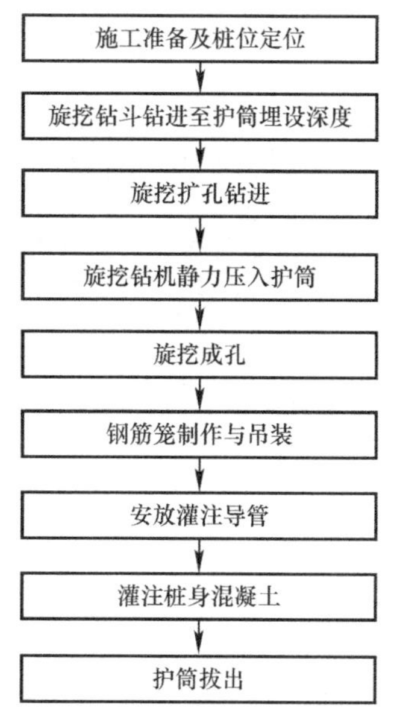
施工准备及桩位定位
旋挖钻斗钻进至护筒埋设深度
旋挖扩孔钻进
旋挖钻机静力压入护筒
旋挖成孔
钢筋笼制作与吊装
安放灌注导管
灌注桩身混凝土
护筒拔出

图 1.1-10　旋挖灌注桩孔口护筒嵌入式埋设定位施工工艺流程

图 1.1-11　钻机履带铺设钢板

图 1.1-12　旋挖钻斗桩中心定位

2. **旋挖钻斗钻进至护筒埋设深度**

（1）采用与设计桩径相同的旋挖钻斗钻进，护筒的埋设深度由地层情况而定，满足护筒底进入稳定地层不小于 1m。

（2）旋挖开孔时，慢速钻进，钻进深度一般不小于 2m，当满足进入稳定地层大于 1m 时，即可将钻斗提出钻孔。旋挖钻斗开孔钻进见图 1.1-13，旋挖钻进取土见图 1.1-14，旋挖钻进至稳定地层见图 1.1-15。

图 1.1-13　旋挖钻斗开孔钻进

图 1.1-14　旋挖钻进取土

3. 旋挖扩孔钻进

（1）扩孔时，将钢制的扩孔器插入扩孔器卡槽内，并用插销固定在旋挖钻斗上，扩孔器安装与固定见图 1.1-16。

图 1.1-15　旋挖钻进至稳定地层

图 1.1-16　旋挖钻机扩孔器安装与固定

（2）扩孔器安装完成后，将旋挖钻头在孔内下落至扩孔器与地面相同位置，再开始进行扩孔，具体见图 1.1-17、图 1.1-18。

（3）扩孔器在孔口开始扩孔时，由于扩孔器与地层接触面积小，切忌快速向下钻进，先将孔口位置扩孔完整后再逐步向下扩孔钻进，以免扩孔不到位后造成护筒下放困难。钻进后孔内形成台阶状，现场实际扩孔效果具体见图 1.1-19、图 1.1-20。

图 1.1-17　旋挖扩孔器入孔

图 1.1-18　扩孔器下落至与地面相同位置

图 1.1-19　扩孔器孔内旋挖扩孔

图 1.1-20　旋挖扩孔器孔内旋挖扩孔至孔底位置形成的台阶形状

4. 旋挖钻机静力沉入护筒

（1）扩孔器完成扩孔后起钻，将护筒吊至孔内；

（2）利用旋挖钻机的扩孔器将护筒压入孔内，再利用钻斗将护筒平衡均匀压入至指定位置，具体见图 1.1-21；或采用挖掘机斗配合旋挖钻杆一并压入护筒，具体见图 1.1-22。

图 1.1-21　扩孔器将护筒压入孔内

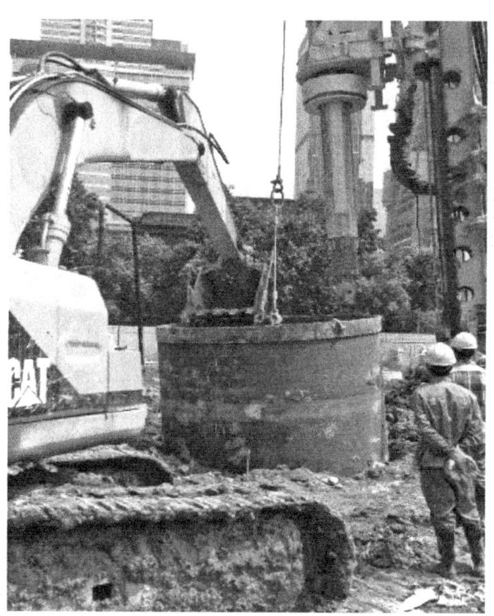

图 1.1-22　采用旋挖钻机静力平衡压入孔口护筒

（3）护筒埋设到位后，复核护筒埋设位置和垂直度，具体见图 1.1-23；检查无误后，将护筒与孔壁空隙充填压实，至此完成大直径旋挖灌注桩孔口护筒的埋设，孔口护筒嵌入式定位见图 1.1-24。

5. 旋挖成孔、钢筋笼制作与吊装、安放灌注导管、灌注桩身混凝土

（1）在护筒安装完成后，即可进行旋挖成孔，在钻进过程中避免钻具碰撞护筒，并用优质膨润土调制泥浆护壁，直至按设计要求完成钻进成孔。

图 1.1-23　护筒中心点复核

图 1.1-24　孔口护筒嵌入式定位

图 1.1-25　孔口护筒起拔

（2）根据成孔深度制作钢筋笼，经检验合格后采用起重机吊入孔内；钢筋笼吊运时缓慢下放，避免碰撞护筒；钢筋笼安装完成后，采取固定措施保证钢筋笼标高符合要求。

（3）灌注桩身混凝土前，检测孔底沉渣厚度，如沉渣厚度超标则进行二次清孔；清孔满足要求后，开始灌注桩身混凝土；灌注混凝土时，保持连续作业，并定期测量孔内混凝土面灌注高度和导管埋置深度，埋管深度控制在 2～6m，边灌注边拔导管，直至灌注完成。

6. 护筒起拔

（1）桩身混凝土灌注至桩顶超灌标高后，采用起重机将护筒拔出，起拔时保持垂直起拔，具体见图 1.1-25。

（2）护筒起拔后及时回填空孔并压实。

1.1.7　机械设备配置

本工艺现场施工所涉及的主要机械设备见表 1.1-1。

主要机械设备配置表　　　　**表 1.1-1**

名称	型号	备注
旋挖钻机	BG30	埋设护筒、成孔
旋挖钻斗		带扩孔器的旋挖钻斗，用于埋设护筒时扩孔
扩孔装置		钢制的扩孔器卡槽、扩孔器、固定插销
履带起重机	SCC550E	配合吊装钢筋笼、起拔护筒
全站仪	ES-600G	桩位放样、垂直度观测
电焊机	NBC-250	焊接
挖掘机	PC200	场地平整、回填、泥渣装车外运

1.1.8 质量控制

1. 护筒加工

(1) 对安放孔口护筒的上口进行加固，采用加焊 10mm 钢板进行加固，加固范围长度不小于 300mm。

(2) 检查护筒的圆度，直径误差控制在±10mm 内，护筒放样误差控制在±10mm 内。

2. 护筒安放

(1) 旋挖钻斗钻进时轻压慢转，控制低转速，保持开孔时孔壁的稳定。

(2) 钻进至护筒埋设深度（H）及扩孔钻进时，严格控制钻孔的垂直度。

(3) 在沉入护筒时，采用铅锤吊线法全程观测护筒筒身，若发生偏差，及时调整筒身后再静力沉入。

(4) 护筒沉入下放完成后，进行护筒中心点复测。

(5) 在成孔过程中，定期观察护筒边的土体变化，防止成孔过程中出现塌孔而影响护筒的稳定。

1.1.9 安全措施

1. 护筒加工

(1) 护筒为大直径钢制品，采用在工厂订制运至现场使用。

(2) 对护筒进行加固时，在现场加工场作业，由专业电焊人员操作。

2. 护筒安放

(1) 旋挖钻机在孔口就位前，在钻机履带处铺设钢板，确保孔口处钻进时的稳定。

(2) 在进行护筒吊装前，安全员对吊具、吊绳进行检查；护筒起吊时，指派司索工现场指挥，无关人员撤离吊装影响范围。

(3) 护筒就位后，及时回填压实。

1.2 旋挖灌注桩深长内外双护筒定位施工技术

1.2.1 引言

在沿海地段填海区旋挖灌注桩施工时，通常会遇到深厚的松散填土、淤泥等易塌、易缩径地层，为保证顺利成孔和桩身灌注质量，通常采用深长钢护筒护壁。而在深长护筒下沉过程中，因受不同地层性状的影响，深长护筒在沉入时容易发生护筒偏斜，出现因定位不准确或垂直度不符合要求的通病，需要反复多次起拔、沉入护筒，严重影响施工效率。

针对复杂松散地层深长护筒埋设垂直度控制难度大、定位不准确等难题，结合项目现场条件、设计要求，通过实际工程项目摸索实践，项目组开展了“旋挖灌注桩深长内外双护筒定位施工技术”研究，采用预先埋设外护筒并设置对称定位螺栓固定内护筒中心点，结合液压振动锤吊点，实现了两点一线精确沉入深长护筒，达到了垂直度控制效果好、定位准确、施工效率高的效果，经过一系列现场试验、工艺完善、现场总结、工艺优化，形成了深长内外双护筒定位施工技术。

1.2.2 工艺特点

1. 内护筒定位快速、精准

本工艺通过采用在外护筒顶部埋设对称螺栓定位内护筒中心，在下放内护筒时，只需将内护筒放入预先已安装的外护筒上 4 个定位螺栓内，即可完成内护筒沉入前的定位，避免了传统施工工艺中护筒定位慢、误差大的现象。

2. 内护筒沉入垂直度控制好

深长内护筒采用振动锤下沉，振动锤的提升吊点与外护筒预先定位的内护筒中心点形成两点一线的精确定位，通过下沉过程中的垂直度观测和调整，有效保证了内护筒的垂直安装。同时，通过埋设一定长度的外护筒，减小内护筒下沉时的相应摩阻力，降低了内护筒下放时垂直度的控制难度。

3. 护筒安装效率高

本工艺避免了护筒因定位不准确或垂直度不符合要求而导致的护筒重复起拔现象，实现了护筒安装一步到位，大大提高了施工工效。

1.2.3 适用范围

适用于上部填土、淤泥等松散易塌地层，内护筒长度大于 8m 护筒埋设。

1.2.4 工艺原理

本工艺关键技术主要由内护筒定位和垂直度控制技术两部分组成，形成一套全新的深长内外双护筒定位施工技术。

1. 内护筒定位施工技术

首先预先埋设外护筒，然后在外护筒顶部设置 4 个对称定位螺栓，对内护筒中心进行精准定位；下放内护筒时，将内护筒放入 4 个定位螺栓内，实现内护筒中心与桩孔中心位置的重合，即可完成定位工作，具体定位示意见图 1.2-1。

2. 护筒垂直度控制施工技术

本项技术通过在外护筒上增设的 4 个定位螺栓定位内护筒竖直中心线上的一点，再利用振动锤护筒起吊点，实现两点一线的精准定位，再辅以下沉过程中护筒垂直度的全站仪观测和及时纠偏等技术措施，有效保证了内护筒安装的垂直度满足规范和设计要求，使内护筒竖直方向中心线在水平面的投影点与定位螺栓所定位的桩孔中心重合，具体安装及定位见图 1.2-2。

1.2.5 施工工艺流程

旋挖灌注桩深长内外双护筒定位施工工艺流程见图 1.2-3。

1.2.6 工序操作要点

以设计桩径为 D，埋设外护筒长度为 $L_{外}$（$2m \leqslant L_{外} \leqslant 6m$）、内护筒长度为 $L_{内}$（$L_{内} \geqslant 8m$）的旋挖灌注桩护筒埋设施工为例。

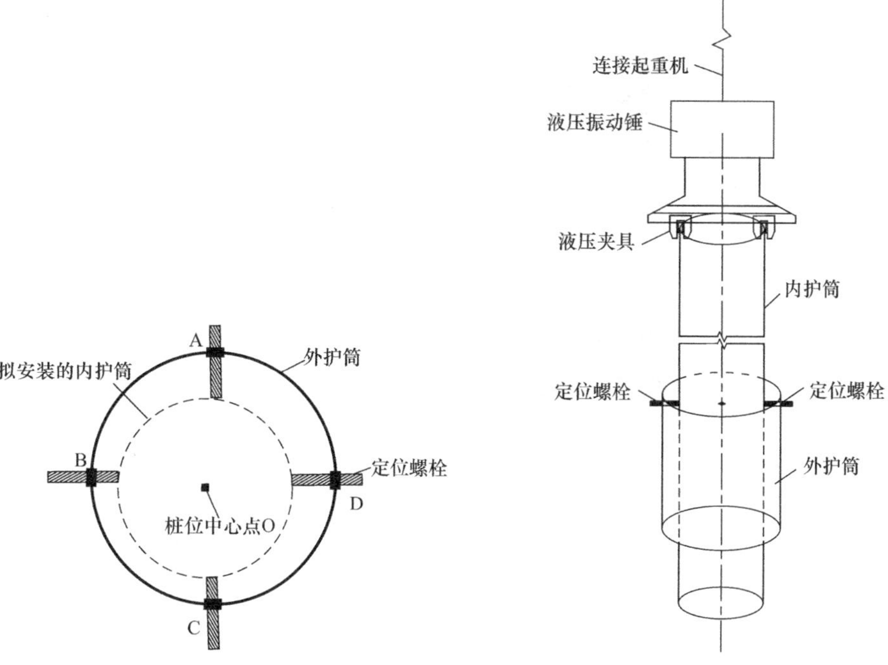

图 1.2-1　内护筒中心点螺栓定位示意

图 1.2-2　深长内护筒定位及安装过程定位原理示意

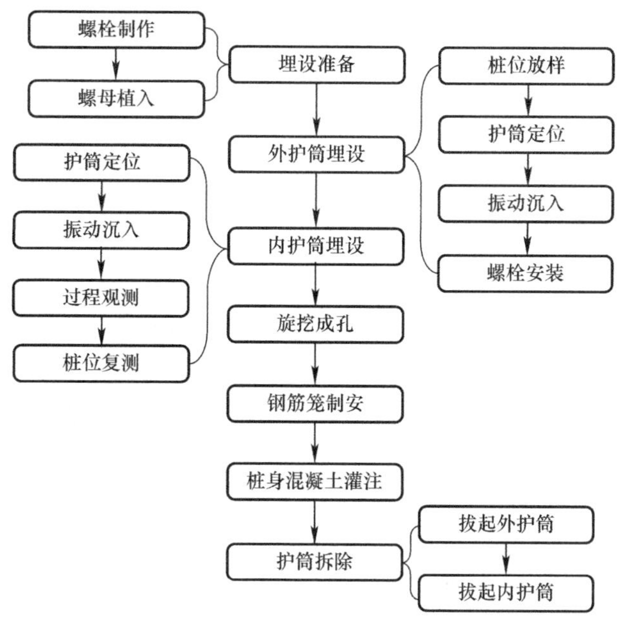

图 1.2-3　旋挖灌注桩深长内外双护筒定位施工工艺流程

1. 施工准备

(1) 制作定位螺栓

采用公称直径为 48mm、螺距为 5mm、长度为 500mm 的螺杆，定位螺栓结构见图 1.2-4。

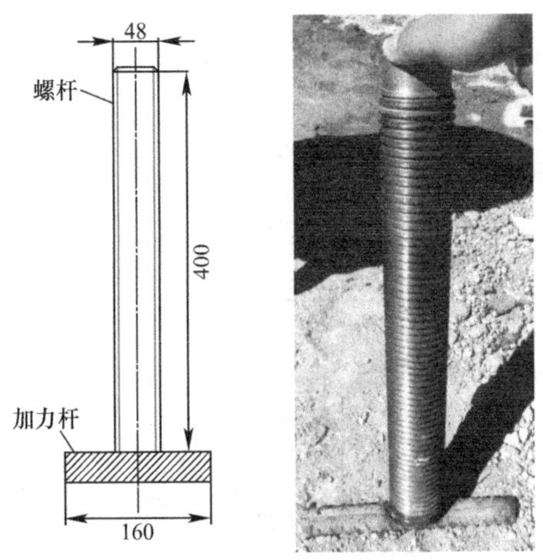

图 1.2-4 定位螺栓结构示意

（2）螺杆头部焊接长度 160mm 加力杆，用于紧固螺栓。

2. **定位螺母植入外护筒**

（1）桩径为 D 的旋挖钻机施工时，宜选择直径 D＋200mm（$D_{内}$）的护筒作为内护筒，外护筒直径（$D_{外}$）宜选择较内护筒大 200mm 以上的护筒。

（2）在外护筒上设置 4 个螺母孔，孔位采用均布；螺母孔上缘与外护筒顶部边缘的距离为 100mm，螺母外径为 80mm。

（3）采用电焊焊接的方式植入定位螺母，植入时使螺母立面处于竖直。定位螺母结构及实物见图 1.2-5，定位螺母植入外护筒结构及实物见图 1.2-6。

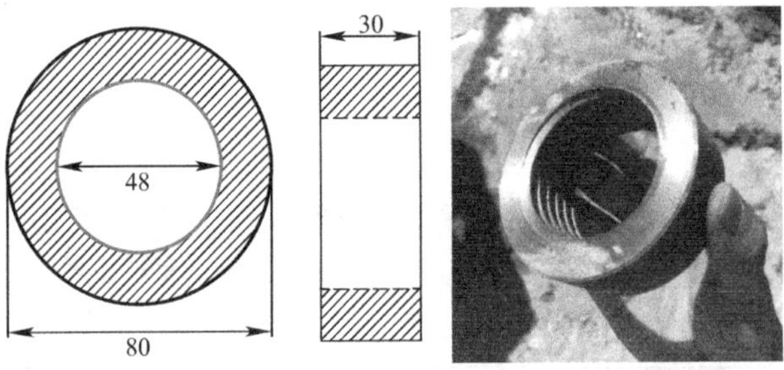

图 1.2-5 定位螺母结构及实物

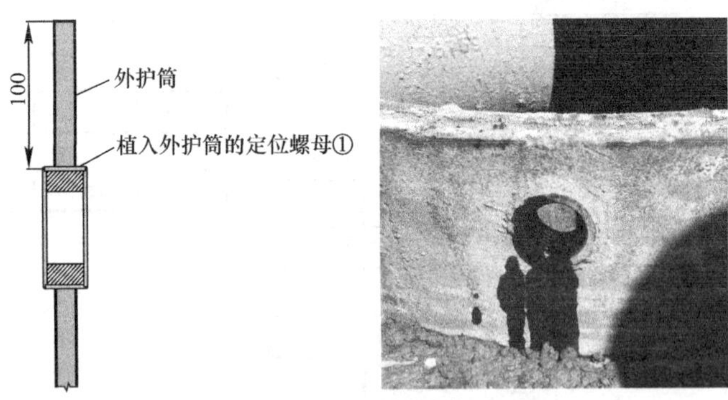

图 1.2-6 定位螺母植入外护筒结构及实物

3. **外护筒埋设**

（1）测量人员对桩位进行放样。

（2）采用“十字交叉线”设置 4 个外护筒的定位护桩，十字线交叉位置即为桩位中心。

（3）采用液压振动锤夹持外护筒，缓慢振动沉入，具体见图 1.2-7；安装外护筒时，测量外护筒与定位护桩在“十字线”方向的距离，判断外护筒安装是否偏移，并及时进行调整；外护筒埋设的作用主要作为内护筒埋设定位，其长度根据场地上部地层和内护筒的长度确定，一般为 4～6m，其埋设外护筒中心误差不大于 10cm。

（4）外护筒埋设完成后，对桩位中心点 O 再次放样，分别测量中心点 O 至外护筒 4 个定位螺母的距离，即可确定 4 个定位螺栓安装时伸入外护筒内壁的长度（L_A、L_B、L_C、L_D）。例如，在外护筒 A 点，螺母处定位螺栓应伸入的长度 $L_A = d_{OA} - D_{内}/2$，具体见图 1.2-8。

图 1.2-7　单夹持振动锤下入外护筒

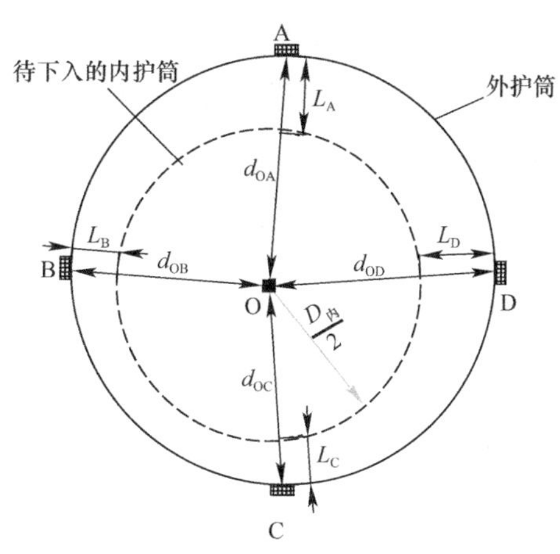

图 1.2-8　测算定位螺栓伸入外护筒内壁长度

（5）确定定位螺栓伸入外护筒内壁长度后，在螺栓上旋入定位螺母②，再将螺栓旋转植入外护筒上的定位螺母①，当螺栓伸入外护筒达到预定的长度后，在螺栓上再旋入定位螺母③，并将定位螺母②、定位螺母③与定位螺母①旋紧，具体见图 1.2-9、图 1.2-10。

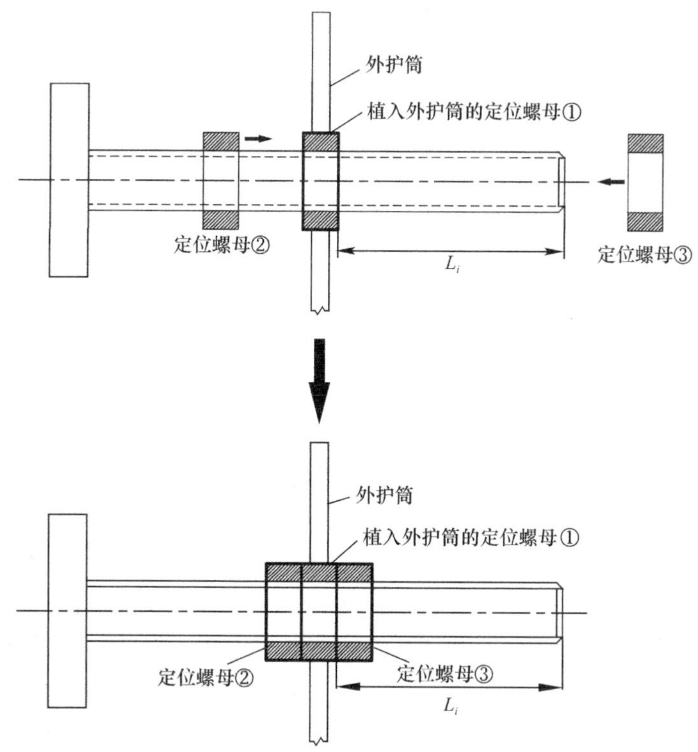

图 1.2-9　根据测算的螺栓长度 L_i 安装定位螺栓并固定

图 1.2-10　外护筒壁定位螺栓两侧螺母固定

4. 内护筒埋设

(1) 内护筒埋设前，采用液压振动锤夹持内护筒，将其起吊放入外护筒上的 4 个定位螺栓内，再将筒身调整至竖直，形成桩中心点与振动锤起吊中心点两点一线，即完成内护筒沉入前的安装定位准备工作，内护筒定位见图 1.2-11。

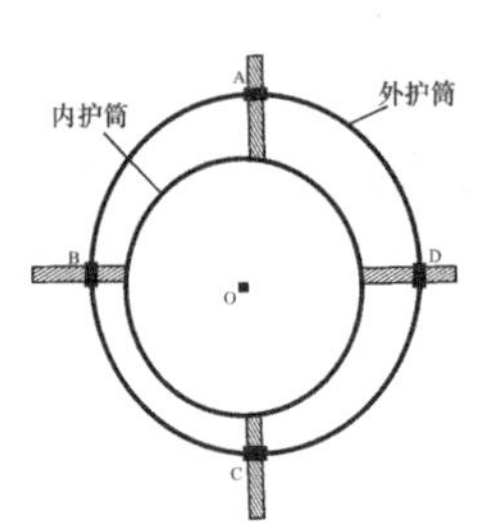

图 1.2-11　内护筒放入 4 个字位螺栓内定位

(2) 内护筒采用液压振动锤夹持内护筒缓慢振动下沉，在沉入过程中采用全站仪或吊线法对筒身垂直度进行观测，若出现偏差及时进行调整（图 1.2-12）；内护筒下沉完成后，对桩位进行复核和垂直度测控，内护筒标高高出外护筒 20～50cm，具体见图 1.2-13、图 1.2-14。

图 1.2-12　吊线法调整护筒垂直

图 1.2-13　液压振动锤夹持内护筒沉入

图 1.2-14　双护筒完成沉入及护筒中心点复核

5. 旋挖成孔、钢筋笼制安、桩身混凝土灌注

(1) 在内护筒安装完成后，即进行旋挖成孔，见图 1.2-15；在钻进过程中，避免钻具碰撞内护筒，定期观测护筒标高位置的变化。

(2) 根据旋挖成孔深度和设计要求制作钢筋笼，采用起重机吊入桩孔内就位；钢筋笼吊运时防止扭转，缓慢下放，避免碰撞护筒；同时，采取有效措施保证钢筋笼标高符合要求。

(3) 钢筋笼下放完成后，进行二次清孔，满足要求后开始灌注混凝土；灌注混凝土时保持连续作业，边灌注边拔导管，埋管深度控制在 2～6m，直至灌注完成，具体见图 1.2-16。

图 1.2-15　内护筒旋挖钻进成孔

6. 护筒起拔

(1) 桩身混凝土灌注完成后，采用液压振动锤起拔护筒。

(2) 起拔护筒时，先拔起外护筒，再拔起内护筒，具体见图 1.2-17。

图 1.2-16　内护筒灌注混凝土成桩

图 1.2-17　拔出内护筒

1.2.7 机械设备配置

本工艺现场施工所涉及的主要机械设备见表 1.2-1。

主要机械设备配置表　　表 1.2-1

名称	型号	备注
履带起重机	120t	配合液压振动锤作业，可根据护筒重量选择
液压振动锤	1412C	沉入护筒
全站仪	ES-600G	桩位放样、垂直度观测
电焊机	NBC-250	焊接
气割机	CG1-30	外护筒、螺母加工

1.2.8 质量控制

1. **护筒制作**

（1）对外护筒上口进行加固，采用加焊 10mm 钢板进行加固，加固范围长度不小于 300mm。

（2）严格控制外护筒螺母植入质量，重点检查螺母是否处于竖直平面，焊接是否牢固。

2. **护筒安放**

（1）在现场测算固定螺栓安装伸入护筒内壁长度时，确保桩位中心点到定位螺栓中心的测量距离准确。

（2）在固定定位螺栓时，确保外护筒内外两侧的定位螺栓处于拧紧状态。

（3）在内护筒沉入过程中，检查定位螺栓是否有松动现象；若出现松动，则暂停下沉护筒，重新紧固螺栓后再开始沉入。

（4）在振动沉入内护筒时，全程观测护筒筒身垂直度。

（5）内护筒下放完成后，再次进行桩位复测。

1.2.9 安全措施

1. **护筒制作**

（1）在外护筒上植入定位螺母时由专业电焊工操作，正确佩戴安全防护罩。

（2）护筒加固焊接牢靠。

（3）加工作业过程中使用的电焊机、气割机等需符合安全使用要求。

2. **护筒吊放**

（1）现场起吊护筒作业时，指派司索工指挥吊装作业，吊装区域设置安全隔离带，无关人员撤离作业影响半径范围。

（2）在进行护筒吊装时，对振动锤夹持深长钢护筒稳固性进行检查。

（3）施工现场有六级以上大风时，停止深长护筒吊装作业，将深长护筒顺直放在施工场地内并做好固定。

1.3 深基坑旋挖灌注桩试桩隔离侧摩阻力双护筒施工技术

1.3.1 引言

随着城市建设的迅速发展，超高层建筑的施工建设成为新的趋势，其桩基承载力也越来越大。为准确计算桩基承载力，给桩基设计和后期施工提供准确的设计和工艺参数，在基础工程桩正式施工前进行桩基静载荷试验变得越来越有必要。但在实际工程实践中，受深基坑支护结构限制、开挖深度等因素制约，难以实现在基坑开挖至基坑底后再进行工程试桩大吨位量级静载荷试验。目前，桩基竖向静载荷试验在地面上进行，试验获得的单桩竖向极限承载力数据包含了基坑开挖段地层（非有效桩长）的桩侧摩阻力，难以真实反映基坑底工程桩的承载力实际数据。另外，常见方法是通过设置分次吊装的内、外双护筒结构来消除非有效桩长段侧摩阻力，该方法施工时护筒下放易歪斜变形，常需反复提起重新吊放，导致费时费力，且分次下放护筒存在筒间夹带泥浆严重的问题，使该方法未起到有效的隔阻作用。

近年来针对以上问题，在深圳“红土创新广场桩基工程”项目工程灌注桩地面静载试桩的实践中，运用一种用于完成地面静载荷试桩的双护筒结构，通过一次性在基坑开挖段置入双护筒，并在埋设完成后向内外护筒间的空隙内注水，便捷有效地隔离了工程桩非有效桩长段的桩侧摩阻力，确保了静载荷试验数据采集的真实可靠，取得显著效果。

1.3.2 工艺原理

1. 双护筒结构设计

（1）双护筒由外护筒和内护筒组成，采用壁厚12mm的Q235B钢板制作。

（2）内护筒直径 d_1 = 试桩直径（d）+ 50mm，长度 L_1 = 空桩段长度 + 300mm + 500mm；外护筒直径 $d_2 = d_1 + 100$mm，长度 $L_2 = L_1 - 500$mm。

（3）内外两个护筒间距50mm，内外护筒间每隔5m设置一个环形肋板作为定位块，用于将内护筒置入外护筒时的限位固定，以保证内、外护筒中心轴线一致。

双护筒结构、双护筒环形肋板设计及护筒安装见图1.3-1～图1.3-3。

图1.3-1 双护筒结构

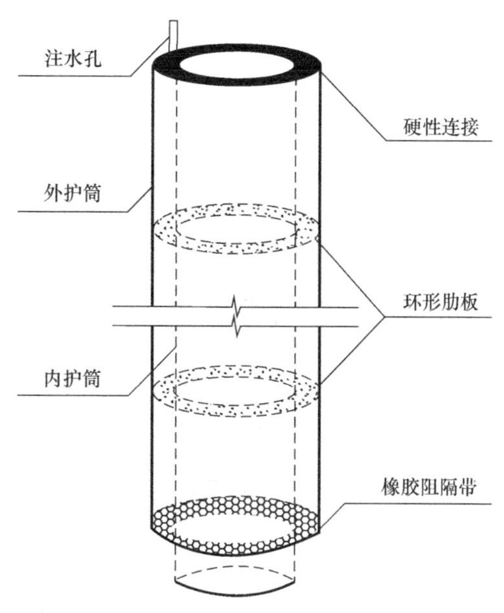

图1.3-2 双护筒环形肋板设计示意

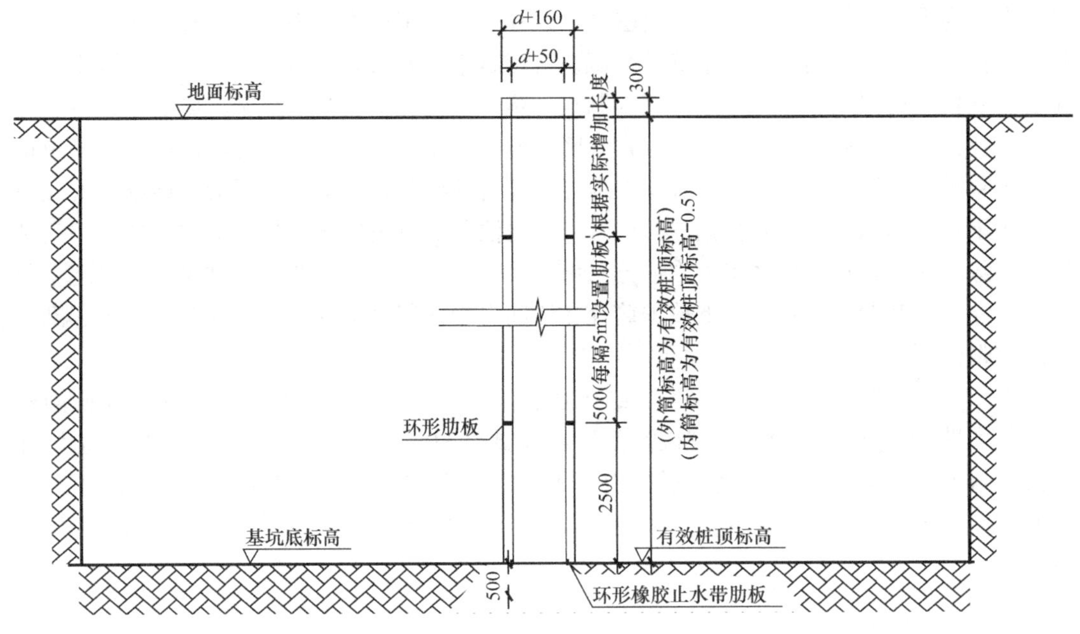

图 1.3-3 双护筒构造及安装示意

2. **双护筒结构连接阻隔措施**

试桩成孔采用泥浆护壁，在双护筒完成拼装整体吊放入桩孔时，水泥浆会从护筒底端漫入内、外护筒间的空隙中，水泥浆凝固后将内、外护筒粘结，导致静载荷试验中空桩段部分受土层压力作用，仍存在桩侧摩阻力使试验数据不准确的问题。因此，双护筒的连接阻隔措施也是本项技术的关键。

(1) 内、外护筒的顶端以钢板焊接形成硬性连接，使双护筒结构形成一体，有利于整体吊装。

(2) 护筒底部设计采用环形橡胶阻隔带堵塞封闭形成柔性连接，防止泥浆、水等进入双护筒的间隙内。

双护筒的连接阻隔措施见图 1.3-4、图 1.3-5。

图 1.3-4 双护筒顶端硬性连接

图 1.3-5 底端环形橡胶阻隔带

3. 双护筒消除非有效段桩侧摩阻力原理

在地面进行灌注桩静载荷试验时，设计一种灌注桩非有效段桩侧内、外双层护筒结构，双护筒一次性整体吊装安放至桩顶设计标高位置处，于竖向静载荷试验前在双护筒间空隙内注水，并气割解除护筒顶端口处的硬性连接，则内、外护筒间脱离，起到消除非有效桩长段桩侧摩阻力的作用，完全克服了分次下放吊装内、外护筒使护壁泥浆流入护筒间导致的无法保证功效的缺点，有效规避非有效桩长段桩身侧摩阻力的影响，具体见图 1.3-6。

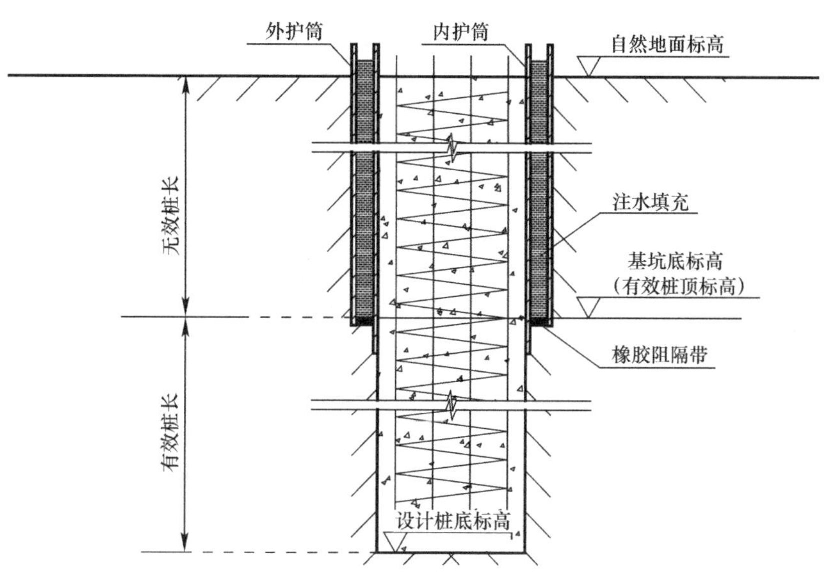

图 1.3-6　试桩加设双护筒隔离侧摩阻力示意

1.3.3　工艺特点

1. 双护筒结构制作简便

双护筒结构顶端以钢板焊接，底端以环形橡胶阻隔带封堵以防护壁泥浆入内，护筒固定间距通过筒间间隔设置的环形肋板保证，双护筒阻隔结构整体结构设计简单，在专业加工厂制作完成后运输至施工现场吊装。

2. 检测数据可靠

本工艺对试验桩采用双护筒结构，使内护筒与桩身混凝土浇筑为一体，外护筒与开挖段土层接触，内、外护筒之间注水保证间隙无阻力，实现内护筒与无效土层隔离，直接消除基坑底以上灌注桩空桩部分侧摩阻力，使试桩采集的数据与实际相符，为桩基设计及后期施工提供有效的设计和工艺参数，提高桩基承载安全性能。

3. 现场操作便利

双护筒采用履带起重机一次性吊装到位或以振动锤沉入，垂直度得到有效保证，无需反复提起吊放，操作简便；试桩竖向静载荷试验前往内、外护筒间隙注水，并气割解除护筒顶端硬性连接，使内、外护筒间脱离，消除了非有效桩长段的桩侧摩阻力。

1.3.4　适用范围

适用于 3 层地下室及以上深基坑，在地面进行基础灌注桩静载荷试验的试桩双护筒施工。

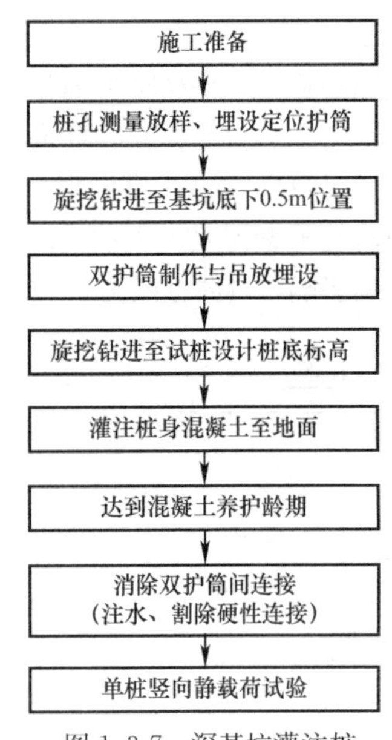
施工准备
桩孔测量放样、埋设定位护筒
旋挖钻进至基坑底下0.5m位置
双护筒制作与吊放埋设
旋挖钻进至试桩设计桩底标高
灌注桩身混凝土至地面
达到混凝土养护龄期
消除双护筒间连接
(注水、割除硬性连接)
单桩竖向静载荷试验

图 1.3-7 深基坑灌注桩地面静载试桩双护筒隔离桩侧摩阻力施工工艺流程图

1.3.5 施工工艺流程

深基坑灌注桩地面静载试桩双护筒隔离桩侧摩阻力施工工艺流程见图 1.3-7。

1.3.6 工序操作要点

以深圳红土创新广场项目施工试桩 ZH1-1 号为例，基础灌注桩直径 1.0m、桩长 68.0m，内护筒长 19.9m，桩底入强风化花岗岩。

1. 施工准备

（1）平整场地并压实。

（2）规划施工现场双护筒吊运行走路线，合理布置泥浆池位置或安排可移动式泥浆存储设备进场，完成泥浆制备工作。

2. 桩孔测量放样、埋设定位护筒

（1）使用全站仪对试桩实地放样，并进行定位标识。

（2）对中后旋挖钻机配置 ϕ1.4m 钻头预先钻进至地面以下约 3m，具体见图 1.3-8；竖直吊放并压入孔口直径 1400mm、长 3m 的孔口护壁护筒，采用钻杆将护筒压入，具体见图 1.3-9。

图 1.3-8 孔口护壁护筒钻进钻孔

图 1.3-9 钻杆压入孔口护筒

3. 旋挖钻进至基坑底下 0.5m 位置

（1）护筒埋设后，向孔内泵入泥浆，SR420 旋挖钻机就位对中后开始钻进。

（2）通过钻斗的旋转切削、提升、倒卸和泥浆护壁，反复循环钻进成孔，直至基坑底标高下 0.5m 位置。旋挖钻头取土提钻出孔见图 1.3-10、旋挖钻头出渣见图 1.3-11。

4. 双护筒制作与吊放埋设

（1）内、外护筒均为厚 12mm、Q235B 钢板制作而成的螺纹焊管，外护筒直径 1150mm，长 19.4m；内护筒直径 1050mm，长 19.9m。

（2）双护筒由工厂加工拼接后运送至施工现场。

（3）为确保内、外护筒间有均匀的 50mm 空隙，且便于拼装组合，制作加工时使用厚

12mm、材质Q235B钢板制作 ϕ1050mm×50mm（宽）半环形定位肋板焊于内护筒外壁，此环形钢肋板沿内护筒外壁每隔5m均匀布置。

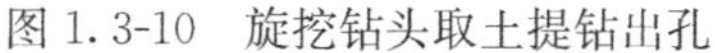

图1.3-10 旋挖钻头取土提钻出孔

图1.3-11 旋挖钻头出渣

（4）为防止混凝土和泥浆液沿内、外护筒之间的空隙灌入上返，且保证在静载荷试验时内、外护筒能够顺利脱离，在外护筒底与内护筒间的空隙位置粘贴环形硬泡沫板，并填充20mm厚橡胶阻隔条进行封堵。

（5）采用履带起重机将内护筒水平吊起，并在挖掘机的配合下塞入外护筒中，使内、外护筒顶端齐平，随即使用环形钢板把内、外护筒吊装口焊堵封死。

（6）采用履带起重机将双护筒整体竖直吊起，对准桩孔中心缓缓下放至孔底，具体见图1.3-12；双护筒埋设就位后，在护筒顶端焊接两根槽钢将护筒固定，防止双护筒下沉，具体见图1.3-13、图1.3-14。

图1.3-12 双护筒一次性吊装

图1.3-13 双护筒埋设固定焊接

图1.3-14 双护筒埋设固定完成

5. 旋挖钻进至试桩设计桩底标高

（1）旋挖钻进成孔过程中，调配优质泥浆护壁。

（2）旋挖钻进至试桩设计桩底标高后进行捞渣斗一次清孔。

6. 灌注桩身混凝土至地面

（1）钢筋笼按设计图纸加工制作，采用履带起重机多点起吊钢筋笼，在桩孔正上方对中扶正后缓缓匀速下放。

（2）钢筋笼吊装完毕后，安放灌注导管并进行二次清孔。

（3）桩身混凝土采用商品混凝土，坍落度 18～22cm，浇灌桩身混凝土时始终保持导管埋深 2～6m。

7. 消除双护筒间连接

（1）通过双护筒顶端预留的孔口向内、外护筒间注水，注水孔见图 1.3-15。

（2）气割快速解除外护筒上端口与内护筒之间的硬性连接固定，具体见图 1.3-16。

图 1.3-15　双护筒顶部注水孔

图 1.3-16　双护筒顶部硬性连接割除

8. 单桩竖向静载荷试验

（1）试验采用慢速维持荷载法，每级加载为预定最大试验荷载的 1/10，第一级按 2 倍分级荷载加载，沉降观测则通过在桩顶装设的 4 个位移传感器进行，按规定时间测定沉降量。

图 1.3-17　试桩现场竖向静载荷检测

（2）由于内、外护筒顶端的固定连接已切断，两个护筒仅通过底端的环形橡胶阻隔带接触，在试验加载过程中，阻隔装置逐渐分离，两个护筒之间填充清水无接触，从而消除无效土层的桩侧摩阻力，保证测试数据准确。

（3）试验加载至符合终止条件后卸载，卸载分级进行，逐级等量卸载，加载终止条件及承载力取值等依据现行标准确定。静载荷检测见图 1.3-17。

（4）静载荷试验结束后，使用液压振动锤将定位护筒与外护筒拔出，可作循环利用。

1.3.7　机械设备配置

本工艺现场施工所涉及的主要机械设备见表 1.3-1。

主要机械设备配置表　　表 1.3-1

名称	型号	参数	备注
旋挖钻机	SR420	最大钻孔直径 2.8m、深度 106m	钻进成孔
挖掘机	PC200-8	铲斗容量 0.8m^3，额定功率 110kW	配合内、外护筒组装
履带起重机	SCC550E	最大额定起重量 55t，额定功率 132kW	护筒、钢筋笼吊装
高压油泵	ZYBZ2-50	额定压力 50MPa，额定流量 2L/min	静载荷试验
液压千斤顶	QF800	6 台并联同步工作	静载荷试验
静载荷测试仪	RS-JYC	精度 0.5%	静载荷试验

1.3.8　质量控制

1. 双护筒制作

（1）护筒加工所用钢材和焊接材料具备出厂合格证，经检验合格后使用。

（2）下料采用自动切割机进行精密切割，保证切口直线度及切口质量，每节钢管的坡口端与管轴线严格垂直，下料偏差不大于 1mm。

（3）钢护筒与钢护筒之间采用满焊连接，焊接前清除焊缝两边 30～50mm 范围内的铁锈、油污、水气等杂物，焊接时保证接头圆顺，同时满足刚度、强度及防漏的要求。

（4）钢护筒完成焊接和校圆后，在筒身内部加设临时支撑，以免吊装和运输过程中导致筒身变形。

（5）位于护筒顶部的注水孔在焊接安装好后进行保护，防止泥土、泥浆等进入双护筒间隙内，以免影响后期检测效果。

（6）外护筒上部对称焊接一对吊耳以吊装护筒，连接焊缝密实牢固。

2. 双护筒吊装定位

（1）在双护筒沉入过程中，全程观测筒身垂直度，若发现偏斜立即停止下沉，调正后再下沉。

（2）双护筒安放完成后，再次进行桩位复测和垂直度测算，护筒中心与桩中心线偏差不大于 50mm，垂直度偏差不大于 1%。

（3）护筒安放完成后，及时将护筒口加盖板保护。

1.3.9　安全措施

1. 孔口临时护筒埋设

（1）双护筒下入前，先采用埋设孔口临时护筒护壁，临时护筒长度进入稳定地层内，防止钻进过程中发生塌孔。

（2）双护筒安放就位后，拔除临时护筒，并回填密实。

2. 双护筒吊装

（1）吊装双护筒由司索信号工指挥，作业过程中无关人员撤离影响半径范围，吊装区域设置安全隔离带。

（2）双护筒平稳吊升，不得忽快忽慢和突然制动，避免振动和大幅度摆动。

（3）因故停止作业时，采取安全可靠的防护措施，保护双护筒与起重机安全及不受损伤，严禁护筒长时间悬挂于空中。

（4）如遇六级及以上大风、大雾及雷雨等不良天气时，立即停止双护筒吊装作业，将护筒顺直放置于施工场地内并做好固定。

1.4 灌注桩多功能回转钻机深长护筒安放定位技术

1.4.1 引言

在深厚松散填土、淤泥质土、粗砂等地层中进行灌注桩施工时，容易发生缩颈、塌孔等问题，此时需要采用下入深长护筒穿过不良地层和透水层，使护筒底端进入有效隔水层以达到护壁效果。

深圳市罗湖区木头龙小区更新项目桩基工程于2020年6月开工，基坑开挖采用“中顺边逆”方法施工，本项目逆作区面积约6.25万m^2，地下4层，基坑开挖深度19.75～26.60m。逆作区基础设计工程桩632根，基础采用“钢管结构柱＋灌注桩”形式，灌注桩最大桩径2800mm、最大孔深73.5m，桩端进入微风化岩500mm；钢管结构柱设计后插法工艺，插入灌注桩顶以下4D（D为钢管结构柱直径）；场地地层由上至下分布有约平均15m厚的松散杂填土、黏土、粉砂、中粗砂等，为确保钢管柱定位和灌注桩钻进孔壁的稳定，按施工方案需埋设最大直径3000mm、最大长度17m的护筒护壁。

传统安放护筒工艺一般采用旋挖钻机预成孔后再吊放护筒，或采用旋挖钻机通过接驳器与护筒连接直接下放护筒，或采用大型振动锤直接将护筒沉入。采用旋挖钻机预成孔安放护筒时，在上部松散填土、粉砂、中粗砂段孔口处钻进时易塌孔（图1.4-1）。采用旋挖钻机通过接驳器安放护筒，由于深长护筒下放过程中阻力大，旋挖钻机受扭矩限制的影响，仅适用护筒直径1.2m及以下的护筒埋设，对于大直径深长护筒往往难以下放至指定深度，采用接驳器安放护筒见图1.4-2。而采用振动锤沉放护筒时（图1.4-3），剧烈的激

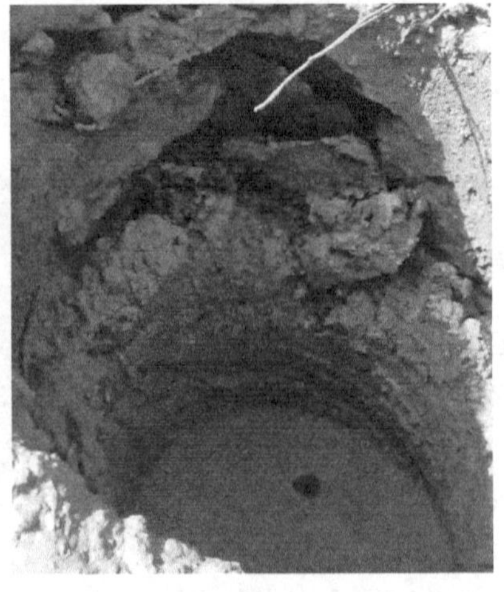

图1.4-1 旋挖钻机预成孔下护筒时造成孔口坍塌

图 1.4-2　旋挖接驳器全护筒安放

图 1.4-3　振动锤下放护筒

振力对周边建（构）筑将产生强烈的振动，容易引起扰民甚至造成安全威胁。

针对大直径长护筒下放过程中，旋挖预成孔易塌孔、旋挖回转安放护筒能力弱、振动锤沉放护筒振动大等问题，经现场试验、优化，总结出一种高效安全的多功能钻机安放大直径深长护筒的方法，该工艺先采用旋挖钻机引孔，后采用特制接驳器将钻机动力头与长护筒顶端相连接，钻机利用超强扭矩回转底部带合金刀头护筒并切削地层，同时借助钻机液压装置下压护筒，直至将护筒下放至指定埋深，有效提高了大直径长护筒的埋设效率，确保了护筒的安放垂直度，为超长护筒安放提供了一种新的工艺方法。

1.4.2　工艺特点

1. 操作快捷高效

本工艺先用旋挖钻机引孔后吊入长护筒，采用特制接驳器将钻机动力系统与护筒连接，通过多功能钻机回转钻进和液压作用将护筒安放到位，操作快捷；多功能钻机专门用于安放护筒，准备多套长护筒可实现与钻进成孔交叉作业，大大提高工效。

2. 施工安全可靠

本工艺使用的多功能钻机通过液压控制使护筒边回转切削土体边下沉，施工过程无振动，液压控制噪声小，对周围环境无影响，施工过程绿色文明、安全可靠。

3. 有效降低成本

本工艺在提升施工效率的同时，大大缩短了工期且节省了其他机械的使用费用，制作的深长护筒可重复使用，有效降低了成本。

1.4.3　适用范围

适用于淤泥质土、松散填土、强透水地层的大直径长护筒安放施工；适用于直径不超过 3000mm、深度不超过 17m 的护筒埋设。

1.4.4 工艺原理

1. 钻机动力头与护筒接驳原理

1）接驳接头结构

本工艺采用特制接驳器将钻机动力头与长护筒进行连接，具体通过一对公、母接驳接头实现，接驳接头结构具体见图 1.4-4、图 1.4-5（以设计桩径 2800mm、对应护筒直径 3000mm 护筒为例）。

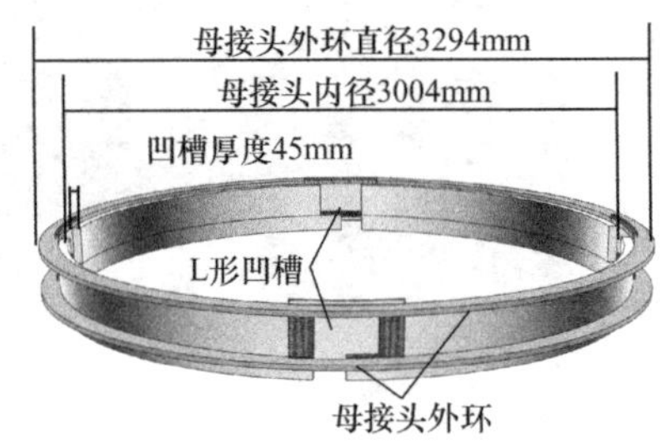

图 1.4-4 母接头凹槽结构

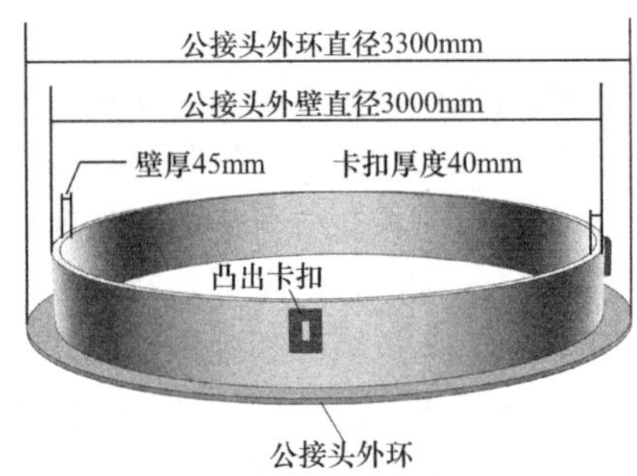

图 1.4-5 公接头凸出结构

为确保护筒受力均衡，在母接头内壁环向均匀设有 4 个 L 形接驳凹槽，在公接头外壁相应位置处设有 4 个凸出卡扣。连接时，调整母接头位置，使公接头外壁的卡扣插入母接头内壁的凹槽内，然后旋转母接头，卡扣便卡在凹槽内，接头完成连接，其连接原理见图 1.4-6。另外，两种接头外侧加工有外环，用于传递轴向压力。

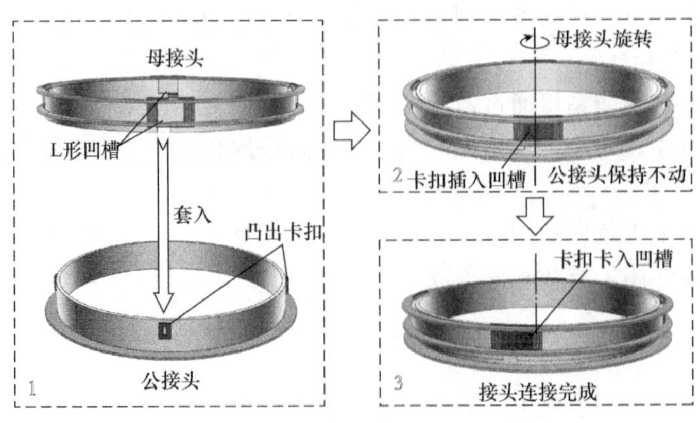

图 1.4-6 接驳结构公、母接头连接原理示意

2）连接护筒和钻机动力头的特制接驳器

本工艺采用特制的接驳器将动力头与长护筒相连，特制接驳器采用接驳接头结构的原理进行连接。为此，在护筒顶端设置 4 个公接头凸出卡扣，钻机动力头加工母接头接驳凹槽，而特制接驳器下端加工与护筒外径相匹配的母接头结构，上端具有尺寸与钻机动力头相匹配的公接头结构，特制接驳器见图 1.4-7。

图 1.4-7　特制接驳器

3）特制接驳器连接原理

通过上述接驳接头结构连接原理，采用特制接驳器将钻机动力头、护筒连为一体。

（1）钻机动力头与接驳器连接原理及过程

首先，钻机动力头下放与接驳器连接，在动力头部母接头凹槽中的空隙部分用条形销子卡住，并用螺栓固定，动力头与接驳器连接原理及过程见图 1.4-8。

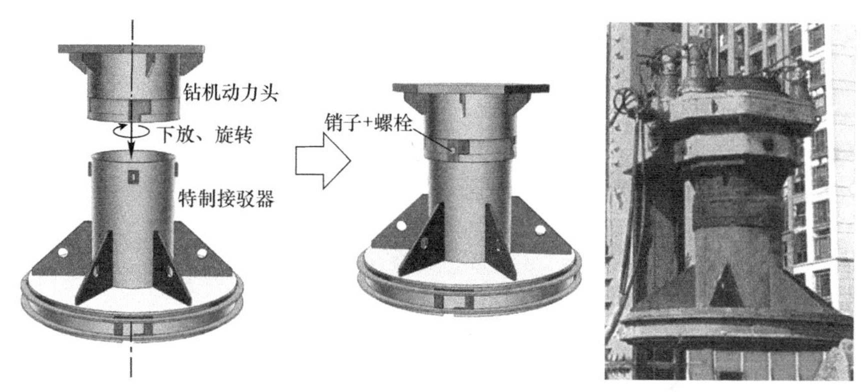

图 1.4-8　钻机动力头与接驳器连接原理及过程

（2）接驳器将钻机动力头与护筒连接原理及过程

钻机动力头与接驳器连接后，将其移至待连接护筒处，将接驳器下方母接头凹槽与护筒顶端凸起卡扣对准后套入并旋转，此时钻机与护筒通过接驳器连接完成，连接原理及过程见图 1.4-9。下放护筒时，保持护筒顺时针旋转，待护筒安放到位，将钻机动力头反转上提，此时接驳器与护筒之间分离，而接驳器与钻机动力头之间由于销子阻挡避免脱开。

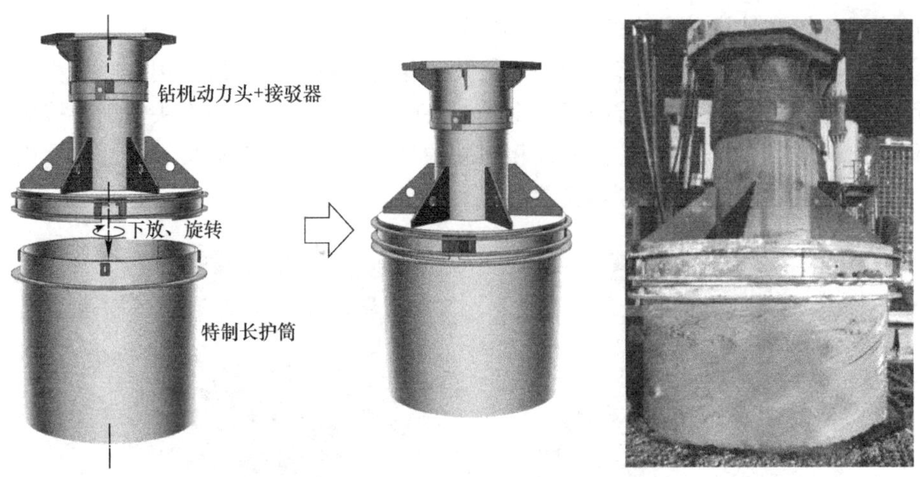

图 1.4-9　接驳器将钻机动力头与护筒连接原理及过程

2. **长护筒管靴回转切削原理**

护筒根据不同位置所需长度进行工厂订制，一体化成型（图 1.4-10）。护筒顶端加工有凸出卡扣，用于连接上部接驳器凹槽；护筒底端钻头处设有钢制管靴，管靴端部安装合金切削刀头（图 1.4-11），其强度高、硬度大，能够在回转下放过程中跟随钻机动力头旋转，对地层进行强力切削；同时，护筒在钻机液压作用下完成钻进安放。

图 1.4-10　订制的深长护筒

图 1.4-11　护筒底管靴及合金切削刀头

3. **多功能钻机驱动大直径长护筒钻进原理**

本工艺选择 SHX 型多功能钻机进行大直径长护筒的安放施工，SHX 型多功能钻机见图 1.4-12。SHX 型多功能钻机采用液压回转钻进，其最大输出扭矩达 520kN·m，成孔最大直径可达 3000mm，有效解决了普通旋挖钻机下放大直径长护筒时扭矩不足的困难。多功能钻机回转下放护筒时，通过接驳器凹槽与护筒顶端的凸出卡扣配合来传递扭矩，通过接驳器与护筒的外环来传递轴向压力，使护筒边切削土层边向下钻进，待护筒下放至指定埋深后，将接驳器反转上提，使护筒顶端的凸出卡扣脱离接驳器凹槽，则接驳器与护筒分离，护筒留在桩孔护壁。待钻孔及混凝土桩灌注结束后，利用钻机采用同样方式连接护筒将其拔出。

1.4.5　施工工艺流程

大直径灌注桩孔口超深护筒多功能钻机安放工艺流程见图1.4-13。

图1.4-12　SHX型多功能钻机

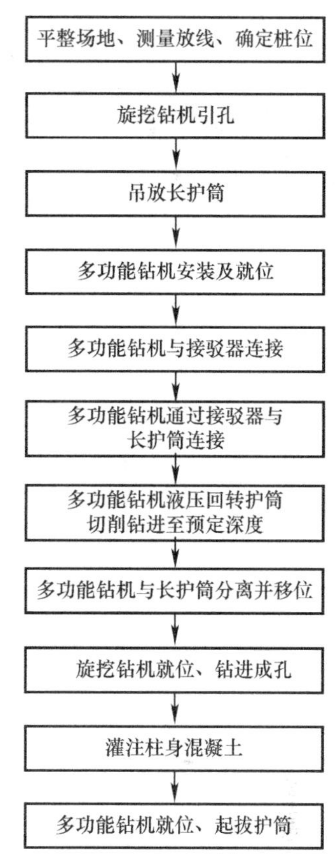

图1.4-13　大直径灌注桩孔口超深护筒多功能钻机安放工艺流程图

1.4.6　工序操作要点

以桩径2800mm、护筒直径3000mm、护筒长17m为例。

1. 平整场地、测量放线、确定桩位

（1）由于多功能钻机占用场地较大，施工前将所涉及的场地区域进行平整、压实，尽可能进行硬底化施工，确保钻机正常行走。现场硬底化见图1.4-14。

（2）依据设计图纸的桩位进行测量放线，使用全站仪测定桩位，桩位中心点处用红漆做出三角标志，放线定位见图1.4-15；测量结果经自检、复检后，报请监理复核，复核无误并签字认可后进行施工。

2. 旋挖钻机引孔

（1）选择三一SR425型旋挖钻机和外径3000mm的钻头，以保证护筒下放的垂直度，旋挖钻机就位后精心调平。

（2）采用十字交叉法对中孔位。

（3）旋挖引孔深度根据现场土质条件，以钻孔不发生塌孔控制，一般引孔深度2～6m。旋挖钻机引孔见图1.4-16。

图 1.4-14　施工现场硬底化

图 1.4-15　桩位测量放线定位

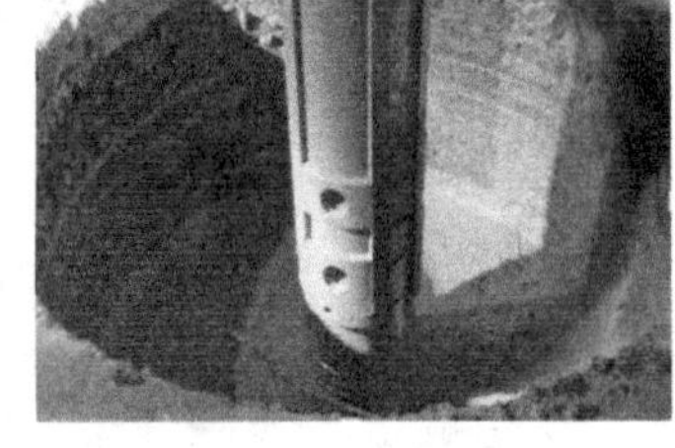

图 1.4-16　旋挖钻机引孔

3. 吊放长护筒

（1）特制长护筒由工厂预制，由拖板车运至施工现场，见图 1.4-17。

图 1.4-17　运送特制长护筒至施工现场

（2）采用履带起重机将护筒竖直吊至已进行引孔的桩孔位置，缓慢下放护筒至引孔深度，保持护筒稳定不偏斜，吊放长护筒见图 1.4-18。

4. 多功能钻机安装及就位

（1）本工艺选用 SHX 型多功能钻机安放护筒，钻机为液压驱动控制、恒功率变量、大扭矩输出钻进，具备高稳定性的底盘结构设计，适应能力强，其主要参数见表 1.4-1。

图 1.4-18　吊放长护筒

SHX 型多功能钻机主要技术参数　　**表 1.4-1**

指标	参数
液压系统操纵方式	手动及电气控制
最大立柱长度时最大拉拔力	900kN
电动机功率	55kW
液压系统压力	25MPa/20MPa
最大输出扭矩	520kN·m
总重量	210t
长×宽	12800mm×6800mm

（2）多功能钻机主要包括液压动力系统、行走系统、提升系统等，其现场安装调试见图 1.4-19。

5. **多功能钻机与接驳器连接**

（1）钻机动力头与特制接驳器通过卡扣与卡槽连接，在卡槽空隙插入销子并用螺栓固定。钻机动力头与接驳器连接见图 1.4-20。

图 1.4-19　多功能钻机进场安装调试

图 1.4-20　钻机动力头与接驳器连接

（2）将已连接接驳器的钻机利用桩机行走机构移动至钻孔（护筒）位置附近，已连接接驳器的多功能钻机见图 1.4-21。

6. 多功能钻机通过接驳器与长护筒连接

（1）调整多功能钻机动力头位置，使接驳器凹槽对准护筒端部连接环上的凸出卡扣，接驳器凹槽见图 1.4-22，待连接长护筒见图 1.4-23。

（2）缓慢下放接驳器，使护筒凸出的卡扣卡入接驳器凹槽内，旋转动力头实现两者的连接。已连接完成并准备下放的多功能钻机与长护筒见图 1.4-24。

图 1.4-21　多功能钻机就位

图 1.4-22　接驳器凹槽

图 1.4-23　待连接长护筒

图 1.4-24　多功能钻机与长护筒连接完成准备下放

7. **多功能钻机液压回转护筒切削钻进至预定深度**

（1）利用多功能钻机的液压装置提供动力旋转下压护筒，使长护筒回转钻进至指定埋深。

（2）护筒钻进时钻机纵向步履接触地面，保持钻机稳固，采用高精度测斜仪观察护筒垂直度并随时纠偏。下放长护筒现场见图 1.4-25、图 1.4-26。

图 1.4-25　长护筒回转钻进

图 1.4-26　护筒下放到位

8. **多功能钻机与长护筒分离并移位**

（1）长护筒下放至预定埋深后，反方向旋转动力头，上提接驳器使钻机与护筒脱离。

（2）接驳器与护筒未完全分离时缓慢上提，确定二者分离后再正常上提，防止因上提过程中接驳器晃动护筒造成偏斜。

（3）将多功能钻机移至下一待安放护筒孔位处，钻机与护筒分离见图 1.4-27。

9. **旋挖钻机就位、钻进成孔**

（1）护筒安放完成后，移开多功能钻机，将旋挖钻机移至孔口。

（2）利用旋挖钻机在护筒内旋挖成孔至设计深度，旋挖钻机钻进成孔见图 1.4-28。

图 1.4-27　钻机与护筒分离

图 1.4-28　旋挖钻机钻进成孔

10. **灌注桩身混凝土**

(1) 终孔后，安放钢筋笼、安装灌注导管，见图 1.4-29、图 1.4-30。

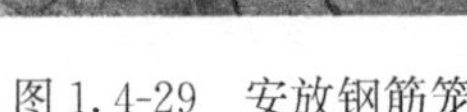

图 1.4-29　安放钢筋笼

图 1.4-30　安装灌注导管

(2) 灌注混凝土前，采用气举反循环进行二次清孔；孔底沉渣满足要求后，灌注混凝土成桩。二次清孔见图 1.4-31，灌注桩身混凝土见图 1.4-32。

图 1.4-31　二次清孔

图 1.4-32　灌注桩身混凝土

11. **多功能钻机就位、起拔护筒**

(1) 待灌注桩施作完成后起拔护筒，钻机与护筒连接方法不变，旋转方向与下放护筒时相同，控制钻机动力头提升，将护筒拔出。

(2) 起拔护筒过程控制速度，时刻观察护筒垂直度，防止护筒偏斜影响灌注桩质量。钻机回转起拔护筒见图 1.4-33。

图 1.4-33　钻机回转起拔护筒

1.4.7　机械设备配置

本工艺现场施工所涉及的主要机械设备见表 1.4-2。

主要机械设备配置表　　表 1.4-2

名称	型号	备注
多功能钻机	SHX 型	回转液压下放长护筒
接驳器	自制	连接钻机与护筒
长护筒	最大外径 3000mm，最大长度 17m	护壁
旋挖钻机	三一 SR425	引孔、钻进
旋挖钻头	3000mm/2800mm	引孔、钻进
履带起重机	250t、150t	起吊护筒
全站仪	WILD-TC16W	护筒标高测量

1.4.8　质量控制

1. 接驳器及构件加工

（1）长护筒外周长偏差不大于 2mm，管端椭圆度不大于 5mm，管端平整度误差不超过 2mm，平面倾斜不大于 2mm。

（2）护筒顶端凸出卡扣边长偏差不超过 2mm，厚度偏差不超过 2mm。

（3）接驳器内周长偏差不大于 2mm，凹槽边长偏差不超过 2mm，厚度偏差不超过 2mm。

（4）护筒与接驳器各焊缝要求为二级焊缝，加工焊接质量满足设计要求。

2. **长护筒制作与安放**

（1）桩以及长护筒中心点由测量工程师现场测量放线，报监理工程师复核。

（2）钻机就位时，认真校核钻斗底部与桩点对位情况，如发现偏差超标，及时调整；钻进过程中，通过钻机操作室自带垂直控制对中设备进行桩位控制。

（3）多功能钻机下放长护筒后，用十字线校核护筒位置偏差，允许值偏差不超过50mm。

（4）在下放长护筒过程中，现场通过两个垂直方向铅锤线观察护筒垂直度；一旦产生偏移，及时纠正。

1.4.9 安全措施

1. **护筒吊装**

（1）长护筒吊装前，起重司机及起重指挥人员做好作业前准备，掌握长护筒的吊点位置和起吊方法。

（2）确定吊装设备作业的具体位置，确保作业现场地面平整程度及耐压强度满足起重作业要求。

2. **护筒安放**

（1）对多功能钻机施工场地进行平整压实，必要时进行硬化处理。

（2）护筒安放过程中，桩位附近严禁非操作人员靠近。

第 2 章　基坑支护桩施工新技术

2.1　基坑支护接头箱旋挖“软咬合”成桩施工技术

2.1.1　引言

基坑支护咬合桩是由素桩（素混凝土桩）、荤桩（钢筋混凝土桩）相互咬合搭接所形成的具有挡土、止水作用的连续桩墙围护结构，具有良好的支护和止水效果。在实际支护设计与施工中，通常旋挖硬咬合施工工艺被广泛采用。

旋挖硬咬合施工是在先完成两根间隔的素桩后，在素桩之间切割咬合处混凝土成孔，再在孔内吊放钢筋笼、灌注混凝土形成荤桩。采用此种施工方法，荤桩咬合钻进时需采用钻筒先切割素桩混凝土，再改换旋挖钻斗捞渣，硬切割混凝土钻进费时长，频繁更换钻具一定程度上影响钻进工效。同时，咬合钻进受两侧素桩混凝土强度差异影响，容易导致咬合钻进时产生一定程度的偏斜，而当咬合桩支护的基坑开挖深度大于 15m 时，咬合桩在基坑底部位置易导致咬合开叉、桩间渗漏。另外，被切割的咬合处混凝土成为钻渣排放，造成了混凝土材料浪费，也增加了废渣的外运量。

针对硬咬合灌注桩施工过程中存在的切割咬合钻孔时易偏斜、工效降低、材料浪费等问题，项目组对“基坑支护接头箱旋挖‘软咬合’成桩施工技术”进行立项研究，此工艺在灌注素桩前，在桩两侧的咬合段利用孔口专用平台安插钢制接头箱并固定，待灌注桩身混凝土并达到一定强度后（初凝前），采用起重机将接头箱拔出，咬合段被泥浆充填；采用同样的方法完成相邻的素桩施工后，再进行两根素桩间的荤桩旋挖咬合钻孔，此时原设计的桩间混凝土硬切割咬合变为“软咬合”钻进，荤桩咬合成孔钻进无需切割混凝土，且相邻两侧的素桩咬合段对咬合钻孔起到良好的导向与护壁作用，既提高了成孔工效，又保证了咬合效果，同时节省了咬合段混凝土材料。经过多个项目实践，形成了完整的施工工艺流程、工序操作规程，达到了质量可靠、提高工效、节省材料的效果，取得了显著的社会和经济效益。

2.1.2　工艺特点

1. **成桩质量好**

本技术灌注素桩时采用预制接头箱结构填满咬合空间并利用孔口平台固定，接头箱底部采用楔形设计且插入底部地层，确保接头箱的稳固；同时，荤桩钻进利用素桩咬合段起到钻孔的导向与护壁作用，防止了因两侧混凝土的强度差引起切割时受力不均导致的成孔偏斜，保证了桩身垂直度和咬合效果，支护体系成桩质量好。

2. **施工效率高**

本技术在荤桩咬合成孔时，由硬咬合变为“软咬合”钻进，钻进时直接采用旋挖钻斗在地层中取土钻进，无需采用硬咬合钻进时的钻筒切割、钻斗捞渣的频繁工序转换操作，钻进成孔速度快；所采用的接头箱为预制装配式结构，现场安装快捷，大大提升整体施工工效。

3. **节省成本**

本技术在灌注素桩时，咬合段被接头箱结构填充，此咬合部分无需灌注混凝土，材料成本降低，且减少了该部分混凝土切割所产生的工效降低和废渣外运；同时，接头箱和孔口平台为钢板预制，结构牢靠，可重复使用，整体施工成本大大降低。

2.1.3 适用范围

适用于旋挖硬咬合、基坑支护开挖深度超过15m的咬合桩施工。

2.1.4 工艺原理

本工艺关键技术主要包括三部分：一是接头箱咬合系统构建，二是旋挖素桩接头箱成桩工艺，三是接头箱旋挖软咬合工序流程控制。其工艺原理分析以深铁璟城项目东南白地桩基土石方及基坑支护工程为例，项目基坑开挖深度18m，支护咬合桩直径1.2m、桩长25m、咬合厚度0.3m。

1. **接头箱咬合系统构建原理**

基坑支护接头箱“软咬合”施工是在灌注素桩前，利用孔口平台将接头箱安放至孔内，将咬合部分的空间体积完全占据来实现。接头箱咬合系统主要由接头箱、孔口平台构建而成，具体见图2.1-1。

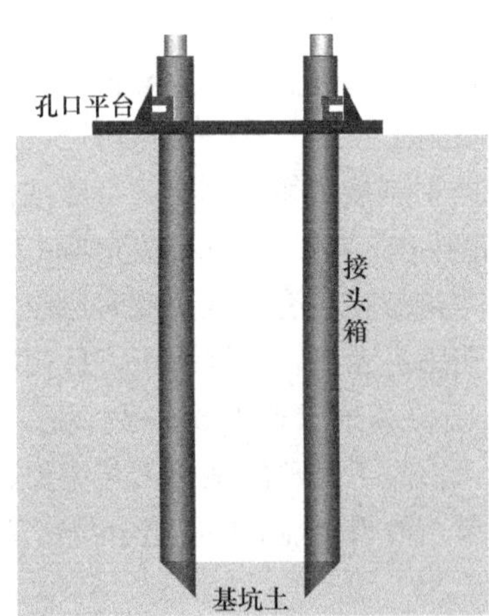

图2.1-1 接头箱咬合系统

(1) 接头箱设计与制作

接头箱采用预制装配式结构设计，其横截面与灌注桩咬合段相一致，接头箱主体采用两块20mm厚的弧形钢板焊接制作，中间设20mm厚的腹板支撑，具体见图2.1-2。接头箱底节加工成楔形，便于插入孔底地层内起到固定作用。

(2) 接头箱连接

接头箱底节长10m（不计楔形底面长度），标准节长6m，根据桩孔深度配备长1～5m

不等的顶节进行位置调节。接头箱间设计采用孔口连接，两端分别设公接头和母接头，通过焊接套、焊接牙套和对拉螺栓组成的连接件连接，焊接套与焊接牙套相对穿过公母接头上的圆孔，螺栓穿过中间螺孔将其对接固定。接头箱顶部段设凹槽，用于接头箱下放孔口连接时临时用槽钢固定。接头箱结构具体见图 2.1-3，接头箱连接具体见图 2.1-4。

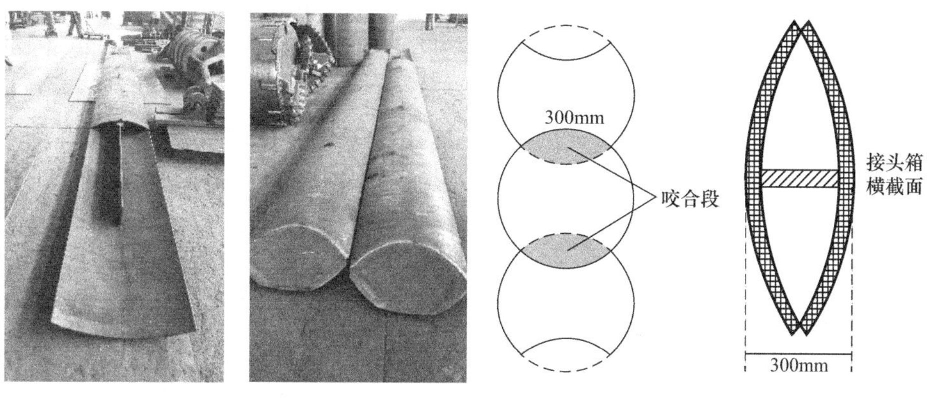

图 2.1-2　接头箱设计

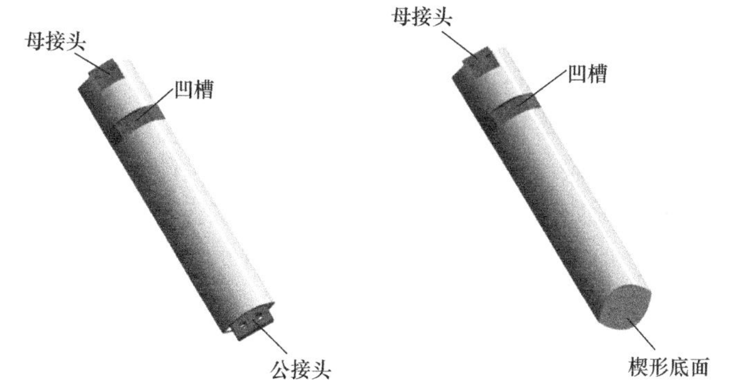

图 2.1-3　接头箱标准节结构（左）和底节结构（右）

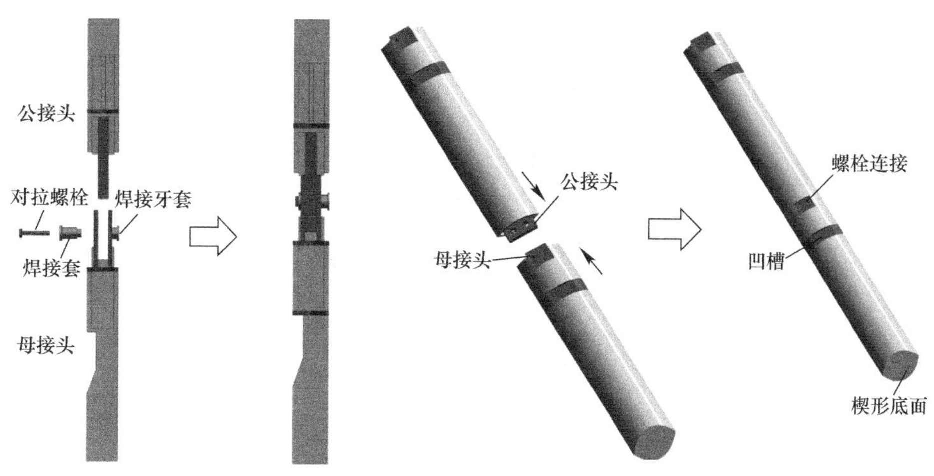

图 2.1-4　连接件接头和接头箱连接原理

（3）孔口平台设计与制作

孔口平台既可以对接头箱安插起到定位和固定作用，同时也可以作为桩身混凝土的灌注平台。平台根据咬合桩的尺寸设计，其中心线与桩孔中心线重合；平台上开有两个接头箱入槽孔，对应接头箱自入槽孔插入安放至孔底，入槽孔尺寸比接头箱外轮廓截面尺寸略大以便于接头箱插入；两个入槽孔外边缘尺寸对应 1200mm 直径的咬合桩；平台中央开设灌注孔，并设置开合的灌注活门，打开活门即可将灌注导管插入孔内，合拢活门则将灌注导管固定；接头箱入孔后用槽钢在其凹槽处卡住固定，固定支架对槽钢起到限位作用。

本工程接头箱孔口平台为正方形，长、宽各为 2m，高 160mm，具体结构见图 2.1-5。

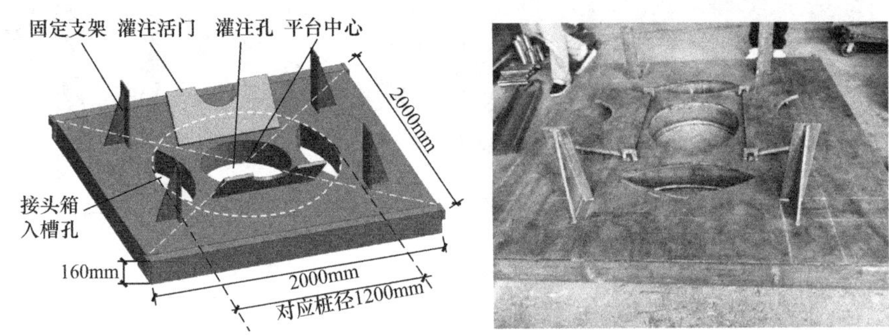

图 2.1-5　孔口平台结构

（4）孔口平台固定接头箱

素桩旋挖成孔后，将若干节接头箱在孔口逐一从入槽孔插入，并在孔口连接下至孔底，底节接头箱楔形底面伸入孔底地层，对接头箱底部进行固定；再将槽钢卡在接头箱凹槽处，待接头箱下放到位，用硬物将槽钢与接头箱、固定支架的空隙塞紧，对接头箱上方进行固定。由此，通过孔口平台对接头箱底端和上部进行了有效固定，保证了接头箱在灌注施工时保持稳固。接头箱固定原理见图 2.1-6、图 2.1-7。

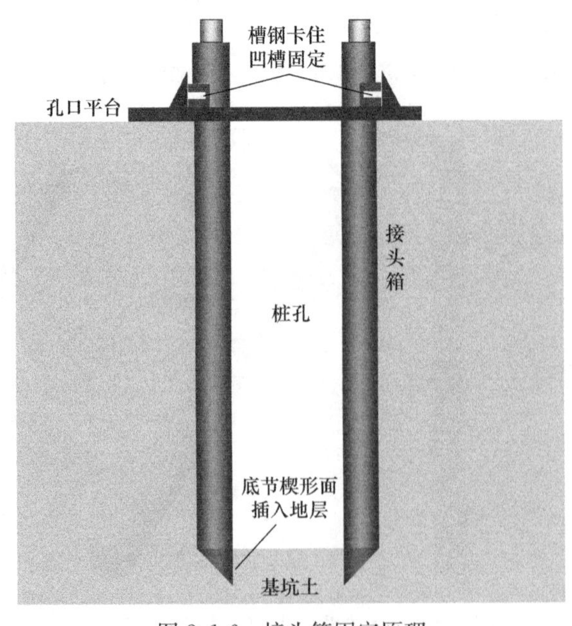

图 2.1-6　接头箱固定原理

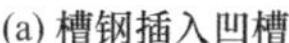
(a) 槽钢插入凹槽

(b) 下放接头箱

(c) 槽钢卡住凹槽和固定支架

图 2.1-7　平台固定接头箱原理

2. **旋挖素桩接头箱成桩工艺原理**

采用接头箱咬合成桩时，首先旋挖素桩成孔，然后在孔口平台定位作用下插入接头箱，接头箱安插到位并固定后灌注素桩混凝土；待素桩灌注完成一段时间（初凝前）后，将接头箱拔出，形成由泥浆充填的咬合空间。旋挖素桩接头箱成桩工艺原理见图 2.1-8。

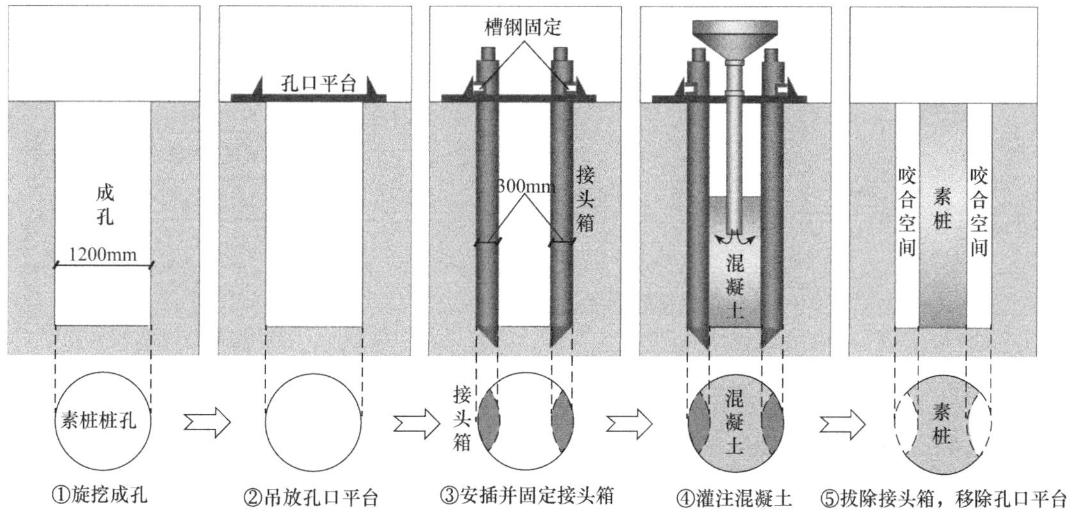

图 2.1-8　旋挖素桩接头箱成桩工艺原理

3. **接头箱旋挖软咬合工序流程控制原理**

根据咬合成桩工艺原理，本工艺采用素桩、荤桩交替施工顺序，接头箱旋挖咬合工序流程控制原理见图 2.1-9，其中 A 代表素桩，B 代表荤桩。采用本工艺施工时，先对素桩 A_1、A_2 依次进行旋挖钻进、接头箱灌注成桩，然后进行 B_2 荤桩成桩；再进行素桩 A_3、荤桩 B_2 的顺序依次作业，直至该段支护桩完成。

2.1.5　施工工艺流程

基坑支护接头箱旋挖“软咬合”成桩施工工艺流程见图 2.1-10。

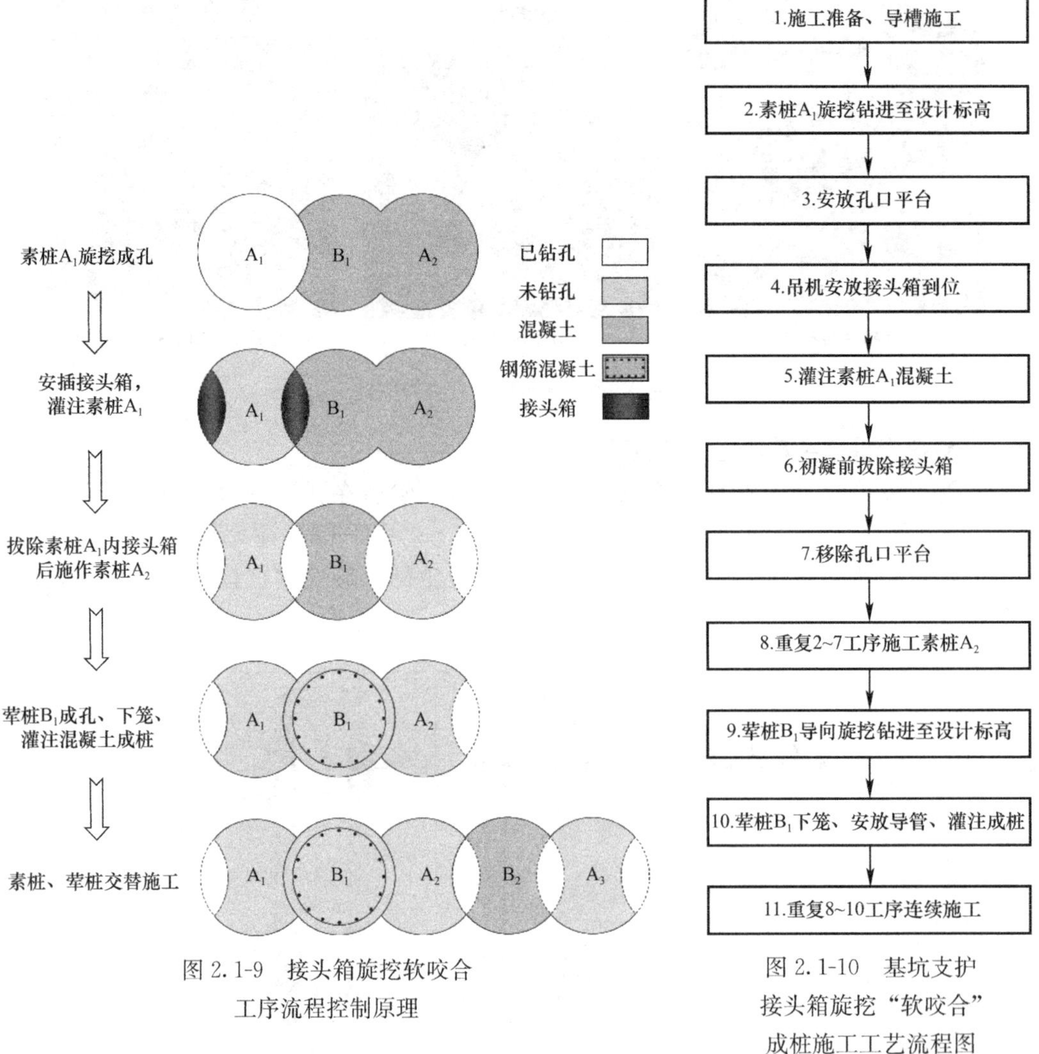

图 2.1-9　接头箱旋挖软咬合工序流程控制原理

图 2.1-10　基坑支护接头箱旋挖“软咬合”成桩施工工艺流程图

2.1.6　工序操作要点

1. 施工准备、导槽施工

(1) 平整场地，测量工程师现场定位放线，组织施工设备及机具进场。

(2) 开挖导墙沟槽，开挖结束后进行垫层浇筑，对导槽面找平，并在垫层上测放导槽轴线。导槽垫层浇筑及导槽中心线测放见图 2.1-11。

(3) 按导槽设计图纸加工、绑扎钢筋，监理验收合格后进行下道工序施工。

(4) 模板采用自制整体钢模板，并采用钢管支撑且固定牢靠；浇筑混凝土时，两边对称交替进行，浇筑完成后及时进行养护。咬合桩导槽见图 2.1-12。

2. 素桩 A_1 旋挖钻进至设计标高

(1) 旋挖钻机就位，对素桩 A_1 进行钻进成孔；现场采用 SR285 型旋挖钻机钻进，捞渣钻斗直径 1.2m；钻进时，钻机准确调平就位，保证钻头对中桩位和钻孔垂直度。SR285 型旋挖钻机素桩钻进见图 2.1-13。

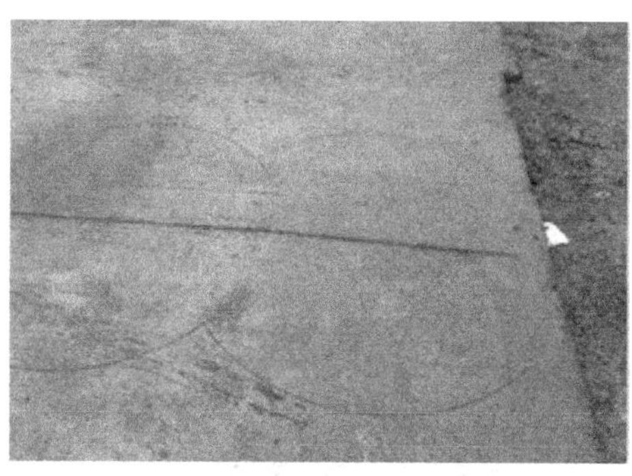

图 2.1-11　导槽垫层浇筑及导槽中心线测放

（2）钻进过程采用泥浆护壁，渣土随捞渣钻斗排出，钻渣堆放在钻孔边的集渣箱内，并定时清理外运。

（3）旋挖钻进至设计标高后，对孔深、持力层、钻孔垂直度等进行检验，并采用旋挖捞渣斗进行一次清孔。

图 2.1-12　咬合桩导槽

3. 安放孔口平台

（1）采用 GPS 复核桩孔中心点位置，复核桩孔十字叉线，引出桩孔中心点，以此确定接头箱平台的中心位置，见图 2.1-14。

图 2.1-13　SR285 型旋挖钻机素桩钻进

（2）起吊平台采用 QUY-100 型履带起重机，司索工指挥起重机吊放孔口平台至桩孔上方，人工配合平台就位，使平台中心与素桩孔位中心重合，平台中轴线与咬合桩中心连线重合。孔口平台就位见图 2.1-15，复测孔口平台中心见图 2.1-16。

（3）利用水平尺检测孔口平台水平度，并采用垫衬调整，确保平台居中、水平安放，见图 2.1-17。

图 2.1-14　GPS 复核桩孔中心

图 2.1-15　孔口平台就位

图 2.1-16　复测孔口平台中心

图 2.1-17　水平仪检测平台水平度

4. 吊机安放接头箱到位

（1）针对桩孔深度（25m）预连接好若干节接头箱，使用的接头箱由下而上分别为 10m 长的底节、2 根 6m 长的标准节以及 3m 长的顶节；保证安放到位后接头箱伸出孔口平台部分高度不超过 0.9m，以免影响灌注斗的安放。

（2）吊机起吊接头箱至孔口平台上方，人工配合吊机移动接头箱，使之竖直穿入平台孔槽进入桩孔，起吊及下放接头箱见图 2.1-18。

图 2.1-18　吊机起吊、下放接头箱

(3) 接头箱下放过程中，在接头箱侧边凹槽插入槽钢卡住辅助吊机固定，然后人工拧紧上、下节接头箱公母接头处螺栓，将两节接头箱紧固连接，具体见图 2.1-19。

(a) 接头箱下放

(b) 接头箱卡紧

(c) 接头螺栓紧固

图 2.1-19　人工配合紧固接头箱

(4) 继续下放接头箱至楔形底面就位，到位后用槽钢卡住钢板侧边凹槽将其固定，具体见图 2.1-20。

图 2.1-20　接头箱下放到位并固定

(5) 采用同样方法安放孔内另外一根接头箱到位，见图 2.1-21。

图 2.1-21　两根接头箱安放到位

5. **灌注素桩 A_1 混凝土**

（1）打开平台灌注活门，安放并连接灌注导管；安放时，预先根据孔深计算好导管的总长度，并合理配置各节导管的长度，控制导管离孔底0.5m，导管伸出地面的高度不小于0.8m，保证灌注过程中灌注斗不与接头箱顶端发生触碰。安放、连接灌注导管和料斗见图2.1-22。

图2.1-22　安放、连接灌注导管和料斗

（2）灌注前测量孔底沉渣厚度，如超标则采用气举反循环清孔。

图2.1-23　素桩灌注混凝土

（3）素桩灌注采用C20混凝土，初灌采用2.5m^3灌注斗，确保混凝土埋管不少于0.8m；灌注过程中，保持连续灌注，始终控制混凝土导管深度在2～4m；桩顶超灌高度不小于50cm，设计桩顶接近地面时保证桩顶混凝土泛浆充分。素桩灌注混凝土见图2.1-23。

6. **初凝后拔除接头箱**

（1）灌注桩身混凝土后4～5h，采用履带起重机小幅提拉接头箱，松动接头箱与混凝土间的接触，以防与混凝土粘连过牢。

（2）混凝土灌注完成6h后，依次拔除两根接头箱，实时监测吊机起拔力，起重机最大起拔力约130kN。

（3）起拔过程中，派专人冲洗接头箱上的混凝土，防止混凝土凝结在接头箱表面而影响下一次顺利安插。起拔接头箱见图2.1-24。

7. **移除孔口平台**

（1）用吊机将孔口平台从桩孔处移除。

（2）派专人将平台冲洗干净，准备下一根素桩施工时使用。

8. **重复2～7工序施工素桩 A_2**

（1）待素桩 A_1 施工完毕后，将孔口平台移至 A_2 桩位处。

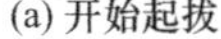
(a) 开始起拔

(b) 起拔第一根

(c) 起拔第二根

图 2.1-24　起拔接头箱

（2）采用与 A_1 桩相同的工艺方法施作素桩 A_2。

9. 荤桩 B_1 导向旋挖钻进至设计标高

（1）素桩 A_2 灌注完成 12h 后，采用旋挖钻机和直径 1.2m 的钻斗进行荤桩孔取土钻进，保持钻头中心对准桩孔中心；钻进过程中，两侧已浇筑好的素桩为钻进提供导向和护壁作用。

（2）旋挖钻进至设计标高后，由质检员检查孔深及孔底地层性质，以 25m 的孔深为例，单个桩孔旋挖时间约 2.5h；终孔后，由质检员报监理验收。

10. 荤桩 B_1 下笼、安放导管、灌注成桩

（1）钢筋笼按照设计要求完成加工制作，并进行隐蔽工程验收，合格后吊入孔内；起吊作业派专人指挥，吊运时保持平稳，入孔时保持垂直，严禁触碰两侧素桩。

（2）钢筋笼安装入孔后检查安装位置，确认符合要求后，对钢筋笼吊筋进行固定。钢筋笼吊放见图 2.1-25。

图 2.1-25　吊放钢筋笼

（3）笼顶标高核对无误后，安放灌注导管，然后检查孔底沉渣厚度，如超过设计要求则进行二次清孔，然后灌注荤桩混凝土。

（4）荤桩采用 C30 水下混凝土，灌注方法与灌注素桩相同。

11. 重复 8～10 工序连续施工

（1）待荤桩施工完毕后，将施工机械移至下一素桩桩位处。

（2）采用相同方法交替施作素桩、荤桩，直至该段咬合桩完成。

2.1.7　机械设备配置

本工艺现场施工所涉及的主要机械设备见表 2.1-1。

主要机械设备配置表 **表 2.1-1**

名称	型号及参数	备注
旋挖钻机	SR285，最大成孔直径 2.5m	钻进成孔
接头箱	与桩孔尺寸、咬合厚度相匹配	填充桩孔
孔口平台	与接头箱尺寸相匹配	定位并固定接头箱、灌注混凝土
履带起重机	QUY-100	吊运设备
灌注导管	ϕ250mm	灌注混凝土
灌注料斗	2.5m^3	灌注混凝土
全站仪	WILD-TC16W	测量桩孔定位
水平尺	600mm×50mm×12mm	测量孔口平台水平度

2.1.8 质量控制

1. 咬合桩导墙制作

（1）导墙制作前将场地平整、压实，并浇筑垫层找平。

（2）导墙采用定制钢模施工，模板定位牢固，严防跑模，并保证轴线和孔径的准确。

（3）导墙浇筑前，对模板的垂直度和中线以及净空距离进行验收，检查模板的垂直度和中心以及孔径是否符合要求。

2. 接头箱制作、安放与拔除

（1）接头箱严格按照设计尺寸制作，确保焊接牢固；接头箱接头处确保螺栓孔位置和孔径偏差尺寸准确，接头箱入槽孔比接头箱外轮廓尺寸略大，以便接头箱顺利下放，保证接头箱连接后垂直度偏差不超过 1/300。

（2）接头箱孔口平台定位时，中轴线与桩孔中心线重合，用水平尺确保定位平台水平安放；下放接头箱时监测其竖直度，保证接头箱在桩孔内竖直安放。

（3）混凝土灌注完成后 6h 拔除接头箱，拔除过程中保持接头箱竖直，以防扰动周边混凝土。

3. 荤桩“软咬合”钻进

（1）待两侧素桩均灌注完成 12h 后进行荤桩钻进。

（2）荤桩钻进时，避免钻头与相邻素桩发生摩擦、碰撞。

（3）二次清孔采用气举反循环方式，清理孔底沉渣及素桩侧壁上的泥土。

2.1.9 安全措施

1. 旋挖钻进成孔

（1）施工场地压实平整，旋挖钻机下铺设钢板，以防止机械倾倒。

（2）荤桩钻进时，确保两侧素桩混凝土已初凝且达到一定强度，防止两侧混凝土破损或坍塌。

2. 接头箱安放与拔除

（1）预连接的接头箱起吊前确保连接牢固，起吊时下方严禁人员工作或通过。

（2）下放过程中，人工配合紧固螺栓时，确保用槽钢将接头箱固定牢靠，防止滑落。

（3）拔除接头箱时保持缓慢移动，保持竖直，防止倾斜造成甩动碰伤人。

2.2　深厚松散填石层咬合桩一荤二素组合式成桩施工技术

2.2.1　引言

咬合桩是在桩与桩之间形成相互咬合排列的一种基坑围护结构，通常咬合桩施工时，一般先施工两根 A 桩（素混凝土桩），再在两根 A 桩之间相嵌咬合施工 B 桩（荤桩或有筋桩），形成具有良好的整体防水、挡土性能的支护形式。对于咬合桩成孔施工通常有以下四种工艺方法：一是采用搓管机钻进；二是使用全回转钻机钻进；三是旋挖钻机硬咬合施工；四是采用全回转、旋挖等组合工艺等。

2019 年初，深圳前海"微众银行大厦土石方、基坑支护、桩基础工程"项目开工，基坑支护采用直径 1400mm 的 B 桩与直径 1000mm 的 A 桩相互咬合设计，由于桩径大且深，搓管机能力有限，无法满足施工要求。场地分布较厚的填石层，全回转全套管钻进困难。因此，设计采用旋挖硬咬合施工。在实际钻进过程中，由于回填石厚度深、块度大，且结构松散，旋挖钻进速度慢、钻头磨损严重。同时，钻头受块石的影响容易产生偏斜，咬合成桩后在底部容易出现分叉渗漏，将给基坑安全带来严重隐患。另外，孔内填石层底面交界位置地下水具有流动性，孔内出现严重漏浆，造成孔内水头下降，上部填土段出现坍孔，成孔困难、进度慢、成本高。针对上述问题，结合工程实践，项目部开展"松散填石层基坑支护咬合桩一荤二素组合式成桩施工技术"研究，通过现场摸索实践，探索了一种适合深厚松散填石层咬合桩的钻（旋挖钻进）、冲（冲击穿越填石并堵漏）、填（回填黏土）综合钻进工艺，采用一荤（B 桩）二素（A 桩）共 3 根桩同时灌注混凝土成桩的组合式施工技术，取得了显著成效，加快了施工进度，保证了施工质量，降低了施工成本。

2.2.2　工程实例

1. 工程概况

深圳前海微众银行基坑项目支护设计采用咬合桩，基坑西侧 4-4、5-5 剖面设计采用 ϕ1400mm 的 B 桩与 ϕ1000mm 的 A 桩咬合，A、B 桩相互咬合 350mm，A 桩桩长 22～26m，B 桩桩长 30～35m，设计要求采用旋挖硬咬合。所处位置主要地层为填土、填石、淤泥、粉质黏土、残积砾质黏性土、全风化花岗岩、强风化花岗岩，其中：上部填土层为近期堆填，厚 6.18～9.65m；下部填石层为填海时填筑的块石，块度 30～80cm，无粘结，厚 9.1～11.6m。

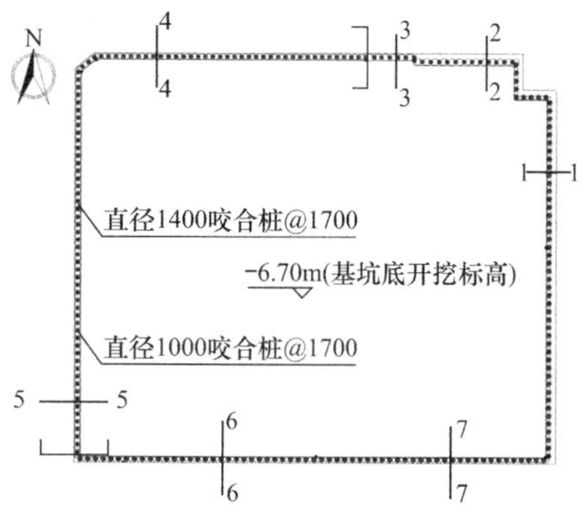

图 2.2-1　深圳前海微重银行基坑支护咬合桩平面布置

基坑支护平面、剖面见图 2.2-1、图 2.2-2。

现场旋挖硬咬合钻进受填石层的影响，出现严重的漏浆，造成无法成孔。旋挖成孔漏浆情况见图 2.2-3，现场孔内捞取的填石情况见图 2.2-4。

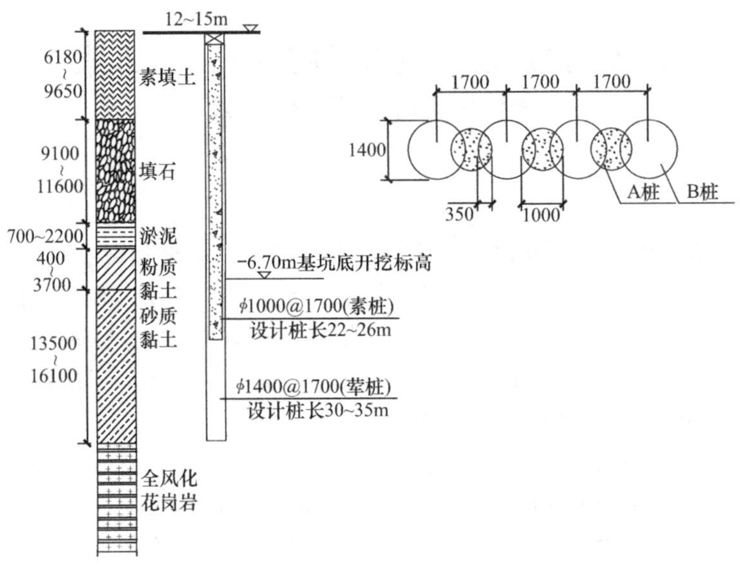

图 2.2-2　4-4、5-5 咬合桩平面、剖面图

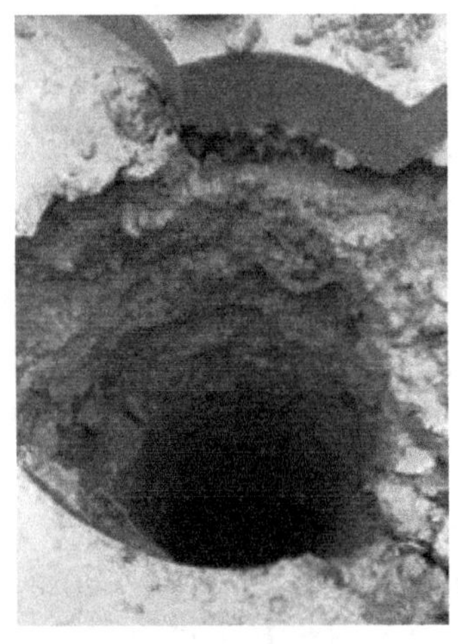

图 2.2-3　旋挖成孔漏浆情况

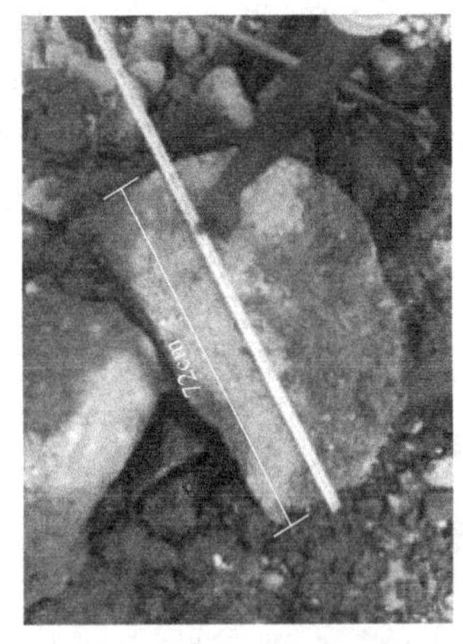

图 2.2-4　孔内取出的填石

2. **施工方案选择**

对于深厚松散填石层基坑支护咬合桩钻进工艺的选择，需综合考虑多方面的影响因素，一是填石层采用单一的旋挖钻进工艺，难以克服松散地层严重漏浆和填石层穿越的困难，需要采取钻、冲、填综合措施，做到既穿越填石，又能有效防止填石层的漏浆；二是B桩咬合A桩时，由于B桩直径1400mm远大于直径1000mm的A桩，咬合嵌入界面相对较小，咬合钻进时容易出现偏斜，尤其在填石层段咬合钻进块石层更易引起偏孔，需要进一步采取有效措施确保咬合质量和止水效果是关键。

为此，通过现场摸索实践，探索了一种适合深厚松散填石层咬合桩的钻（旋挖钻进）、冲（冲击穿越填石并堵漏）、填（回填黏土）综合钻进工艺，采用一荤（B桩）二素（A桩）共三根桩同时灌注混凝土成桩的组合式施工工艺，取得了显著成效。成桩施工及基坑开挖情况见图2.2-5～图2.2-7。

图 2.2-5　一荤二素成孔及孔口安放钢筋笼

图 2.2-6　一荤二素成桩咬合桩桩顶冠开挖情况

图 2.2-7　一荤二素成桩咬合桩开挖情况

2.2.3　工艺原理

以深圳前海“微众银行大厦土石方、基坑支护、桩基础工程”项目为例，基坑西侧咬合桩设计采用 ϕ1400mm 的荤桩（B 桩）与 ϕ1000mm 的素桩（A 桩）咬合，A、B 桩相互咬合 350mm。

本工艺关键技术主要由钻、冲、填综合钻进工艺和一荤二素组合式成桩工艺组成。

1. 钻、冲、填综合钻进工艺

本技术通过采用旋挖钻机钻进咬合桩的上部填土层，以加快施工速度；后采用冲孔桩机对 B 桩填石段进行冲击钻进，既便利穿越填石，同时又在冲击填石时对孔壁进行有效挤密填充，以减小地层漏浆量，有效防止坍孔；在填石层穿越后，及时将孔段回填，在完成相邻桩成孔后再采用旋挖钻机钻进土层；施工B桩后，A桩由于桩孔直径小于B桩，且A桩在B桩填石段穿越后再施工，A桩断面仅为300mm，其断面填石数量相对较少，采用旋挖钻机直接开孔钻进。

松散填石层基坑支护咬合桩一荤二素组合式成桩钻、冲、填综合钻进施工原理见图2.2-8。

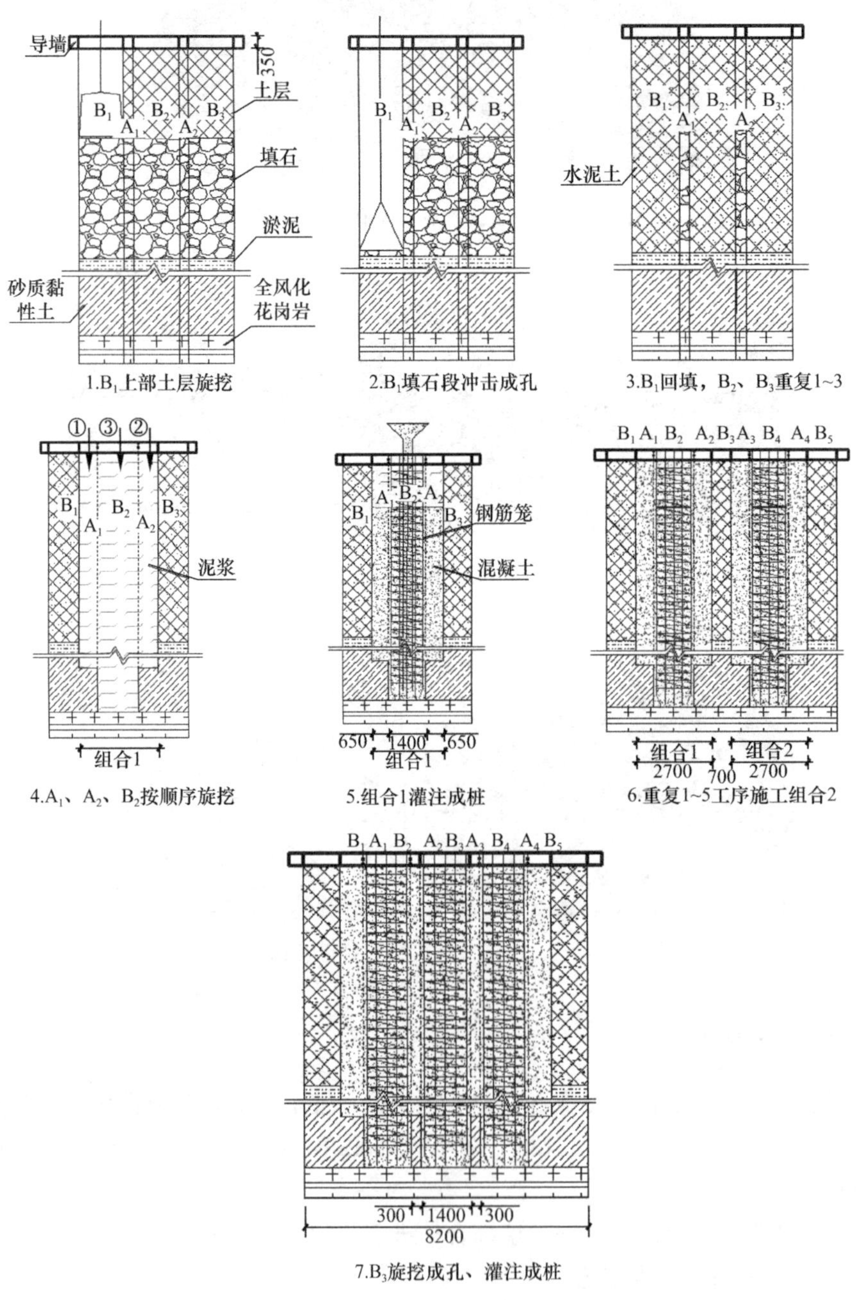

图2.2-8 松散填石层基坑支护咬合桩一荤二素组合式成桩钻、冲、填综合钻进施工原理示意图

2. 一荤二素组合式成桩工艺

本工程支护咬合桩 B 桩咬合 A 桩时，由于 B 桩直径 1400mm 远大于直径 1000mm 的 A 桩，咬合嵌入界面相对较小，咬合钻进时容易出现偏斜，尤其在填石层段咬合钻进块石层更易引起偏孔，因此，除采取钻、冲、填综合钻进工艺外，探索出采取一荤二素共三根桩一次性组合灌注成桩工艺，避免了咬合时垂直度控制难的弊病，有效加快了施工速度。

本工艺采用一荤二素共三根桩的组合式施工，先采用钻、冲工艺对 B_1→B_2→B_3 先后进行施工至填石层以下后，再回填至导墙底标高；之后旋挖钻机就位，按照 A_1→A_2→B_2 的施工顺序对组合 1 进行施工成桩。采用上述相同施工顺序对组合 2 进行作业，最后采用旋挖钻机对 B_3 进行切割成孔、一次清孔、下放钢筋笼、二次清孔、灌注桩身混凝土等作业。咬合桩平面组合式布置见图 2.2-9，其平面施工顺序见图 2.2-10。

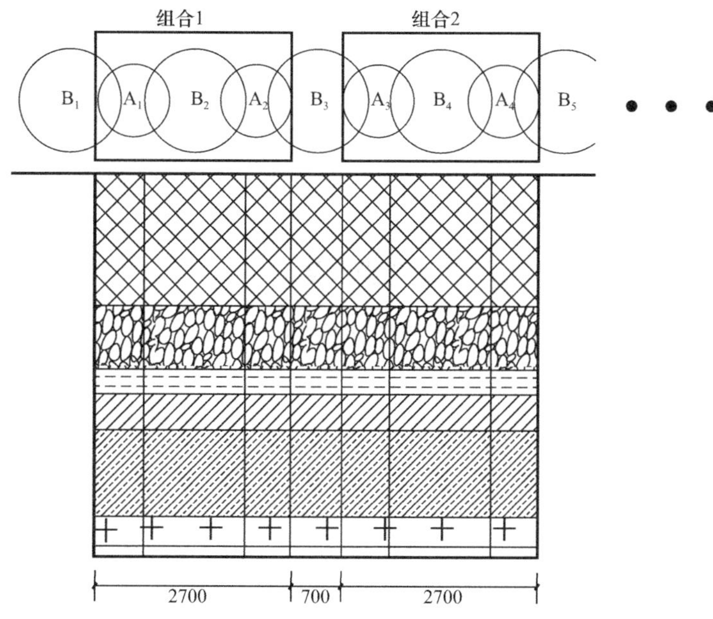

图 2.2-9　咬合桩平面组合式施工顺序平面图

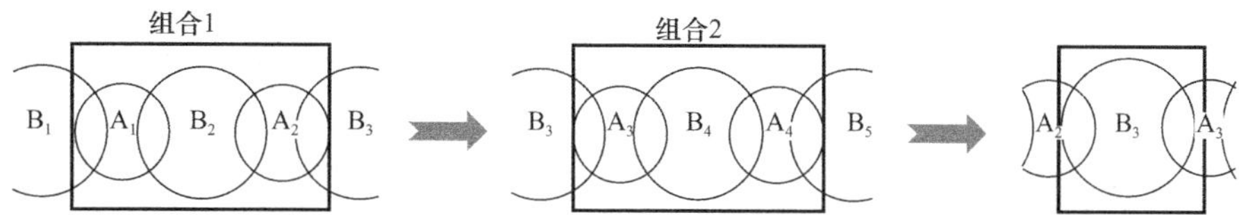

图 2.2-10　咬合桩平面组合式施工顺序示意图

2.2.4　工艺特点

1. 采用钻、冲、填多工艺组合施工

本工艺根据场地松散填石层咬合桩成孔穿越困难、漏浆严重等关键技术难点，采用钻、冲、填组合式多工艺组合，发挥出旋挖钻机在土层中的钻进优势，以及冲击钻进对填石的钻进效率，避免了松散填石层的漏浆，实现顺利成孔、成桩。

2. **施工效率高**

本工艺调整了咬合桩平面上先后施工顺序，形成一荤二素共三根桩同时成桩的组合，节省了桩与桩之间等待混凝土凝固的时间；同时，采用一荤二素组合式成桩大大减少了咬合桩之间的咬合次数，减少了硬旋挖切割素桩混凝土时间，大大提高施工效率。

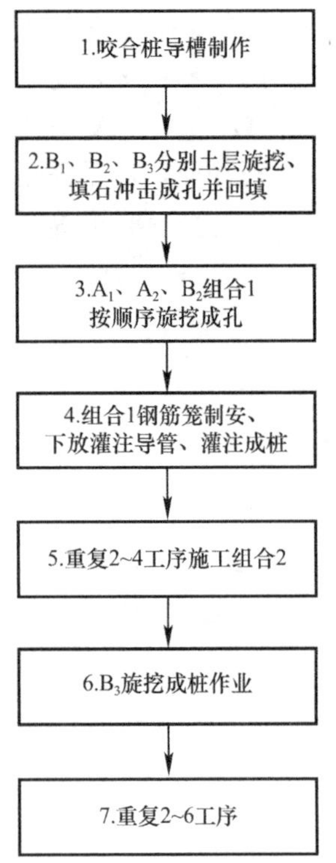
1.咬合桩导槽制作
2.B1、B2、B3分别土层旋挖、填石冲击成孔并回填
3.A1、A2、B2组合1按顺序旋挖成孔
4.组合1钢筋笼制安、下放灌注导管、灌注成桩
5.重复2~4工序施工组合2
6.B3旋挖成桩作业
7.重复2~6工序

图 2.2-11　松散填石层基坑支护咬合桩一荤二素组合式成桩施工工序流程图

3. **提高成桩质量**

采用本工艺可有效减少桩间咬合次数，降低了咬合桩偏斜以及开叉的概率，提升了咬合桩支护结构的止水效果及咬合质量。

4. **综合成本降低**

本工艺在桩身填石段采用冲孔钻冲孔，既便利穿越填石，又在冲击填石时对孔壁进行有效挤密填充，以减小地层漏浆量；同时，采用三根桩同时浇灌，可减少桩位之间咬合部位混凝土量，降低施工用混凝土成本，总体综合成本大大降低。

2.2.5　工艺流程

松散填石层基坑支护咬合桩一荤二素组合式成桩施工工序流程见图 2.2-11。

2.2.6　工艺操作要点

1. **咬合桩导墙制作**

（1）清除地表杂物，平整场地，填平碾压且放置钢板，用于旋挖钻机承重，防止施工过程中因机身重量或振动造成机身倾斜，确保成桩的垂直度。

（2）根据设计图纸提供的坐标计算桩中心线坐标，采用全站仪根据地面导线控制点进行放样，并做好护桩，作为导墙施工的控制中线，并保证其位置的精准度。

（3）导墙采用机械辅以人工开挖，开挖结束后将中线引入沟槽下，以控制底模及模板施工，确保导墙中心线准确。

（4）按设计要求绑扎钢筋，导墙钢筋设计用 ⌀16 螺纹钢，采用双层双向布置，钢筋间距按 200mm×200mm 布置。

（5）使用专门制作的钢模板支模并固定，用 C30 混凝土浇筑。导墙制作见图 2.2-12。

图 2.2-12　咬合桩导墙制作

2. B_1、B_2、B_3 **分别土层旋挖、填石冲击成孔并回填**

（1）导墙养护 24h 后，拆除模板，重新定位咬合桩中心位置，确保旋挖位置和设计孔位中心一致，桩位偏差不大于 10mm。

（2）对 B_1、B_2、B_3 按先后顺序分别施工，旋挖钻机主要施工桩位填石层上部土层，以此缩短施工时间，现场采用 SR365 型旋挖钻机钻进，B_1 上部土层旋挖过程见图 2.2-13。

（3）旋挖至填石层面钻机移位，采用冲孔桩机就位接力对下部填石层冲击成孔。冲击时采用低锤重击，加大泥浆相对密度，冲孔钻机施工作业见图 2.2-14。

（4）待冲孔桩机冲破填石层后，采用素土拌水泥进行孔段回填，回填至导墙底标高，现场水泥土回填施工见图 2.2-15。

（5）采用与 B_1 相同的旋挖、冲击、回填工艺，分别对 B_2、B_3 荤桩进行施工作业。

图 2.2-13　旋挖钻机土层钻进

图 2.2-14　冲孔桩机冲击填石层

图 2.2-15　水泥土回填

3. A_1、A_2、B_2 组合 1 按顺序旋挖成孔

（1）由于组合桩中部 B_2 荤桩桩径大，为了防止旋挖过程中出现坍孔现象，安排先旋挖 A_1、A_2 素桩，再施工 B_2 桩。

（2）由于荤桩深厚松散填石层已清除，素桩中剩余填石层截面尺寸较小，截面尺寸为原来的 1/3，素桩所含的填石量较小，采用旋挖钻机直接开孔施工，见图 2.2-16。

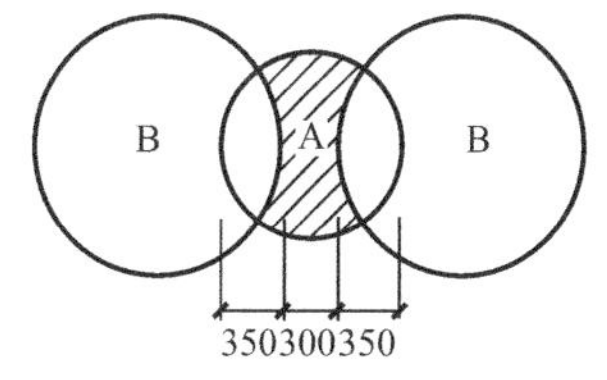

图 2.2-16　中部素桩旋挖尺寸

（3）钻机就位时，保持平整、稳固、不发生偏斜；在施工过程中，经常检查钻杆垂直度，确保孔壁垂直。

（4）钻进成孔过程中，根据地层、孔深变化合理选择钻进参数，及时调配泥浆，保持孔内泥浆的浆面高度，确保孔壁稳定。

（5）组合桩 1 共三根桩成孔完成后，采用旋挖钻斗进行捞渣清底，清孔完成后下放测绳测量孔深，检验无误后进行下一道施工工序。

4. 组合 1 钢筋笼制安

（1）B_2 桩钢筋笼按照设计要求完成加工制作，并进行隐蔽工程验收，合格后吊入孔内。钢筋笼制作见图 2.2-17。

（2）设计荤桩钢筋笼长度最长 35m 左右，重约 9.5t，主筋采用直螺旋机械连接，采用一次性整体吊装工艺，钢筋笼起吊扶直过程中使用两台 75t 履带起重机用“六点式”吊装方法起吊，见图 2.2-18；当钢筋笼起吊至垂直后，拆除多余钢丝绳，改用 1 台履带起重机将其吊放入孔，见图 2.2-19。

（3）钢筋笼孔口就位后吊直扶稳，对准孔位缓慢下放，严禁高起猛落，不得摇晃碰撞孔壁和强行入孔，安装完毕后，立刻将钢筋笼固定于孔口，具体见图 2.2-20。

图 2.2-17 钢筋笼制作

图 2.2-18 钢筋笼起吊

图 2.2-19 钢筋笼吊放

图 2.2-20 孔口固定钢筋笼

5. 组合 1 下放灌注导管、灌注成桩

（1）笼顶标高核对无误后，安放导管，导管下放于荤桩钢筋笼中，导管全部下入孔内后放至孔底，以便核对导管长度及孔深，然后提起 30～50mm。

（2）灌注混凝土前，检查孔底沉渣厚度，如果超过设计要求则采用正循环工艺进行二次清孔，确保孔底沉渣厚度不大于 200mm；清孔时，采用优质泥浆调整孔内泥浆性能，保持泥浆相对密度约 1.05；清孔完毕后，及时安装灌注料斗。

（3）水下灌注混凝土采用商品混凝土，灌注混凝土时，初灌导管一次埋入混凝土灌注面以下不少于 0.8m，灌注过程中导管埋入混凝土深度保持 2～6m，现场灌注见图 2.2-21。

（4）采用一荤二素组合式成桩施工，A、B 桩型单边重复咬合面积约为 0.2m^2（图 2.2-22）。即每组组合式咬合桩（桩长按 24m 计）减少混凝土量约为 9.6m^3，有效降低了混凝土成本。

图 2.2-21　一荤二素组合式灌注混凝土成桩

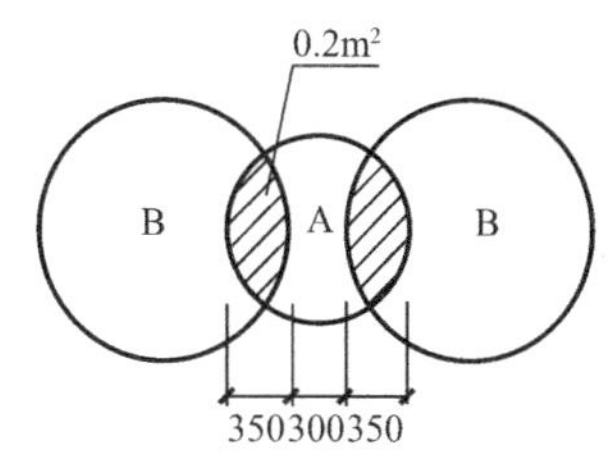

图 2.2-22　A、B 桩咬合重叠面积

6. **重复 2～4 的工序施工组合 2**

待组合 1 的 3 根桩施工完毕后，采用与组合 1 相同的工艺对组合 2 进行一荤二素咬合桩组合式施工作业。

7. **B_3 旋挖成桩作业**

由于组合 1 和组合 2 均施工完毕后剩余中间 B_3 荤桩，其回填石层截面尺寸较小仅为 700mm，采用旋挖钻机进行硬旋挖成孔。

2.2.7　机械设备配置

本工艺现场施工所涉及的主要机械设备见表 2.2-1。

主要机械设备配置表　　**表 2.2-1**

名称	型号	备注
旋挖钻机	SR365	旋挖成孔施工
冲孔桩机	ZK6	冲击填石层
履带起重机	75T	吊放钢筋笼、吊装混凝土导管
全站仪	ES-600G	桩位放样、垂直度观测
挖掘机	HD820	回填桩位土层

2.2.8　质量控制

1. **咬合桩导墙制作**

（1）导墙施工前将场地进行平整、压实。

（2）导墙采用定制的钢模施工。

（3）严格控制导墙施工质量，重点检查导墙中心轴线、宽度和内侧模板的垂直度。

（4）拆模后定期进行养护。

2. **泥浆配制**

（1）旋挖过程中选用优质膨润土配制泥浆，保证护壁效果。

（2）旋挖过程中保证泥浆液面高度，调整好泥浆指标及性能，钻具提离孔口前及时向孔内补浆，确保孔壁稳定。

3. **成孔**

（1）组合式咬合桩在正式施工前进行试成孔（数量不小于 2 个），以核对地质资料、检验设备、工艺以及技术要求是否适当。

（2）采用旋挖钻机引孔时，严格控制桩身垂直度，并且根据地质勘察资料，提前预留 20cm 土层，便于冲孔桩机锤击造浆；在钻进过程倘若发生偏差，及时采取相应措施进行纠偏。

（3）冲孔桩机冲击深厚松散填石层时，保持冲孔桩机连续施工。

（4）旋挖钻进过程中，观察旋挖钻机上的监测系统，控制钻杆的垂直度。

（5）在灌注桩身混凝土前，保持泥浆相对密度 1.05～1.15，确保孔段稳定。

2.2.9 安全措施

1. **钻进成孔**

（1）旋挖钻机、冲孔桩机操作人员经过专业培训，熟练机械操作性能。

（2）桩机操作人员严格遵守安全操作技术规程，工作时集中精力，不擅离职守。

（3）旋挖钻机、冲孔桩机替换作业时，听从现场施工员的指挥。

（4）旋挖钻进时，保持孔内泥浆面高度，确保孔壁稳定。

2. **吊装作业**

（1）起吊钢筋笼时，其总重量不得超过起重机相应幅度下规定的起重量，并根据笼重和提升高度，调整起重臂长度和仰角，估计吊索和笼体本身的高度，留出适当空间。

（2）起吊钢筋笼作水平移动时，高出其跨越的障碍物 0.5m 以上。

（3）起吊钢筋笼时，起重臂和笼体下方严禁人员工作或通过。

（4）吊装设备发生故障后及时进行检修，严禁带故障运行和违规操作，杜绝机械事故。

3. **焊接作业**

（1）制作钢筋笼的电焊工持证上岗，正确佩戴专门的防护用具。

（2）氧气、乙炔罐分开摆放，切割作业由持证专业人员进行。

4. **临时用电及安全防护**

（1）现场用电由专业电工操作，持证上岗；电器严格接地、接零和使用漏电保护器。

（2）施工现场所有设备、设施、安全装置、工具配件及个人劳动保护用品定期检查，保持良好的使用状态，确保完好和使用安全。

（3）在日常安全巡查中，对冲孔桩机钢丝绳进行重点检查。

（4）暴雨天气停止现场施工，台风来临时做好现场安全防护措施，将旋挖钻机放下。

2.3 基坑支护咬合桩长螺旋钻素桩与旋挖钻荤桩施工技术

2.3.1 引言

咬合桩是在相邻素混凝土桩间置入有筋桩（以下称“荤桩”），使素混凝土桩与荤桩间部分圆周咬合相嵌，形成具有良好防渗作用、整体连续挡土止水的基坑围护结构形式。目前，常规咬合桩成孔多采用旋挖桩机硬咬合、搓管桩机全护筒钻进、全套管全回转钻进 3 种方法。旋挖桩机硬咬合施工采用旋挖钻进、泥浆护壁成孔，遇孔口不良地层时需下入长护筒护壁，当桩长超过 15m 时容易出现桩底部咬合不紧密、开叉的情况，使开挖后基坑出现漏水问题。搓管桩机、全套管全回转钻机成孔需全护筒护壁钻进，孔壁稳定性好，成桩质量有保证，但施工过程中由于护筒的下入和起拔需占用较长的辅助作业时间，随着孔深加大，总体施工速度慢、综合造价成本高，同时在灌注成桩过程中容易出现钢筋笼上浮的质量通病。

近年来，针对咬合桩施工过程中存在的相关问题，项目组开展了“基坑支护咬合桩长螺旋钻素桩、旋挖钻荤桩施工技术”研究，对钻进工艺和钻具进行优化，采用长螺旋钻机施工素混凝土桩、旋挖钻荤桩施工技术，达到了成孔效率高、成桩质量好、安全可靠、综合成本低的效果，取得了显著成效。

2.3.2　工艺特点

1. 施工效率高

本工艺素桩采用长螺旋钻机施工，成孔时边钻进边出渣，钻进施工功效高、速度快，一般 2h 可完成 ϕ1000mm、深 25m 支护桩的排土成孔；灌注混凝土时直接从钻杆内泵入，边提拔钻杆边灌注，成桩效率高；荤桩采用旋挖钻机咬合硬切割施工，施工时间大大缩减。

2. 文明施工条件好

长螺旋钻进无需泥浆护壁，钻进和成桩过程中不会造成场地泥泞，便于后续场地清理，提升了现场文明施工形象。

3. 成桩质量好

素桩桩身混凝土灌注与提升长螺旋钻杆同步进行，使成桩过程连续完整，桩底沉渣控制好，可完全避免混凝土浇灌时孔壁坍塌，桩身质量得到保证。

4. 施工成本低

长螺旋钻机施工无需泥浆外运，无需钢护筒护壁，土方干燥外运方便，综合施工成本降低。

2.3.3　适用范围

适用于黏性土、砂性土、淤泥质土、强风化等地层；适用于桩径不大于 1.2m 的基坑支护灌注桩施工。

2.3.4　工艺原理

1. 素桩长螺旋钻进、泵送混凝土成桩

素桩采用长螺旋钻机钻进，通过螺旋钻头、长螺旋钻杆及螺旋通道，边钻进边直接排土的方式成孔，钻至设计深度后采用泵送混凝土，直接从钻杆中心内腔通道将混凝土泵压进入孔底，然后边提钻边压灌混凝土，提钻与灌注同步进行，直至浇灌至设计桩顶位置。

长螺旋钻素桩成桩原理见图 2.3-1～图 2.3-3。

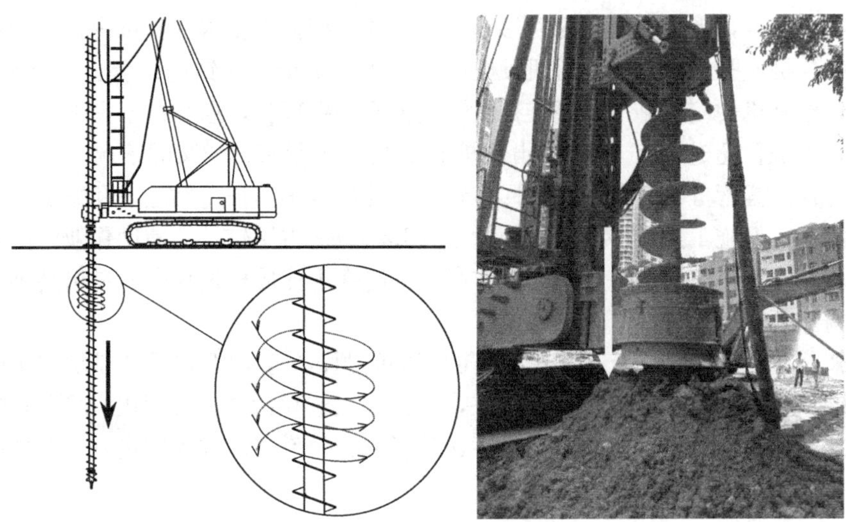

图 2.3-1　素桩长螺旋钻进取土

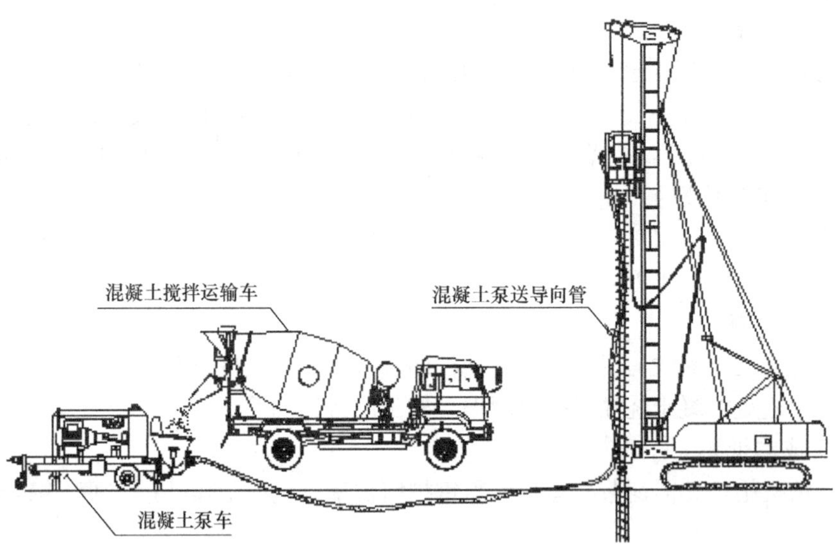

图 2.3-2　素桩灌注混凝土管路系统示意

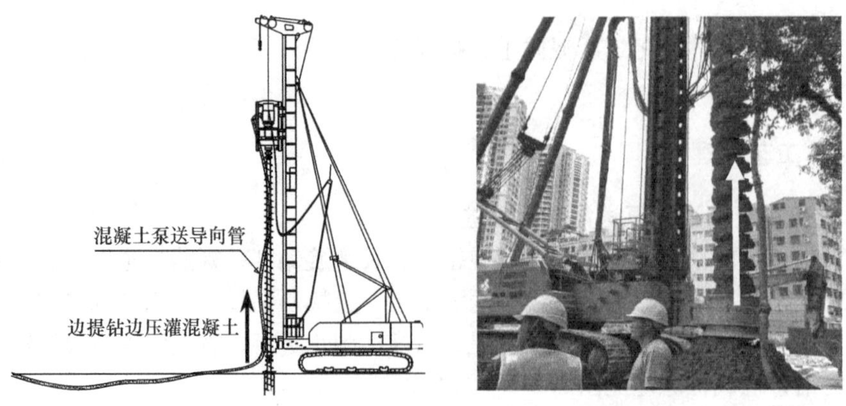

图 2.3-3　素桩长螺旋边提钻边泵压混凝土同步成桩

2. 荤桩旋挖钻机筒钻斗切削、捞渣钻进

荤桩采用旋挖钻机施工，先采用筒钻钻头切割素桩两侧混凝土，具体见图 2.3-4；再采用带阀门的截齿捞渣钻斗捞取孔内土体和切削的素桩混凝体块体，具体见图 2.3-5。

图 2.3-4　旋挖钻筒切削素桩示意

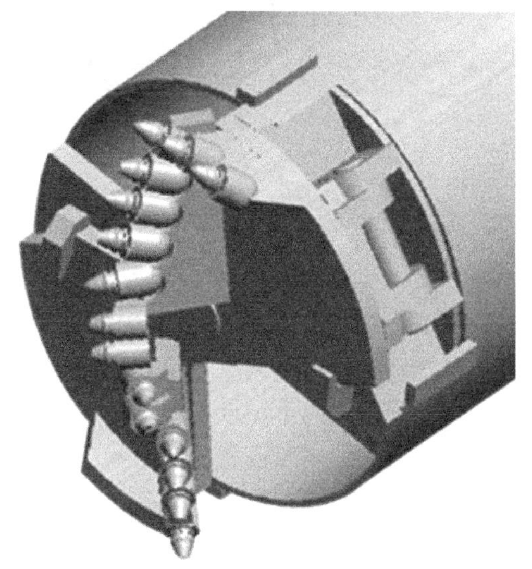

图 2.3-5　旋挖截齿渣钻斗示意

2.3.5　施工工艺流程

基坑支护咬合桩长螺旋钻素桩、旋挖钻荤桩施工工艺流程见图 2.3-6。

2.3.6　工艺操作要点

1. 施工准备

（1）施工前对场地进行平整压实，确保桩机架设稳固，并清除场地内的地下障碍物。

（2）测量场地标高，对桩点进行现场全站仪测放定位并复核。

（3）咬合桩导墙预留定位孔直径比桩径扩大 4cm，外围采用木模板，内圆采用定型钢模板；模板定位牢固，严防跑模，并保证轴线和孔径的准确；导墙混凝土浇筑时，两边对称均匀布料振捣，完成后约每 4h 在表面洒水养护。

2. 长螺旋钻进素桩至设计桩底标高

（1）咬合桩施工顺序见图 2.3-7，其中 A 桩为长螺旋钻进施工的素混凝土桩，B 桩为旋挖筒式捞渣钻斗施工的荤桩，施工顺序为：$A_1 \rightarrow A_2 \rightarrow A_3 \rightarrow A_4 \rightarrow A_5$……，素桩完成一定数量后采用旋挖钻机施工荤桩 $B_1 \rightarrow B_2 \rightarrow B_3$……

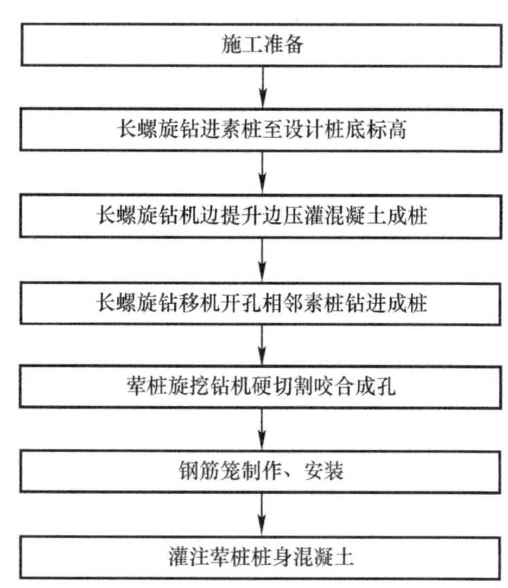
施工准备
长螺旋钻进素桩至设计桩底标高
长螺旋钻机边提升边压灌混凝土成桩
长螺旋钻移机开孔相邻素桩钻进成桩
荤桩旋挖钻机硬切割咬合成孔
钢筋笼制作、安装
灌注荤桩桩身混凝土

图 2.3-6　基坑支护咬合桩长螺旋钻素桩、旋挖钻荤桩施工工艺流程图

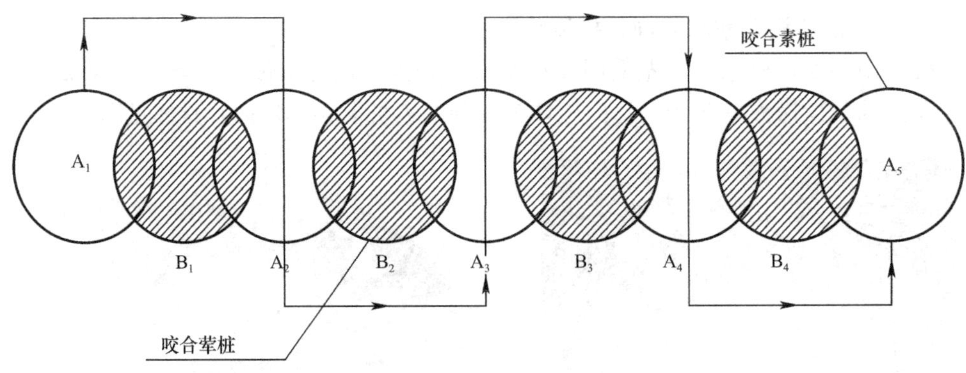

图 2.3-7 咬合桩施工顺序示意

(2) 长螺旋钻机采用山河智能 SWDP120 型（120 指桩机所配钻杆直径）。

(3) 长螺旋钻机准确调平就位，确保桩机垂直度和钻头对中桩位。

(4) 长螺旋钻机向下钻进过程中，孔内的渣土随着螺旋通道向上直接排出，排出的渣土堆积在钻孔附近，由专人将其及时清离至指定位置。

(5) 长螺旋钻机钻进过程中，全站仪随时校正长螺旋钻杆的垂直度，确保钻孔垂直度满足设计及规范要求。

(6) 长螺旋钻引孔至设计深度后，由质检员检查孔深及孔底地层性质。

现场长螺旋钻机开孔钻进素桩见图 2.3-8、图 2.3-9。

图 2.3-8 长螺旋钻机开孔施工素桩

图 2.3-9 长螺旋钻至设计深度

3. 长螺旋钻机边提升边压灌混凝土成桩

(1) 长螺旋钻机钻进素桩成孔前，进场商品混凝土，地泵输送管安装到位并与长螺旋钻机相连接，见图 2.3-10。

(2) 混凝土浇灌前，检查泵送导管连接的密封性并固定好位置，防止泵送时摆动导致导管脱落或断裂。

（3）启动泵车输送混凝土至钻杆充满混凝土后，一边压灌混凝土，一边缓慢旋转提升长螺旋钻杆直至到达设计桩顶标高。素桩桩身混凝土压灌见图 2.3-11～图 2.3-13。

（4）长螺旋钻机移位至相邻素桩，并钻进成桩。

4. 荤桩旋挖钻机硬切割成孔

（1）荤桩咬合施工采用旋挖钻机，上部土层采用旋挖钻斗边钻进边捞渣，开始时轻压慢速钻进，随时校正钻孔垂直度。

图 2.3-10　地泵输送混凝土

图 2.3-11　长螺旋钻机压灌混凝土　　　图 2.3-12　混凝土压灌结束提出钻头

（2）当咬合钻进入硬岩时，采用旋挖筒钻切割钻进，岩层破碎时采用旋挖斗捞渣；岩层坚硬时，采用筒钻直接取芯并提出孔。

旋挖筒式捞渣钻斗施工荤桩见图 2.3-14。

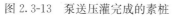

图 2.3-13　泵送压灌完成的素桩　　　图 2.3-14　旋挖筒式捞渣钻斗施工荤桩

5. 钢筋笼制作、安装

（1）钢筋在现场加工成型，钢筋笼加工时先在定位模具上安放主筋，然后与加强筋点焊，钢筋笼制作见图 2.3-15。

（2）钢筋笼采用起重机缓慢下放入桩孔，钢筋笼吊装见图 2.3-16。

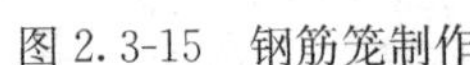

图 2.3-15 钢筋笼制作

图 2.3-16 钢筋笼吊装

6. **灌注荤桩桩身混凝土**

（1）荤桩桩身混凝土灌注时，定期测量孔内混凝土面高度，控制埋管深度，及时拆管。

（2）严格控制超灌高度，确保有效桩长和保证桩头的高度。

2.3.7 机械设备配置

本工艺现场施工所涉及的主要机械设备见表 2.3-1。

主要机械设备配置表 **表 2.3-1**

名称	型号	参数	备注
长螺旋钻机	SWDP120	最大钻孔深度 30m	成孔
旋挖钻机	BG30	最大扭矩 294kN·m，有效挤压/起拔力 330kN	咬合桩成孔
混凝土输送泵	HBTS40	混凝土理论输送量 $40m^3/h$，出料口直径 150mm	混凝土浇灌
钢筋弯曲机	GW40A	电机功率 3kW，圆盘转速 5～10r/min	钢筋笼制作
交流电焊机	BX6-330	输入电压 1pH220V/3pH380V	钢筋笼制作
履带起重机	SCC550E	最大额定起重量 55t，额定功率 132kW	钢筋笼吊装

2.3.8 质量控制

1. **长螺旋钻机成孔浇灌素桩**

（1）长螺旋钻机施工时匀速下钻，不宜过快和过慢。

（2）素桩桩长做好相应的刻度以便计量。

（3）混凝土输送泵泵管安装时，管道长度控制不超过 60m，且保持地面水平放置。

（4）混凝土浇灌时，严格控制长螺旋钻机提钻与混凝土泵送速度相一致，避免因急切提钻导致断桩情况的发生。

（5）混凝土浇灌过程中，保持出料斗内混凝土面高度，以防泵入空气造成堵管。

2. 荤桩旋挖筒式捞渣钻斗硬切割成孔

（1）孔内护壁泥浆相对密度控制在 1.0～1.2，黏度 18～20s，含砂率 4%～6%，pH 值 8～10。

（2）成桩时严格控制咬合桩桩位偏差不大于 10mm，孔径偏差不大于 10mm，桩身垂直度误差小于 3‰。

（3）钢筋原材进场复验合格后方可使用，钢筋接头进行抗拉强度试验。

（4）钢筋笼置入安放完毕后应进行二次清孔，孔底沉渣需满足设计及相关规范要求。

3. 荤桩桩身混凝土灌注

（1）混凝土坍落度符合要求，运输过程中严禁任意加水。

（2）灌注导管连接处严格密封，导管底口与孔底距离控制在 0.3～0.5m。

（3）混凝土初灌量保证导管底部一次性埋入混凝土内 2m 以上。

2.3.9　安全措施

1. 长螺旋钻进

（1）长螺旋钻机行走时保证地面平整，以防钻机倾斜。

（2）钻进时注意调整钻机立柱垂直度，并使支脚与履靴同时接地。

（3）素桩施工时采用地泵高压浇筑混凝土，注意输送导管连接，防止爆管。

2. 旋挖钻进成桩

（1）旋挖钻机施工荤桩时，清除素桩渣土。

（2）旋挖钻机履带下铺垫钢板，防止钻机重压孔口造成导墙变形。

（3）钢筋笼吊装时，专人负责指派，起重臂和笼体下方严禁有人停留、工作或通过。

（4）灌注成桩后及时回填桩洞，做好防护和安全标志。

2.4　基坑支护旋挖硬咬合灌注桩钻进综合施工技术

2.4.1　引言

基坑支护咬合桩是由素桩（混凝土桩）、荤桩（钢筋笼桩或有筋桩）相互咬合搭接所形成的具有挡土、止水作用的连续桩墙围护结构，具有良好的支护效果。在实际支护设计与施工过程中，旋挖硬咬合施工工艺已越来越被广泛采用。

旋挖硬咬合施工有筋桩时，土层段采用旋挖截齿钻筒切割咬合处素桩混凝土，单次切割咬合钻进后，更换旋挖截齿捞渣钻斗捞取渣土。钻进过程存在以下缺点，一是频繁更换钻进钻头，辅助作业时间增加，影响钻进工效；二是由于普通旋挖钻头的钻体长度有限，咬合钻进时受素桩定位和均匀性偏差影响，其导向性差，咬合钻进过程中容易引起偏斜，影响咬合效果，严重时容易出现支护桩渗漏。而对于硬岩段，目前多采用传统的截齿或牙轮钻头钻进，岩柱长度短，捞渣耗费时间长。旋挖截齿捞渣钻斗见图 2.4-1，旋挖截齿钻筒见图 2.4-2，旋挖牙轮钻筒见图 2.4-3。

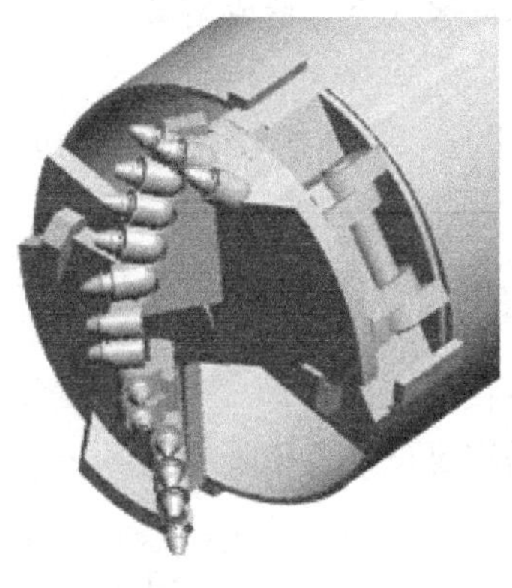

图 2.4-1 旋挖截齿捞渣钻斗

图 2.4-2 旋挖截齿钻筒

图 2.4-3 旋挖牙轮钻筒

综上所述，旋挖硬咬合桩由于旋挖钻机钻进速度快的特性，已在基坑支护咬合桩施工中得到广泛使用，但也存在硬咬合钻进过程中辅助作业时间长，咬合切割钻进时容易偏孔，在基坑开挖后容易出现基坑底部开叉、渗漏的通病；而对于咬合有筋桩入岩施工如何提升取芯率和施工工效，需要施工工艺的调整和钻进机具的优化。为此，项目组专题开展技术研发，摸索出基坑支护旋挖硬咬合灌注桩钻进综合施工工艺，即在土层段利用新型的旋挖筒式捞渣钻斗，切割咬合处素桩混凝土的同时进行同步捞渣；硬岩段采用加长牙轮筒钻切割孔内最外圈岩层形成环槽，再将硬质岩芯整块取出，达到了成孔效率高、咬合质量好、综合成本低的效果。

2.4.2 工艺特点

1. 成孔效率高

旋挖筒式捞渣钻斗集硬切割素混凝土功能和捞渣取土功能于一体，避免了成孔过程多次反复更换钻头进行切割、捞渣作业，降低了辅助作业时间，提高有筋桩土层段成孔效率；硬岩段钻进取芯工艺利用加长牙轮筒钻，单次切割深度大，超长完整岩芯整体提出，有效提高岩层段成孔效率。

2. 成桩质量好

一般的旋挖筒钻和斗钻的钻具长度约 1.5m，而旋挖筒式捞渣钻斗长度为 2.2m，加长牙轮筒钻长度为 1.8m，相比传统钻具导向更好，在切割成孔过程中可有效保障成孔垂直度，确保咬合桩的止水效果和施工质量。

3. 综合成本低

旋挖钻进相比入岩全回转钻机综合单价低，对施工成本控制有利。硬岩段钻进取芯工艺环槽切割岩量少，岩芯整块取出，可有效降低设备磨损，钻进综合成本低。

2.4.3 适用范围

适用于基坑支护旋挖硬咬合桩的钻进成孔施工。

2.4.4 工艺原理

本技术在有筋桩旋挖硬咬合土层段时，利用新型的旋挖筒式捞渣钻斗，切割咬合处素桩混凝土的同时捞渣取土；硬岩段咬合时，先采用加长牙轮筒钻切割孔内最外圈岩层形成环槽，更换专用的旋挖取芯筒钻，将硬质岩芯整块取出，完成成孔后下放钢筋笼并灌注成桩。

1. 土层段素桩混凝土硬切割钻进

(1) 保持普通的旋挖捞渣钻斗的钻头结构不变，将旋挖筒钻钻头钻齿结构置于捞渣钻齿的下方，捞渣钻斗的挡土板、钻头钻齿结构和筒钻钻头钻齿结构自上而下焊接形成新型的筒式捞渣钻头。

(2) 捞渣钻斗长度约 1.5m，在捞渣钻斗结构底盖外圈通过焊接与 0.5m 长的筒钻结构连接为一体（图 2.4-4、图 2.4-5）；筒钻钻齿的顶部与捞渣钻头截齿的距离为 10～20cm，见图 2.4-6。

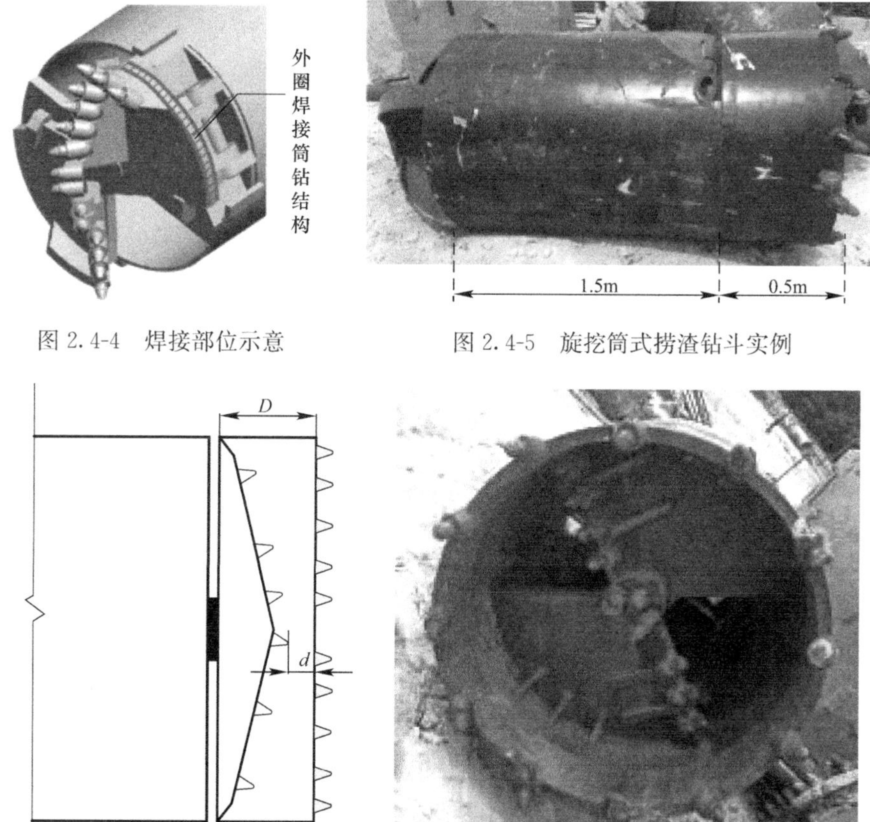

图 2.4-4　焊接部位示意

图 2.4-5　旋挖筒式捞渣钻斗实例

图 2.4-6　筒钻钻齿的顶部与捞渣钻头截齿位置示意

(D=50cm，10cm≤d≤20cm)

(3) 在有筋桩咬合施工两侧的素桩混凝土钻进时，采用上述改进的“旋挖筒式捞渣钻斗”进行成孔，该钻头下部的筒体结构可以破碎两侧素桩的桩身混凝土，已破碎的混凝土块和渣土在钻进过程中直接进入上部的捞渣钻斗内，具体操作原理见图 2.4-7。

2. 硬岩段钻进取芯

(1) 在硬咬合钻进施工至中、微风化等硬质地层时，先采用加长牙轮筒钻对孔底岩周

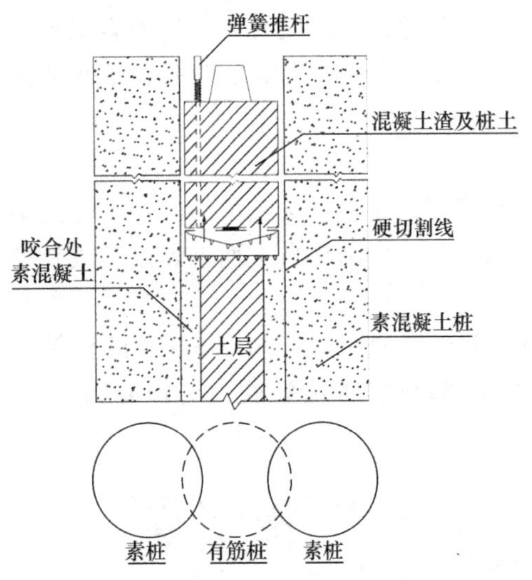

图 2.4-7 有筋桩土层段成孔原理示意

进行破碎（加长牙轮筒钻钻具高度为 1.8m），最大单次破碎深度可达 1.7m，此时孔内形成最外圈破碎，中部为完好的超长硬质岩芯，具体原理见图 2.4-8。

（2）采用与牙轮筒钻高度相匹配的平底筒钻，在其内部约 1/3 高度处，三等分焊接下薄上厚的钢板月牙片（月牙片长度约 150mm，最薄处约 20mm，最厚处约 90mm），形成取岩芯筒钻，见图 2.4-9～图 2.4-11。

（3）旋挖钻机更换取芯筒钻套住孔底岩芯，利用筒钻内下薄上厚的月牙片卡紧岩芯，通过钻头旋转并将岩芯卡住固定在筒钻内，慢速回转对岩芯产生一定的扭矩，在岩芯底部薄弱处扭断，再将断裂的岩芯整体提出，完成咬合成孔。咬合钻进取芯原理见图 2.4-12。

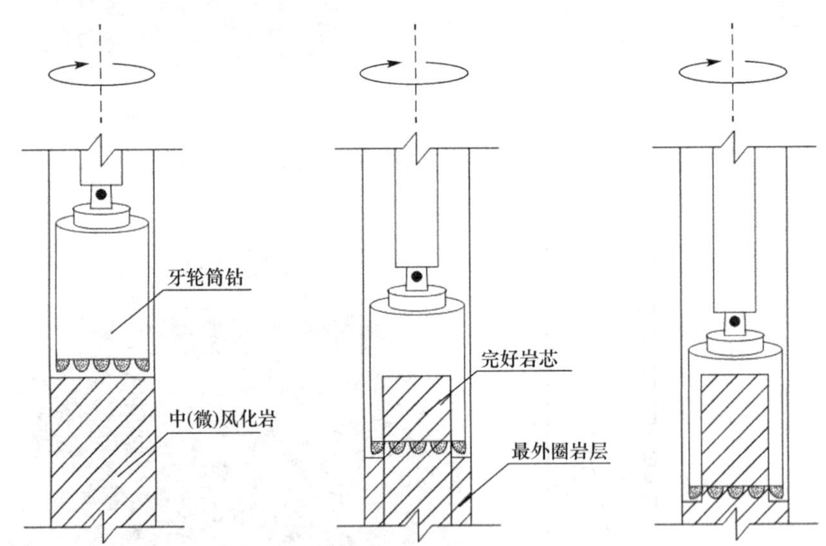

图 2.4-8 牙轮筒钻切割最外圈岩层原理

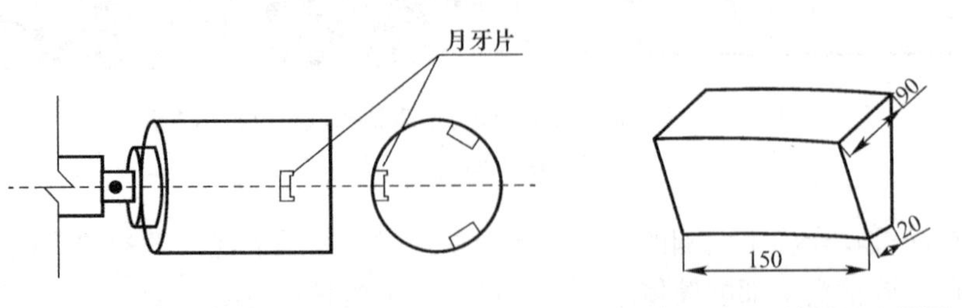

图 2.4-9 新型取芯筒钻示意图　　图 2.4-10 月牙片大样图

2.4.5 施工工艺流程

基坑支护旋挖硬咬合灌注桩钻进综合施工工艺流程见图 2.4-13。

2.4.6 操作要点

1. 施工准备

（1）场地平整，定位放线。

（2）施工设备及机具进场，包括旋挖钻机、起重机、挖掘机、钢筋加工机械、导墙钢模板、灌注导管等。

2. 导槽施工

（1）导墙沟槽采用人工开挖，开挖结束后进行垫层浇筑，浇筑过程中严格控制垫层厚度及标高。

（2）导槽钢筋按设计图纸加工、布置，经“三检”合格后，填写隐蔽工程验收单，验收合格后进行下道工序施工。

图2.4-11 取芯筒钻实物

（3）模板采用自制整体钢模板，模板加固采用钢管支撑，支撑间距不大于1m，确保加固牢固，严防跑模。

（4）导槽混凝土浇筑时两边对称交替进行，严防走模，具体见图2.4-14。

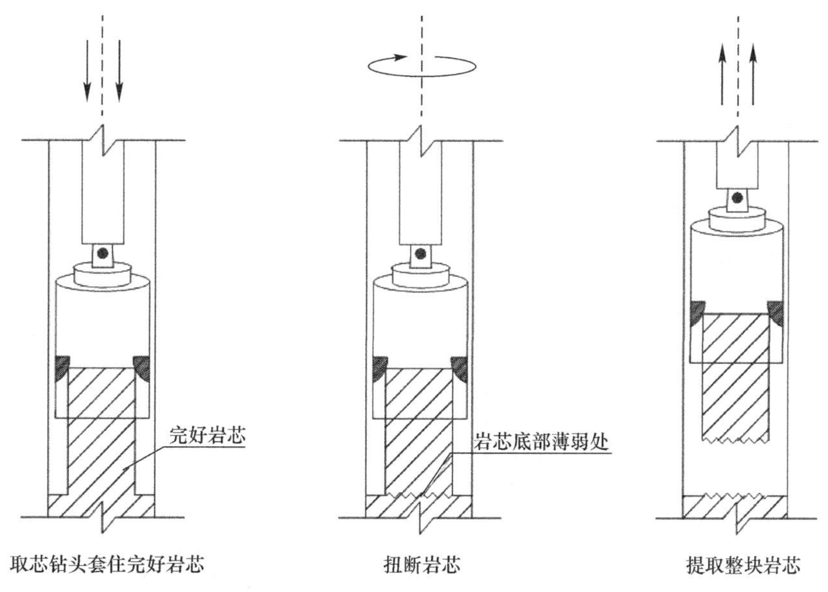

图2.4-12 咬合钻进取芯原理图

3. 土层段旋挖筒式捞渣钻斗成孔

（1）有筋桩成孔前，确保其两侧相邻的素混凝土桩终凝，且两桩混凝土强度差值不大于3MPa，按施工经验，一般在成桩后24h左右进行。

（2）钻机安装旋挖筒式捞渣钻斗，按指定位置就位后，调整桅杆及钻机的角度，采用十字交叉法对中孔位。

（3）土层段利用旋挖筒式捞渣钻斗切割相邻咬合桩素混凝土，随着钻具钻进，钻渣土及破碎的混凝土渣块一并进入捞渣钻斗上部结构内，一般单次切割深度1.4～1.6m，具体见图2.4-15、图2.4-16。

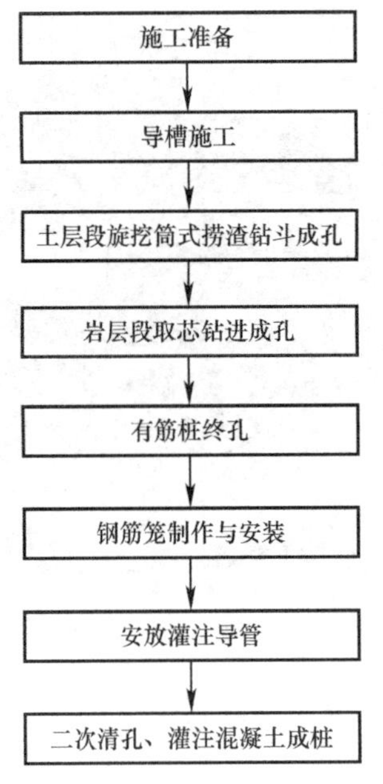
施工准备
导槽施工
土层段旋挖筒式捞渣钻斗成孔
岩层段取芯钻进成孔
有筋桩终孔
钢筋笼制作与安装
安放灌注导管
二次清孔、灌注混凝土成桩

图 2.4-13　基坑支护旋挖硬咬合灌注桩钻进综合施工工艺流程图

图 2.4-14　咬合桩导槽施工

图 2.4-15　旋挖筒式捞渣钻斗实物

图 2.4-16　土层段成孔施工

（4）钻进成孔全过程采用泥浆护壁，泥浆相对密度控制在 1.08～1.20、黏度 18～20s、含砂率 4%～6%、pH 值 8～10。

（5）素混凝土硬切割时，注意严格控制钻进速度，一般控制在 12～15r/min；旋挖钻机司机严密监控操作室的垂直度控制仪表，随时调整垂直度。

（6）钻进单个回次切割完毕，缓慢上提钻具；钻具提出孔口前，及时向孔内回补泥浆，保护孔壁稳定。

4. **岩层段取芯钻进成孔**

（1）有筋桩岩层段采用“硬岩段钻进取芯工艺”成孔，预先配备加长牙轮筒式钻头和取岩芯筒钻。

（2）当钻进成孔至中、微风化岩层时，旋挖钻机更换加长牙轮筒式钻头，钻进孔底岩层形成环槽；钻进过程中，控制钻岩转速，避免转速过快形成增压过大导致钻孔位置偏移；同时，监控钻岩深度，根据经验钻至筒钻上顶位置开始提钻，防止岩芯顶坏筒钻上方加固横梁，一般进尺深度 1.8m 左右。

（3）岩周环槽切割完毕后，更换取芯筒钻；筒钻钻头入孔前重新对中定位，根据事先记录的岩面标高及钻头内月牙片位置，初步确定钻头下放深度；同时，钻机操作人员根据现场实际经验进行微调回转，保证平底筒钻套住并卡紧岩芯，更换平底取芯筒钻见图 2.4-17。

（4）取芯筒钻卡紧岩芯后，旋挖钻机慢速回转钻头，使岩芯在底部薄弱处断裂，再缓慢提钻将整块岩芯取出，完整岩芯高度 1.80m 左右，芯样见图 2.4-18。

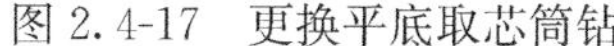

图 2.4-17　更换平底取芯筒钻

图 2.4-18　取芯筒钻取出岩芯样

（5）在入岩钻进过程中，分别钻取的岩层芯样排列出相互咬合状，见图 2.4-19、图 2.4-20。从图 2.4-19 和图 2.4-20 中显示，硬岩间咬合紧密，咬合尺寸符合设计要求。

5. **有筋桩终孔**

（1）若岩层过厚则分段取芯，直至成孔至设计标高；特别注意最后一次取芯的长度，避免少打或超打。

（2）终孔后测量钻孔深度，并进行第一次清孔。

6. **钢筋笼制作与安放**

（1）钢筋笼按设计图纸加工制作，长度在 30m 范围内时一次性制作、吊装。

（2）钢筋笼上设保护层垫块，各组垫块之间的间距不大于 5m，每组垫块数量不少于 3 块，且均匀分布在同一截面的主筋上。

（3）钢筋笼底端做收口。

图 2.4-19 咬合桩入岩钻进取芯排列俯视效果

（4）钢筋笼设置吊筋，吊筋采用 HPB300 级钢筋。

（5）钢筋笼在起吊、运输和安装中防止变形。

（6）钢筋笼安放时保证桩顶的设计标高，允许误差控制在±100mm。

（7）钢筋笼全部安装入孔后，检查安装位置，确认符合要求后，对钢筋笼进行固定。有筋桩钢筋笼安放见图 2.4-21。

图 2.4-20 咬合桩连续入岩钻进取芯排列

图 2.4-21 有筋桩钢筋笼安放

7. **安放灌注导管**

（1）选用直径 255mm 的灌注导管，下导管前对每节导管进行密封性检查，第一次使用时需做密封水压试验。

（2）根据孔深确定配管长度，导管底部距离孔底 300～500mm。

（3）导管连接时，安放密封圈，上紧拧牢，保证导管连接的密封性，防止渗漏。

8. **二次清孔、灌注水下混凝土成桩**

（1）在灌注混凝土之前，测量孔底沉渣，如不满足要求则进行二次清孔。

（2）二次清孔采用正循环或气举反循环工艺。

(3) 二次清孔满足要求后，将隔水塞放入导管内，安装初灌料斗，盖好密封挡板；为保证混凝土初灌导管埋深在 0.8～1.0m，根据桩径选用合适方量的初灌料斗。

(4) 灌注过程中，定期用测锤监测混凝土面上升高度，适时拆卸导管，导管埋深控制在 4～6m，严禁将导管底端提出混凝土面；灌注连续进行，以免发生堵管，造成灌注质量事故。

咬合桩水下混凝土灌注成桩见图 2.4-22。

图 2.4-22　咬合桩水下混凝土灌注成桩

2.4.7　机械设备配置

本工艺现场施工所涉及的主要机械设备见表 2.4-1。

主要机械设备配置表　　表 2.4-1

名称	型号	数量	备注
旋挖钻机	SR365	1 台	硬咬合成孔
起重机	QUY75	1 台	钢筋笼及配件吊运
挖掘机	PC220	1 台	场地平整
泥浆净化器	SHP-250	1 台	泥浆净化
电焊机	NBC-270	2 台	钢筋笼焊接
泥浆泵	7.5kW	2 台	抽排泥浆

2.4.8　质量控制

1. **旋挖硬咬合钻进**

(1) 导墙浇筑完毕至少养护 7d 方可进行旋挖硬咬合施工，导墙平面位置允许偏差不大于 10mm，顶标高允许偏差不大于 20mm。

(2) 有筋桩咬合成孔施工前，保证其相邻两侧的素混凝土桩终凝，且成桩不超过 24h。

(3) 钻机对中定位，更换钻具后重新进行对中定位。

(4) 严格控制成孔转速，避免转速过快增压过大造成孔位偏斜。

(5) 旋挖硬咬合桩位偏差不大于 10mm，孔径允许偏差不大于 10mm，桩的垂直度误差小于 3‰。

(6) 护壁泥浆相对密度控制在 1.08～1.20，黏度 18～20s，含砂率 4%～6%，pH 值 8～10。

2. **咬合灌注成桩**

(1) 钢筋原材进场复验合格后使用，钢筋接头进行抗拉强度试验。

(2) 钢筋笼主筋间距允许偏差±10mm，长度允许偏差±100mm，箍筋间距允许偏差

±20mm，钢筋笼主筋保护层不小于50mm。

（3）钢筋笼安放完毕后进行二次清孔，孔底沉渣满足规范及设计要求。

（4）混凝土到达现场进行坍落度检测，坍落度控制在180～220mm，并按规范要求留置混凝土试件。

2.4.9 安全措施

1. 旋挖硬切割成孔

（1）施工场地坚实平整，旋挖钻机履带下铺设钢板，保持钻杆稳固。

（2）旋挖钻机操作人员经过培训，熟悉机械操作性能，并持证上岗。

（3）钻机成孔时如遇卡钻，则立即停止下钻，未查明原因前，不得强行启动。

（4）旋挖施工时，正在钻进的桩位附近严禁非操作人员靠近。

（5）机械设备及时检修，不带故障运行，不违规操作。

2. 钢筋笼焊接

（1）焊接工作开始前，检查焊机和工具是否完好和安全可靠，如：焊钳和焊接电缆的绝缘是否有损坏的地方、焊机的外壳接地和焊机的各线点触是否良好，不允许未进行安全检查就开始操作。

（2）在带电情况下，焊钳不得夹在腋下去移动被焊工件，或将焊接电缆挂在脖颈上。

（3）操作前，检查所有工具、电焊机、电源开关及线路是否良好，金属外壳安全可靠接地。

3. 钢筋笼吊放

（1）吊运前仔细检查钢筋笼各吊点，检查钢筋笼的焊接质量是否可靠，吊索具是否符合规范，严禁使用非标、不合格吊索具。

（2）起吊前，重点检查各安全装置是否齐全可靠，钢丝绳及连接部件是否符合规定。

（3）钢筋笼起吊作业时，设专人指挥，现场设立警戒线，无关人员一律不得进入起吊作业现场。

（4）起重作业时，重物下方不得有人员停留或通过。严禁用起重机吊运人员。

2.5 旋挖钻机切除支护桩内半侵入锚索施工技术

2.5.1 引言

深基坑支护采用支护桩＋预应力锚索支护，是目前较常见的支护形式之一；当地下室回填后，围护结构的预应力锚索失去了使用功能，但却因其侵入了原基坑之外的地下空间而对周边建筑物的支护与开挖施工造成影响。当周边新建地下室支护结构施工时，已施工基坑的预应力锚索将对支护桩成孔、安放钢筋笼等工序施工造成较大阻碍，一定程度上增加施工难度和成本，也增加了施工安全风险。

目前，在施工预应力锚索的基坑已回填的情况下，拔除侵入新建基坑预应力锚索的方式，主要有以下两种方法，一是采用挖设人工挖孔桩，通过桩孔逐节向下施工，对侵入的锚索进行逐排切断清除，这种方法耗时长、费用高，挖桩安全风险大，往往受地层、深度和周边环境条件的影响而无法实施；二是采用 360kN·m 及以上的大扭矩旋挖钻机，在回转钻进过程中直接对侵入的预应力锚索进行有效缠绕，在旋挖钻进的强力紧拉状态下，其瞬时的强拉力克服锚索的锁定力而被松懈搅断，并由旋挖钻机提升出地面完成对锚索的清除，这种方法简便、快捷，但这种方法适用于锚索完全侵入支护桩内，锚索可以缠紧在旋挖钻头上而被实施拉力而搅断，见图 2.5-1 中的锚索 1。对于预应力锚索局部或半侵入桩孔内的情形，会使得锚索在旋挖钻进时顺着钻头打滑，而无法对锚索进行搅动缠绕，此时将无法对锚索实施有效处理，见图 2.5-1 中的锚索 2。

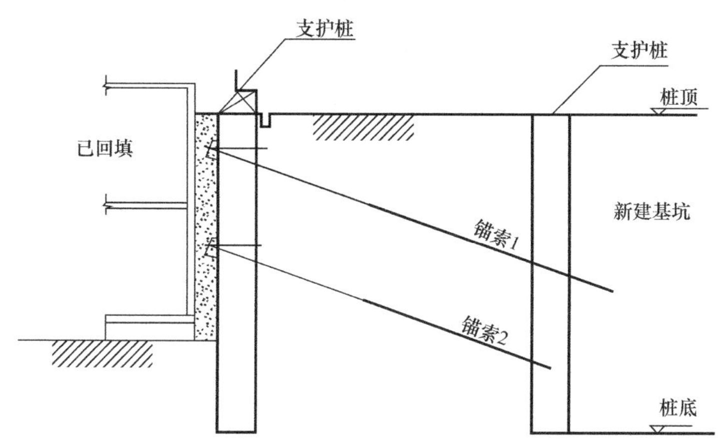

图 2.5-1　预应力锚索侵入临近新建基坑支护桩孔内状态示意

2.5.2　工艺原理

1. 技术路线

本工艺是一种当基坑支护桩用旋挖钻机钻进，遇到邻近基坑支护半侵入的预应力锚索时，而采用的一种切除预应力锚索的钻孔清障工艺方法。

当遇到图 2.5-1 中所示的预应力锚索 2 时，此锚索侵入支护桩范围较短，当直接采用旋挖钻机对其进行切除时，由于锚索较短且为钢绞线材质，锚索的钢绞线会顺着旋挖钻头发生回转打滑现象，无法实施有效缠绕，难以达到锚索处理的目的。

针对局部侵入新建基坑支护桩孔内的预应力锚索 2 的处理方法，主要是采取措施将侵入的锚索进行固定，消除旋挖钻机钻进时锚索打滑现象，以便旋挖钻进实施切除。

2. 工艺内容

本工艺采用灌注混凝土将半侵入支护桩内的锚索固定，具体见图 2.5-2，主要技术参数与要求为：

(1) 在侵入的锚索 2 位置处灌注 C30 水下混凝土，混凝土中加入早强剂，以缩短混凝土的养护时间。

(2) 混凝土灌注高度为锚索上下各为 1m，锚索灌入混凝土长度不少于 20cm，以使半侵入的锚索与水下混凝土成为整体。

(3) 待混凝土养护达到 85%的强度后，使用旋挖截齿钻头对混凝土锚索进行钻进切割，从而达到将侵入的小部分锚索切除的目的。

3. 工艺原理

本工艺原理主要是将半侵入的预应力锚索用高强度混凝土实施固定，采用旋挖钻机截齿钻头对混凝土进行回转钻进，钻进过程中对固定在混凝土中的锚索进行有效切割，达到切断清除的效果。

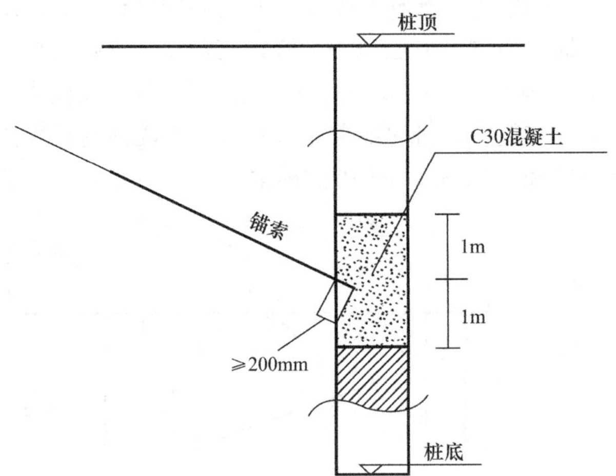

图 2.5-2　支护桩孔内半侵入锚索混凝土坚固示意

2.5.3　工艺特点

1. 对周边环境无影响

本工艺采用旋挖钻机切割锚索，属于支护桩正常钻进施工，无需对周围环境挖孔进行处理，对环境不造成任何影响。

2. 处理费用低

本工艺所采用的处理方法使用混凝土量小，旋挖钻进快捷、切割效果好、工序简单易操作，处理时间短、效率高，总体费用低。

2.5.4　适用范围

适用于周边基坑的预应力锚索半侵入至新建基坑支护桩范围内的锚索清除处理，而且周边基坑已回填或锚索已失效。

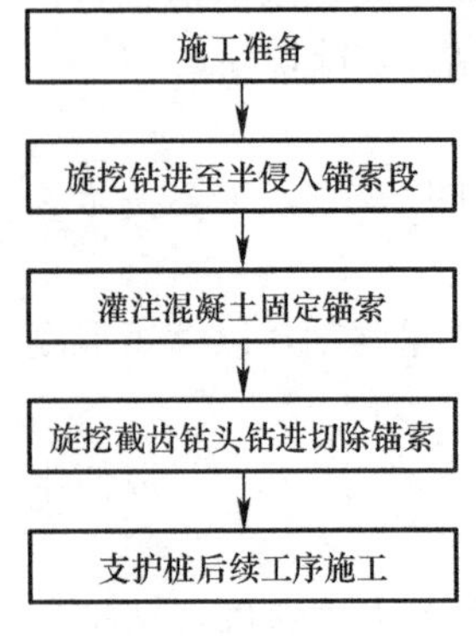

图 2.5-3　旋挖钻机切除基坑支护半侵入预应力锚索施工工艺流程图

2.5.5　施工工艺流程

旋挖钻机切除基坑支护桩半侵入预应力锚索施工工艺流程见图 2.5-3。

2.5.6　工序操作要点

1. 施工准备

（1）支护桩施工前，查明预应力锚索的分布位置、埋深，掌握其侵入基坑支护桩孔的长度等。

（2）如果查明锚索侵入支护桩长度较小，则根据现场条件适当移位，确保侵入的锚索长度不小于 20cm。

（3）准备大扭矩旋挖钻机，使用旋挖截齿钻头钻进。

2. 旋挖钻进至半侵入锚索段

（1）支护桩旋挖钻进，在接近预应力锚索位置时，采用慢速钻进，并观察钻进状态。

（2）钻头钻至锚索位置时，锚索在钻头的带动下，对孔壁地层造成一定程度的扰动，此时采用优质泥浆护壁，防止孔壁发生坍孔。

（3）钻进遇锚索后，继续向下钻进不少于 1m，再提出钻杆。

3. 灌注混凝土固定锚索

（1）采用水下混凝土灌注，混凝土强度等级不小于 C30，混凝土中加入早强剂。

（2）孔内灌注混凝土高度为锚索段上下各不小于 1m，以使锚索有效进入混凝土内，确保坚固效果。

（3）灌注混凝土采用水下灌注工艺，并制作混凝土试块。

（4）灌注混凝土后，当试件养护达到抗压强度的 85%后，即可实施下一步旋挖钻进切割工序。

4. 旋挖截齿钻头钻进切除锚索

（1）当养护达到钻进条件后，即实施旋挖切割钻进，钻进时采用截齿筒钻，维持慢速钻进。

（2）旋挖钻机尽可能采用取芯钻进，直接将切断的锚索连同混凝土取出。

5. 支护桩后续工序施工

（1）侵入的预应力锚索确认取出后，即可进行支护桩后续工序施工。

（2）后续施工保持优质泥浆护壁，防止锚索侵入段出现坍孔。

2.6　深厚填石区基坑支护桩强夯预处理旋挖成桩技术

2.6.1　引言

随着城市建设快速发展，建设用地日渐紧张，填海造地已成为缓解用地不足的趋势。由于填海造地通常采用大量片石、块石、黏土挤压填筑，形成的场地分布深厚的填石、填土互层。在深厚松散填石地层中进行基坑支护桩施工时，存在孔口护筒埋设难，钻进时易发生严重漏浆、坍孔的问题，需要反复回填黏土堵漏处理，造成钻进进尺慢、工效低，给基坑支护桩施工带来较大的困难。

深圳市太子湾 DY03-08 地块综合开发项目土石方、基坑支护及桩基础工程于 2021 年 12 月开工，基坑开挖深度最大 7.5m，沿海岸线段支护咬合桩素桩桩径 1200mm、荤桩桩径 1400mm，最大桩长 21.5m，进入基坑底以下 14m。场地上部地层为人工填石层（平均层厚 10.66m），主要由块石、碎石、填土回填而成，碎石及块石粒径 3～25cm，属新近回填，均匀性差。

针对本场地基坑支护桩在深厚松散填石层中旋挖成孔难的问题，对深厚填石区基坑支护桩强夯预处理成桩施工技术进行了研究，经过现场试验、优化，总结出一种高效安全的填石层强夯预处理方法，该工艺采用大能量点夯，沿支护桩轴线对支护桩上部填石层进行强夯预处理，并对夯坑回填黏土后再次点夯，使原深厚松散填石层夯实挤压，填石层厚度大大压缩，填石层密实度得到显著提升，减小了旋挖填石层钻进深度，并有效避免填石层旋挖钻进漏浆、坍孔，达到了安全、高效、经济的效果，为深厚松散填石层旋挖桩施工提供了一种新的工艺方法。

2.6.2 工艺特点

1. 有效提高成孔效率

采用本工艺强夯预处理后，原超厚松散填石层被夯击密实，支护桩填石层成孔厚度被压缩减小，且旋挖钻进过程中不再发现坍孔、漏浆现象，成孔时间大大缩短，显著提升钻进效率。

2. 施工操作快捷

本工艺使用强夯机对支护桩施工范围进行强夯预处理，采用机械设备为履带起重机和夯锤，自带动力，在进场后即可安排施工，现场操作便捷。

3. 施工安全可控

本工艺强夯点布置在距支护桩周边 30m 范围外不受影响的建（构）筑物的基坑支护段进行，强夯处理时的振动对周边环境影响较小，总体安全可控。

4. 降低施工成本

采用本工艺对上部填石层进行强夯预处理，旋挖钻进成孔不发生坍孔，避免深厚填石层灌注混凝土充盈系数偏大而造成的材料浪费；同时，钻进成桩效率为处理前的 2 倍以上；另外，强夯采用基坑内土方回填，减少了基坑开挖外运的土方量，总体降低施工成本。

2.6.3 适用范围

1. 适用于超厚松散填石、强透水地层的支护灌注桩预处理。
2. 适用于灌注桩周边 30m 内无受强夯振动影响的建（构）筑物范围使用。
3. 适用于距地下建（构）筑物地面位置 50m 外支护桩填石预处理。

图 2.6-1 高能级强夯地基处理

2.6.4 工艺原理

1. 强夯处理原理

高能级强夯是用于地基处理的常用方法，其处理原理是采用带龙门架的专业强夯机反复将几十吨至上百吨的夯锤，从几米至数十米的高处自由落下，给地基以剧烈的冲击能量和振动，使土体结构发生破坏，孔隙被压缩，土体局部产生液化，并通过裂隙排出孔隙水和挤压气体，从而提高地基承载力和均匀性，降低压缩性，消除不均匀沉降。高能级强夯地基处理见图 2.6-1。

2. 深厚填石区基坑支护桩强夯预处理原理

（1）支护桩竖向强夯处理

本工艺采用大能量强夯对支护桩施工范围填石层进行强夯预处理，是利用强夯地基处理的原理，通过高能级强夯锤，按一定间距、沿基坑支护轴线，对上部填石层全面进行夯击，夯锤将原超厚松散填石层夯实挤压，使填石层厚度大大压缩；同时，通过往夯坑内回填黏土后再夯击，使填石层间的空隙完全被充填和封闭，填石层密实度得到显著提升，在减小了旋挖填石层钻进厚度的同时，有效避免填石层旋挖钻进漏浆、坍孔，大大提升施工效率。

本工艺支护桩强夯预处理采用600kN夯锤，夯击时提升高度20m，夯击能量达12000kN·m。夯击时，先夯击三锤，夯坑直径约2.8m，夯坑深约4m；然后，向夯坑内回填黏土至坑口，再夯击三锤；最后回填夯坑、夯击，反复循环操作，直至回填后强夯夯坑深不大于0.5m时收锤，待回填黏土平整场地后施工支护桩。

本工艺强夯12000kN·m能级的加固深度11～13m，本场地经过点夯处理后，原平均厚度10.66m的松散填石层被强夯压缩、挤密。经后期咬合桩钻进时验证，场地填石层经处理后的厚度仅约4m且密实，旋挖成孔施工时未发现漏浆、坍孔现象。

填石层强夯竖向处理过程见图2.6-2，强夯处理前、后夯点填石层处理效果见图2.6-3、图2.6-4。

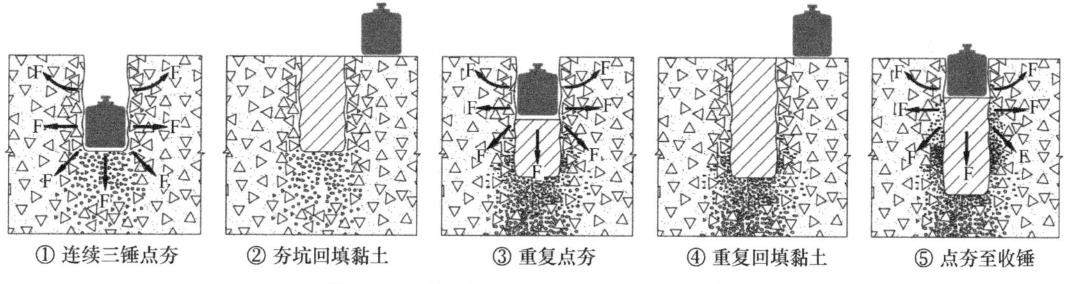

图2.6-2　填石层强夯竖向处理过程示意图

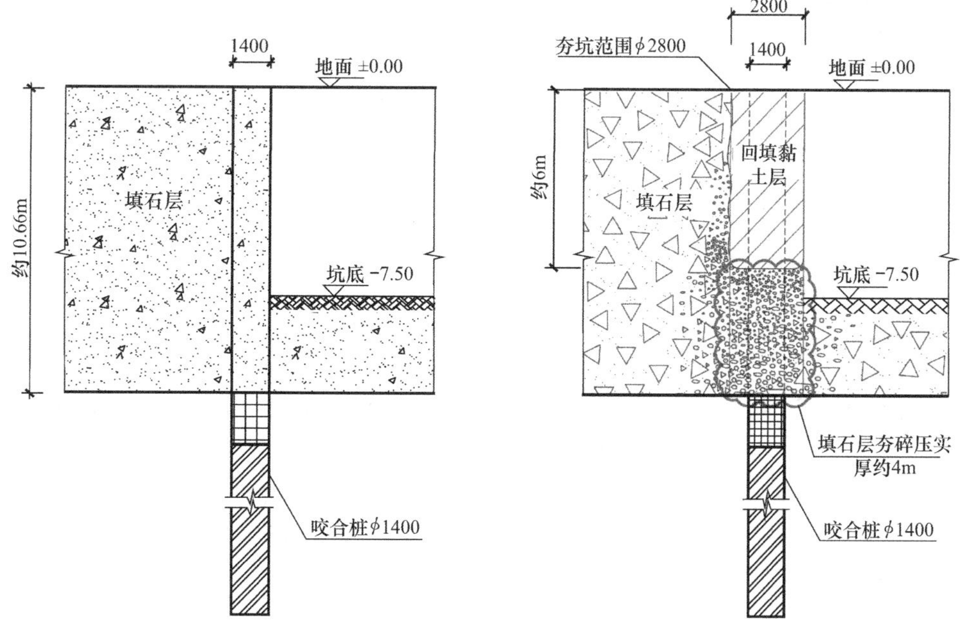

图2.6-3　强夯处理前填石层分布　　图2.6-4　强夯处理后填石层分布

（2）支护桩填石层平面及轴线处理

本基坑支护采用咬合桩支护，素桩桩径1.2m、荤桩桩径1.4m；本技术强夯的夯锤选用直径 2.5m，现场夯坑直径约 2.8m，其处理范围几乎可以完全覆盖支护桩钻孔范围，未直接处理范围仅 200mm。

另外，考虑到大能量强夯时的振动影响，按相关规范选择基坑支护桩轴线外 30m 周边无建（构）筑物，且离地铁隧道等地下建（构）筑物地面位置 50m 外的支护段进行强夯。深圳市太子湾 DY03-08 地块综合开发项目土石方、基坑支护及桩基础工程强夯处理范围见图 2.6-5，支护桩与强夯范围平面关系见图 2.6-6。

图 2.6-5　强夯处理范围

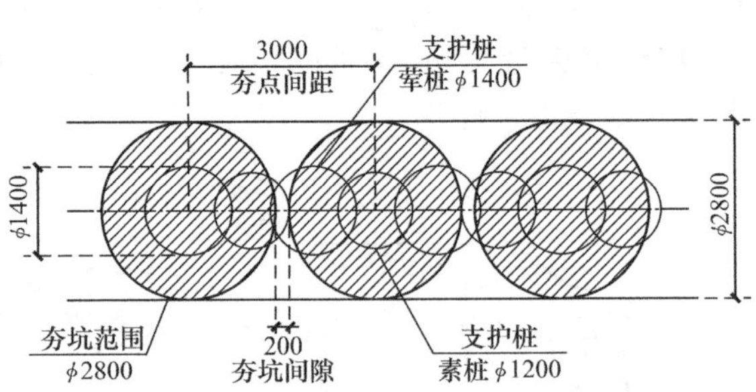

图 2.6-6　支护桩、夯点平面位置图

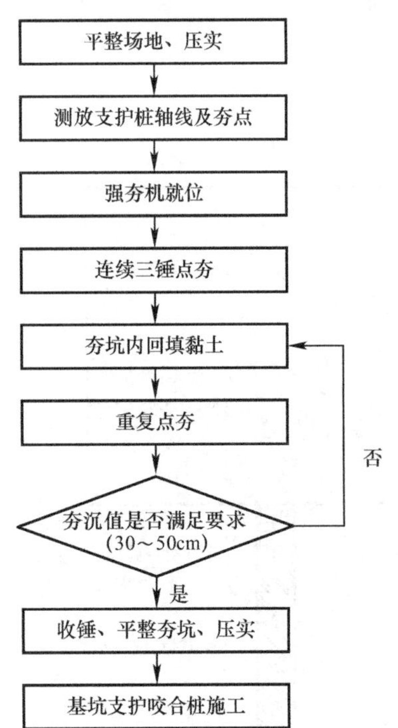

图 2.6-7　深厚填石区基坑支护桩强夯预处理成桩施工工艺流程图

2.6.5　施工工艺流程

深厚填石区基坑支护桩强夯预处理成桩施工工艺流程见图 2.6-7。

2.6.6　工序操作要点

1. 平整场地、压实

(1) 由于强夯机自重大，为确保机械正常行走不发生倾覆，施工前对支护桩轴线周边进行平整、压实。

(2) 沿支护桩轴线两侧各平整 4m，保证强夯机行进路线通畅、坚实。挖掘机平整场地见图 2.6-8。

2. 测放支护桩轴线及夯点

(1) 依据设计图纸，使用全站仪对支护桩位进行测量定位，并放出支护桩位轴线。

(2) 根据支护桩轴线位置再放出强夯夯点位置，夯点位置中心点处用短钢筋加红布做好标志，每 3m 定位一点；测量结果经复核无误后开始强夯施工，夯点放线定位见图 2.6-9、图 2.6-10。

3. 强夯机就位

(1) 施工采用杭州杭重工程机械有限公司的 HZQH7000B 型一体式强夯机，该机械配置龙门架时夯锤可达 700kN，夯击能可达

15000kN · m，满足本技术 12000kN · m 夯击能要求，高能强夯机见图 2.6-11。

图 2.6-8　挖掘机平整场地

图 2.6-9　强夯轴线测量定位

图 2.6-10　夯点测放

图 2.6-11　高能强夯机

（2）采用600kN夯锤，直径2.5m，锤高2m，夯锤见图2.6-12。

图2.6-12　夯锤

（3）强夯机组装完成后，检查各部件及全机运作状况，确认无误后开始施工。

（4）强夯机与夯锤采用自动脱钩器连接，并预先设定夯锤提升高度。自动脱钩器是一个自锁机构，内部由一个四爪、偏心结构组成。脱钩器从空中下放至夯锤顶，当与夯锤顶的蘑菇头接触时，可挂上夯锤顶的蘑菇头完成自锁，强夯机便可通过钢丝绳提升夯锤。自动脱钩器及其内部构造见图2.6-13、图2.6-14。

图2.6-13　脱钩器

图2.6-14　脱钩器内部构造

4. **连续三锤点夯**

（1）强夯机预先安装龙门架，并检查机器工况。

（2）夯锤提升高度为20m，夯锤重600kN，夯击能12000kN·m，对块石、碎石土的有效加固深度在11～12m间，可对本场地内填石进行有效处理。

（3）强夯机吊放自动脱钩器置于夯锤顶，使得脱钩器与夯锤连接牢固后，开始匀速提升夯锤。事先设置好连接在强夯机机身的钢丝绳长度，通过强夯机将夯锤提升，到达预先设定高度20m时，钢丝绳拉拽脱钩器侧面拉杆，自动打开锁定装置，实现夯锤与脱钩器脱离、夯锤自由下落夯击地面。缓慢下放自动脱钩器重新连接夯锤，再次点夯，如此连续循环完成三锤点夯，形成深约4.3m的夯坑。强夯施工及夯坑深度测量见图2.6-15、图2.6-16。

图2.6-15　强夯施工

图2.6-16　夯坑深度测量

5. **夯坑内回填黏土**

（1）三击点夯完成后，使用自卸车回填黏土，辅以挖掘机配合整平、压实。

（2）由于夯坑深度大，自卸车回填时保持卸土安全距离，现场专人指挥，避免车辆压塌夯坑而陷入坑内。

（3）回填黏土要求不得含有机杂质和块度大于10cm的块石，装车前用挖机过筛，含水率不大于30%。夯坑回填黏土见图2.6-17，挖掘机辅助整平见图2.6-18。

图2.6-17　夯坑回填黏土

图2.6-18　挖掘机辅助整平

6. 重复点夯

（1）夯坑回填整平压实后，重复进行点夯。点夯夯坑见图 2.6-19。

（2）夯锤、夯距、夯击能与第一次点夯保持不变。

（3）每个夯点夯击三锤后进行测量，若夯沉值大于 50cm，则继续重复回填黏土、继续点夯。连续点夯顺序见图 2.6-20。

图 2.6-19 点夯夯坑

图 2.6-20 连续点夯顺序

7. 收锤、平整夯坑、压实

（1）夯击过程中，对夯坑进行测量，当夯沉量为 30～50cm 时，即可收锤，夯沉值测量见图 2.6-21。

图 2.6-21 夯沉值测量

（2）再次使用挖掘机对夯坑进行平整、压实。

（3）根据咬合桩导墙范围及要求进行平整、压实，为导墙施工质量提供保障。

8. 基坑支护咬合桩施工

（1）依据设计图纸的支护桩位进行测量定位，使用全站仪测定支护桩位及桩位轴线。

（2）导槽采用机械和人工开挖，绑扎导槽钢筋、立钢模，验收合格后浇筑混凝土。

（3）支护桩采用三一 SR425 型旋挖钻机成孔，移动旋挖钻机至对应位置，使钻机钻筒中心对应定位在导墙孔位中心。

（4）上部回填土经强夯后较为密实，先使用捞渣钻斗钻进；遇夯碎压实填石层，则使用钻筒钻进；穿过填石层后，再改用旋挖钻斗取土钻进；钻进过程中，使用优质泥浆护壁。支护桩旋挖钻进见图 2.6-22。

（5）钻孔至设计深度后，使用捞渣钻头清孔；清孔后再次检测孔深、孔位及垂直度。

(6) 荤桩钢筋笼集中在钢筋加工场制作，主筋采用直螺纹套筒连接，螺旋箍筋与主筋采用焊接连接，加强箍筋与主筋焊接连接。

(7) 吊机吊笼入孔时，派专人指挥，吊机平稳旋转；安放时，若遇到卡笼情况，则将钢筋笼吊出，检查桩孔情况后再吊放，不得强行入孔。

(8) 钢筋笼吊装合格后，安装灌注导管，导管直径 250mm，接头连接牢固并设密封圈，保证不漏水不透水。

(9) 导管安装完成后，开始进行二次清孔。二次清孔合格后，30min 内进行水下混凝土灌注。

(10) 灌注混凝土使用商品混凝土，坍落度控制在 18～22cm；首批灌注混凝土的数量满足导管首次埋置深度 1.0m 以上，混凝土连续灌注；在灌注过程中，保持导管埋置深度控制在 2～6m，并定期测探桩孔内混凝土面的位置，及时调整导管埋深。桩身混凝土灌注见图 2.6-23。

图 2.6-22　支护桩旋挖钻进

图 2.6-23　桩身混凝土灌注

2.6.7　机械设备配置

本工艺现场施工所涉及的主要机械设备见表 2.6-1。

主要机械设备配置表　　**表 2.6-1**

设备名称	型号	功能
强夯机	HZQH7000B 型	强夯处理
夯锤	600kN、直径 2.5m、锤高 2m	强夯处理
旋挖钻机	三一 SR425	钻进
挖掘机	PC200	填土、整平
自卸车	$12m^3$	运、卸土
全站仪	NIROPTS	桩位测量、沉降观测

2.6.8 质量控制

1. **强夯**

（1）正式点夯施工前，对班组所有人员进行强夯专项技术交底，掌握施工参数及技术要求。在监理及专业工程师的见证下，完成夯锤重量、尺寸及根据能级和锤重确定的落距等的测量。

（2）夯点测放准确，放线误差不超过5cm，用短钢筋加红布做好标志。

（3）落锤要求保持平稳，夯位准确。施工班组严格执行夯击击数及落锤间距，严禁出现少击漏夯及落锤间距不符合要求现象，并详细记录施工过程中的各项参数及特殊情况。

（4）夯坑周围地面不发生过大的隆起。

（5）夯击过程中如出现歪锤，分析原因并及时调整。夯坑中心偏移控制在15cm以内，施工中如发生偏锤重新对点。

（6）每遍点夯施工结束后，使用黏土回填、推平至地面高程。

（7）对强夯周边进行监测，发现异常及时处理。

2. **咬合桩**

（1）测量放线后，报监理验线、复核。

（2）成孔采用跳挖方式，先施工两根相邻的素桩，再施工荤桩。钻进前，测定槽口孔口标高，以确定成孔深度；钻进成孔过程中，做好施工记录，以核实是否符合地质情况，如发现问题，及时通知监理及设计处理。

（3）在施工过程中，根据护壁效果进行孔内泥浆动态调整。

（4）钢筋笼加焊吊装点，确保吊装稳固，钢筋笼固定在起吊架上，保证钢筋笼不弯曲、扭转。钢筋笼下放至槽孔内设计位置后固定，然后灌注混凝土。

（5）灌注混凝土过程中，坍落度控制在18～22cm；首批灌注混凝土的数量满足导管埋置深度1.0m以上；在灌注过程中，导管埋置深度控制在2～6m。

2.6.9 安全措施

1. **强夯**

（1）夯机在工作状态时，起重臂仰角置于70°。

（2）梯形门架支腿不得前后错位，门架支腿在未支稳垫实前不得提锤。

（3）非强夯施工操作人员，不得进入夯点50m范围内。

（4）夯坑及时回填，避免机械、人员掉落坑内发生意外；当天未能回填的夯坑，在周边安装警示灯、挂警示带、设置安全标志。

（5）当夯锤通气孔在作业中出现堵塞现象时，随时清理。

（6）六级以上大风，雨天或视线不清时，不允许进行强夯施工。

（7）现场使用自动脱钩器，夯锤提升到预定高度后，夯锤自动脱钩，改变以往人工挂钩、拉钩的方式，充分保证施工人员安全。

2. **咬合桩**

（1）实行管理人员和特殊工种持证上岗制度，所有人员上岗前需经过专门培训和交底。

（2）桩机停放在压实的地面上，启动前检查确认桩机各部件连接牢固。

（3）旋挖钻机旋转区域内禁止站人。

（4）泥浆池、桩孔周边安装警示灯、挂警示带、设安全标志；成孔后，暂时不进行下道工序的桩孔，设置安全防护设施。

（5）钢筋笼吊装时，派专人指挥；晚间作业配备足够的照明；钢筋笼吊装结束摘钢丝绳时，禁止一端摘掉，另一端通过起重机加力拽出；钢筋笼吊装区域，非操作人员禁止入内。

第3章 灌注桩硬岩钻进施工新技术

3.1 大直径旋挖灌注桩硬岩分级扩孔钻进技术

3.1.1 引言

目前，旋挖钻机施工面临的施工难题之一即是桩径1.8m及以上的大直径旋挖桩硬岩钻进难题，造成硬岩钻进速度慢，直接影响施工进度。近年来，针对大直径桩硬岩钻进难题，在充分总结过往施工经验及现场试成孔过程分析基础上，采取岩孔中先用小直径截齿筒钻取芯，再根据岩石硬度分级扩孔、捞渣斗捞渣，每级级差递增，直至扩孔至设计桩径，大大提高了旋挖钻机入岩钻进效率，提高了施工效益，取得了显著成效。

3.1.2 工艺特点

1. **施工进度快**

传统冲击入硬岩工效慢且泥浆使用量大、环境易污染，回转钻机入硬岩费时费力且有埋钻、卡钻风险，人工挖孔入岩成孔对地下水位较高地层成孔使用具有局限性，传统旋挖硬岩大断面一次性钻进对机械损耗大且施工效率低；而本工艺采用入岩后分多级扩孔钻进，省时增效。

2. **成桩质量保证**

由于本工艺施工过程机械化程度高，人为因素少，成孔过程中先进设备自身的纠偏、测斜、定位、孔深显示等功能应用，保证施工过程可控；同时，由于采用小直径截齿筒钻取芯，对入岩面及岩性能够准确做出判断，保证了桩身质量。

3. **施工成本低**

本工艺采用硬岩分级扩孔，单机综合效率高，以1根直径2600mm、孔深40m、入微风化花岗岩深2m桩为例，从护筒埋设到混凝土灌注成桩，仅需1d时间左右，减少了清孔机械设备配置，与冲击引孔、回转钻机钻进相比，综合成本大大降低。

3.1.3 适用范围

适用于入中风化岩、微风化岩层，旋挖钻孔最大深度100m、最小桩径不小于1800mm。

3.1.4 工艺原理

旋挖灌注桩硬岩分级扩孔是在岩层中先采用小直径截齿筒钻取芯，再根据岩石硬度的大小进行逐级分级扩孔、捞渣斗捞渣，直至扩至设计桩径和入岩深度。

1. 分级钻进施工工序

旋挖钻孔施工是利用钻杆和钻斗的旋转，以钻斗自重并加压作为钻进压力，使土渣装满钻斗后提升钻斗出土，岩层中根据桩径大小及岩层岩性先用小桩径截齿筒钻取芯形成自由面，减小岩石应力，确定岩面标高及岩性，再根据岩石硬度用不同尺寸截齿筒式钻头分级钻岩扩孔、双底捞渣斗捞渣。

分级钻进钻具使用及操作按三步流程操作具体见图3.1-1：

第一步：先使用第一级开孔钻筒钻进，并配合捞渣斗清渣，反复配合钻进到设计终孔位置。

第二步：使用第二级筒钻进行扩孔，钻进至一定深度后，扩孔切削下来的岩块、岩渣将第一级孔空间填满。

第三步：当第一级孔空间被填满后，使用捞渣斗捞渣，然后再使用筒钻继续扩孔；如此反复，最后扩孔、清孔至设计孔深位置。

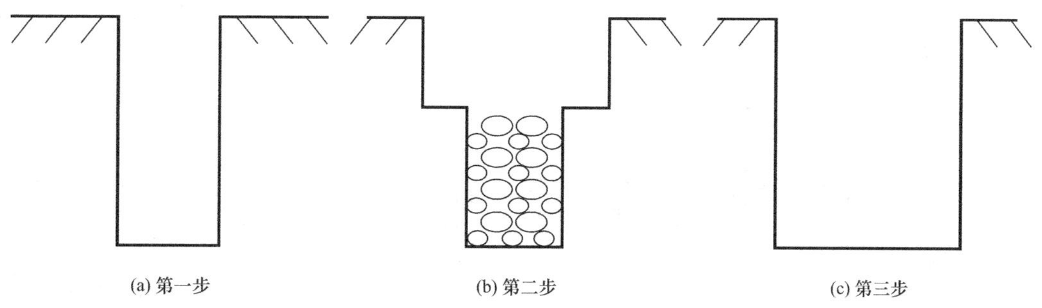

图3.1-1　硬岩分级钻进施工工序流程

2. 硬岩分级级差控制

根据岩石自由面破碎理论，当旋转钻头附近存在自由面时，钻头侵入岩石时会产生侧旁的破碎，有利于提高钻头离自由面槽的距离在10cm之内时的钻进效率。为保证在扩孔钻进时小孔径破碎所形成的自由面对扩孔钻进的有效影响，需保证筒钻内齿距小孔外10cm左右，加上筒钻破碎时自身所形成的约12cm的圆环槽，便可确定分级方法。

由以上理论确定的每相邻钻孔直径差控制在44cm左右，由于上述理论建立在岩石完整的基础上，在实际工况中需根据岩层地质资料而定。根据施工经验，分级次数、级差（孔径分级）与岩层岩性密切相关，以桩径2.4m为例，提出分级扩孔钻进方式，具体见表3.1-1。

旋挖硬岩钻进分级方式（以桩径2.4m为例）　　表3.1-1

分级次数	孔径分级（m）	硬岩强度
三级	1.5、2.0、2.4	饱和单轴抗压强度40～80MPa
四级	1.5、1.8、2.2、2.4	饱和单轴抗压强度大于80MPa

表3.1-1显示，岩石强度越小分级次数越少，分级极差越大，一般级差40～50cm；岩石强度越大，分级次数越多，分级极差越小，分组极差控制在20～40cm。具体分级数按上一级扩孔难度，可进行分级级差的合理调整，适当的增加或缩小级差。

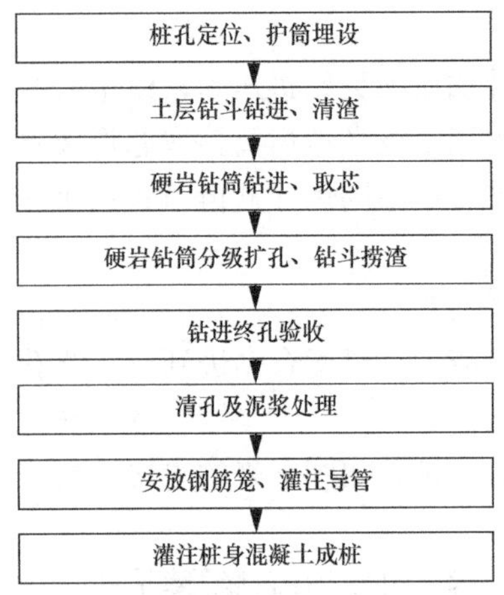
桩孔定位、护筒埋设
土层钻斗钻进、清渣
硬岩钻筒钻进、取芯
硬岩钻筒分级扩孔、钻斗捞渣
钻进终孔验收
清孔及泥浆处理
安放钢筋笼、灌注导管
灌注桩身混凝土成桩

图 3.1-2 旋挖桩硬岩分级扩孔施工工艺流程

3.1.5 施工工艺流程

旋挖桩硬岩分级扩孔施工工艺流程见图 3.1-2。

3.1.6 工序操作要点

以旋挖钻桩径 2400mm、入微风化花岗岩 2m，微风化岗岩饱和抗压强度 120MPa，孔深 45m 桩孔施工为例。

1. 桩位放点、埋设护筒

(1) 桩位放点后，在护筒外 1000mm 范围内设桩位中心十字交叉线护桩。

(2) 钢护筒采用钻埋法，钢护筒直径 2800mm，长度 4m。护筒顶高出地面 20cm，就位后复核护筒中心点；护筒复核满足要求后，周边用黏土回填密实。护筒吊放埋设及中心点复核见图 3.1-3～图 3.1-5。

图 3.1-3 护筒吊放

图 3.1-4 桩位外十字线校核

图 3.1-5 护筒中心点复核

2. 土层钻斗钻进、清渣

(1) 上部土层及强风化岩层钻进，由于桩孔直径大，强风化以上地层按二级扩孔钻进。钻机选用三一 SR420Ⅱ型；钻进时，首先用直径 1500mm 截齿单底钻斗钻进取至强风化岩层底，再起钻换 ϕ2400mm 截齿单底钻斗扩孔。钻斗扩孔钻进见图 3.1-6、图 3.1-7。

(2) 上部填土至强风化岩层约 40m，旋挖成孔以静态泥浆护壁钻进，且成孔速度快(需 6～8h)，护壁泥皮薄，在此阶段泥浆控制在相对密度 1.20～1.25。

(3) 上部地层钻进完成后，及时采用捞渣平底钻斗反复捞渣。

(4) 钻渣集中堆放，及时外运处理。

3. 硬岩钻筒钻进取芯

(1) 硬岩钻进分级主要根据岩石硬度情况决定。本项目由于岩石坚硬，采用第一级 1500mm 直径取芯钻进。

(2) 第一级取芯钻头采用牙轮钻筒，钻进时控制钻压、慢速平稳钻进。为提高钻进取芯率和钻孔垂直度，实际钻进过程中，采用加长至 2.5m 的筒钻钻进，具体见图 3.1-8。

图 3.1-6　土层 ϕ1500mm 钻斗钻进

图 3.1-7　土层 ϕ2400mm 钻斗扩孔钻进

图 3.1-8　硬岩钻进订制加长筒钻

（3）当钻进至设计入岩深度后，更换取芯钻头入孔取芯，取芯筒钻通过环切破碎岩石形成柱状岩芯，岩芯断裂后通过钻头筒体内底圈台阶、齿座、内齿的卡滞作用，以及钻渣的填塞作用卡住岩芯，并将岩芯整体取出。取芯筒钻及取出的岩芯见图 3.1-9～图 3.1-11。

图 3.1-9　取芯筒钻

图 3.1-10　第一级取芯筒钻取出岩芯

图 3.1-11　取出的长柱状微风化花岗岩芯样

4. 硬岩钻筒分级扩孔、钻斗捞渣

(1) 第一级钻进取芯形成临空面后，再按 ϕ1800mm、ϕ2000mm、ϕ2200mm、ϕ2400mm 分别扩孔。具体分级见图 3.1-12。

(2) 硬岩分级扩孔根据场地岩性综合判断，由于岩质坚硬，因此第二级采用了 1800mm 直径扩孔，随着扩孔直径加大，扩孔垂直度控制难，分级级差控制为 200mm。

(3) 当岩层坚硬、完整时，取出的岩芯呈环壁筒状，具体见图 3.1-13。当岩层存在一定裂隙时，分级扩孔钻进时取出的芯样呈块状，碎块状岩芯采用捞渣钻斗取出，具体见图 3.1-14。

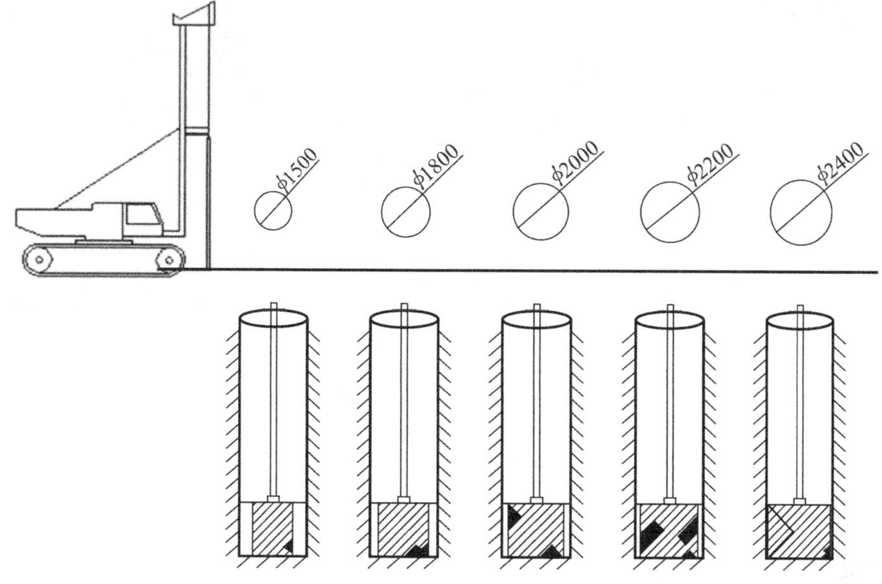

图 3.1-12　岩层分级扩孔钻进示意图

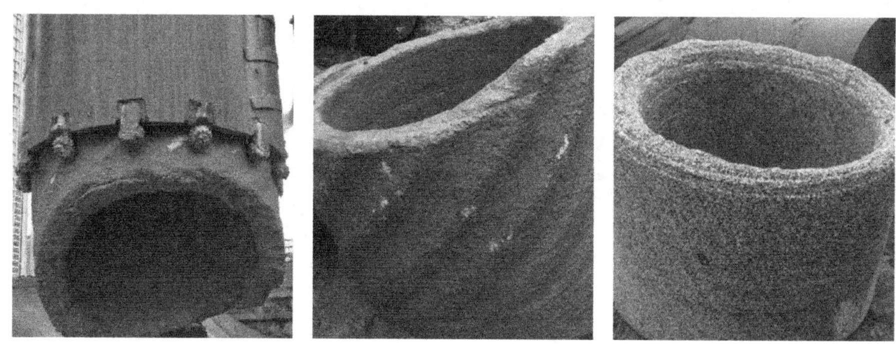

图 3.1-13　分级扩孔取出完整环壁筒状岩芯

(4) 下部中风化、微风化岩层坚硬，旋挖硬岩钻进采用分级扩孔，相对于土层钻进时间较长，此阶段保持钻孔护壁稳定是关键，此时泥浆性能调制成相对密度 1.15～1.20。

(5) 旋挖钻筒分级钻进完成后，对于破碎的岩块采用比钻筒直径稍小尺寸的捞渣斗入孔底捞渣。旋挖钻斗捞渣情况见图 3.1-15、图 3.1-16。

5. **钻进终孔验收**

(1) 分级扩孔钻进至持力层时，根据钻进取芯岩样、捞取出的岩块，由勘察单位岩土工程师确定，并按设计要求完成入岩深度钻进。

(2) 终孔后，用测绳对孔底全断面孔深测量，确定终孔深度。

图 3.1-14　分级扩孔取出块状硬岩

图 3.1-15　旋挖捞渣钻斗

图 3.1-16　分级钻进后旋挖钻斗孔底捞取环状碎块状硬岩

6. 清孔及泥浆处理

(1) 终孔后进行反复渣捞，尽可能清除孔内沉渣。(2) 在起钻下入钢筋笼、灌注导管之前，利用旋挖钻斗将两包约 100kg 氢氧化纳下入孔底并旋转，此时氢氧化纳与泥浆中的纳基土反应，将泥浆调稠以提高黏度，使孔底形成小相对密度（相对密度 1.05～1.10）、大黏度（黏度 22～25s）泥浆，使孔底段泥浆状态处于絮状，使泥浆中的粗颗粒处于悬浮状态，确保在钢筋笼、灌注导管安放后，孔底沉渣满足设计要求。孔底泥浆处理见图 3.1-17、图 3.1-18。

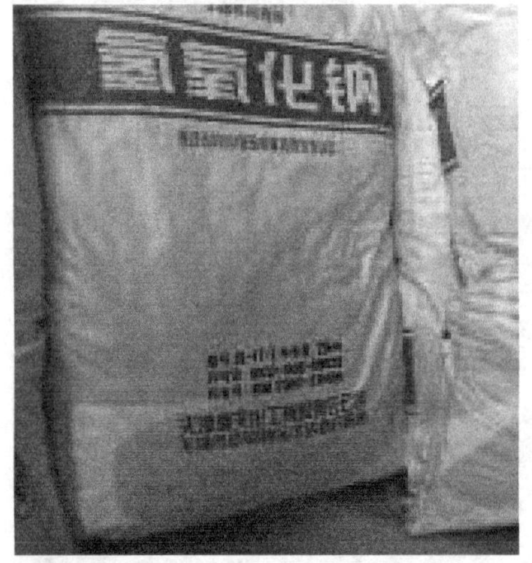

图 3.1-17　氢氧化钠（NaoH）

7. 安放钢筋笼、灌注导管

(1) 钢筋笼严格按设计图纸加工制作，并进行隐蔽验收；下入时，采用起重机吊放；对接时，采用孔口机械连接。

(2) 采用直径 300mm 导管灌注混凝土，导管使用前对其密封性和连接强度进行检查，导管底端距孔底 30～50cm。

8. **灌注桩身混凝土成桩**

（1）灌注混凝土前，测量孔底沉渣厚度，如不满足要求则进行气举反循环二次清孔。

（2）初灌前，在料斗内设置隔水球胆；水下混凝土灌注坍落度 180～220mm，进场后现场进行检验；初灌采用 4m^3 大料斗，两辆混凝土罐车同时送料灌注，保证导管底端埋入混凝土中 1.0m 以上，具体见图 3.1-19。

图 3.1-18　旋挖钻头孔底加 NaOH

图 3.1-19　初灌两辆混凝土罐车送料灌注

（3）混凝土灌注过程中，定期检查混凝土面上升高度及孔内导管长度、埋管深度等，埋管深度控制在 2～6m；灌注保持连续作业，灌注至上部或灌注时间太长时，不时提动导管；混凝土超灌高度比设计桩顶标高高 100cm；灌注过程中派专人记录，并按规定留取混凝土试件。

3.1.7　机械设备配置

本工艺现场施工所涉及的主要机械设备见表 3.1-2。

主要机械设备配置表　　　　**表 3.1-2**

名称	型号及参数	备注
旋挖钻机	三一 SR420Ⅱ	钻进
旋挖钻斗	ϕ1500、ϕ2400mm	土层钻进
旋挖筒钻	ϕ1500mm、ϕ1800mm、ϕ2000mm、ϕ2200mm、ϕ2400mm	硬岩钻进
取芯筒钻	ϕ1500mm	硬岩取芯
捞渣斗	ϕ1500mm、ϕ2000mm、ϕ2400mm	岩层捞渣
泥浆泵	75kW	泥浆抽吸
导管	直径 300mm	根据孔深配制
电焊机	BX1-250	钢筋笼制作、维修
起重机	50t	吊装作业
挖掘机	PC220	场地平整、现场清理
铲车	5t	钻渣倒运

3.1.8 质量控制

1. 桩位偏差

（1）桩位由测量工程师现场测量放线，报监理工程师复核。

（2）旋挖钻机就位时，校核钻斗底部中心与桩点对位情况，如发现偏差超标，及时调整。

（3）护筒埋设后用十字线校核护筒位置偏差，允许值不超过 50mm。

2. 分级扩孔钻进

（1）分级扩孔钻进过程中，采用适当的扩孔孔径，下钻后轻压慢转，防止分级钻进时偏孔；发现钻孔偏斜，及时进行扫孔纠偏。

（2）扩孔钻进后，将岩芯取出，并及时孔底捞渣。

3.1.9 安全措施

1. 旋挖钻进

（1）对作业面预先进行平整、压实。

（2）旋挖钻机履带下横纵向铺设厚度 20mm 的钢板，确保钻机孔口稳定。

（3）钻进过程中，始终保持孔内泥浆液面高度，调配优质泥浆护壁，确保孔壁安全稳定。

（4）对已完成桩的空桩，及时进行回填并安全标识，防止人员或钻机移位时陷入而发生安全事故。

2. 钢筋笼制作与吊放

（1）现场钢筋笼起吊作业时，指派司索工指挥吊装作业；起吊时，将起吊范围内无关人员清理出场，起重臂下及影响作业范围内严禁站人。

（2）钢筋笼吊点设置合理，起吊前做好临时加固措施，防止钢筋笼吊装过程中变形损坏。

3.2 大直径灌注桩硬岩旋挖导向分级扩孔技术

3.2.1 引言

大直径灌注桩钻进遇中、微风化硬岩持力层时，通常采用分级扩孔钻进工艺，即以小直径旋挖钻头从桩中心处钻入，至桩底设计标高后再逐级扩大钻孔直径，直至钻进达到设计桩径。这种分级扩孔工艺将旋挖钻机的动力和扭矩最大限度地传递至旋挖钻头，可实现硬岩的快速钻进，已被广泛应用于旋挖硬岩钻进中。但当硬岩地层存在倾斜岩面或岩体完整性差，存在发育裂隙、破碎带时，采用分级扩孔钻进入岩的过程中，小直径钻头在孔内缺少侧向支撑，钻进时极易产生偏斜，钻孔纠偏难度大、耗时长，导致钻进效率低、增加施工成本，难以保证桩孔质量。

深汕特别合作区“深汕科技生态园 A 区（2 栋、3 栋、4 栋）施工总承包”工程，桩基础设计最大灌注桩桩径 2400mm，桩端持力层为中、微风化花岗岩，中风化岩裂隙发育、岩体较破碎，设计要求桩端入中风化岩 16m 或入微风化岩 0.5m，平均桩长 48m。现场采用宝峨 BG46 旋挖钻机进行灌注桩施工，入岩拟通过直径 1600mm、2000mm、

2400mm 钻头分三级扩孔钻进，实际入岩成孔过程中，受中风化岩层裂隙发育、岩体破碎、强度不均的影响，在采用直径 1600mm 钻头钻进入岩时，由于钻头下入直径 2400mm 的空孔内，在钻具无侧向约束的条件下受破碎岩面的影响，以及入岩钻进时的振动造成钻孔严重偏斜，而在下一级扩孔时，由于前期偏孔造成分级钻进岩壁厚度不均，以至于进一步扩大钻孔偏差，导致入岩段桩孔垂直度超标，无法满足桩孔质量要求。

为了解决大直径灌注桩硬岩旋挖分级扩孔钻进存在的上述问题，项目组在试验、优化的基础上，总结了一种大直径灌注桩硬岩旋挖导向分级扩孔施工技术，该工艺在首次入岩钻进时采用上扶正钻头施工先导孔，上扶正导向段直径与桩孔设计直径相同，为入岩开孔钻进提供有效的侧向支撑，以克服岩体破碎或倾斜岩面出现的偏孔问题；在后续分级扩孔时，采用下扶正旋挖导向钻头钻进，下扶正导向段直径保持与上一级入岩钻孔直径相同，下扶正为旋挖钻头在岩层中扩孔提供导向；在下一级扩孔中，持续采用下扶正扩孔钻头，直至完成硬岩段逐级扩孔。这种旋挖导向分级扩孔钻进的施工方法，通过在旋挖钻头上的上扶正、下扶正导向设置，有效保证了钻孔垂直度，达到硬岩钻进效率高、成孔质量好的效果。

3.2.2　工艺特点

1. 钻孔垂直度控制好

本工艺针对大直径灌注桩钻进岩体破碎或具有倾斜岩面的硬岩层，在旋挖钻头上增加上扶正、下扶正设置，进行导向逐级扩孔钻进，使钻头整体受到侧向约束，从而对硬岩中钻进的钻头进行精准定位，确保了钻孔垂直度。

2. 硬岩钻进效率高

本工艺采用上扶正、下扶正导向钻头分级钻进，保证了桩孔垂直度，克服岩体破碎或倾斜岩面导致的偏孔问题，避免了反复对偏斜钻孔的纠偏处理，大大提升硬岩钻进工效。

3. 有效降低施工成本

采用本工艺进行岩层段导向逐级扩孔钻进，有效保证了钻孔垂直度，避免了偏位和斜孔处理的机械使用、人工投入和钻具损耗，降低了处理的施工成本，缩短施工工期，综合经济效益显著。

3.2.3　适用范围

适用于桩径不小于 1800mm 的旋挖灌注桩；适用于裂隙较发育的硬岩层灌注桩分级扩孔。

3.2.4　工艺原理

以深汕特别合作区“深汕科技生态园 A 区（2 栋、3 栋、4 栋）施工总承包”工程 ϕ2400mm 灌注桩硬岩钻进为例进行分析说明。

1. 上扶正钻头导向钻进

（1）上扶正钻头结构设计

上扶正钻头主要由上扶正导向和旋挖钻筒组成，两者通过钻杆相连。上扶正导向直径 2400mm、长度 600mm，为短圆柱状对中定位导向装置。下部旋挖牙轮钻筒直径 1600mm、长度 1500mm。上扶正导向钻头结构示意图见图 3.2-1。

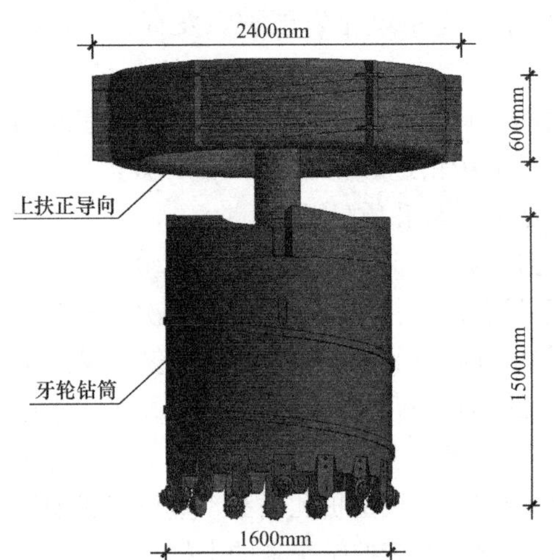

图 3.2-1　上扶正导向钻头结构示意图

(2) 上扶正导向钻进原理

本工艺采用上扶正钻头施工先导孔，上扶正导向直径与灌注桩设计直径 2400mm 相同，钻进牙轮钻筒直径 1600mm；钻进时，将上扶正钻头对中桩孔下放至钻孔内岩面处，钻进过程中上扶正导向受到钻孔四周侧向约束，与土层段桩孔侧壁形成相互支撑，即桩孔土层段内壁为入岩开孔钻进提供了有效侧向支撑，从而对下部旋挖硬岩钻进实施精准定位，有效保证了钻孔垂直度。

本工艺入岩先采用上扶正钻头施工先导孔，先导孔深度约 1.5m；先导孔施工完成后，换用直径 1600mm 牙轮钻筒将先导孔钻至设计桩底标高，完成第一级的入岩施工。上扶正钻头第一级钻进入岩施工过程及原理见图 3.2-2。

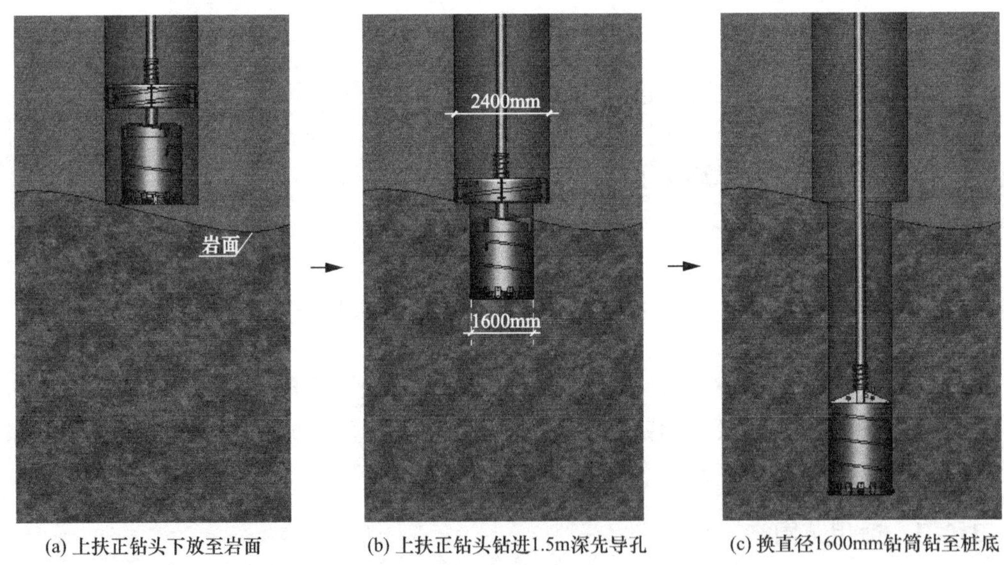

图 3.2-2　上扶正钻头第一级钻进入岩施工过程及原理图

2. 下扶正钻头导向钻进

1) 下扶正钻头结构设计

下扶正钻头主要由牙轮钻筒和下扶正导向组成，两者通过钻杆相连。

第二级入岩采用的下扶正钻头，其上部牙轮钻筒直径 2000mm、长度 1300mm；下扶正导向直径 1600mm、长度 700mm，由截齿钻筒改造形成短圆柱状定位导向装置。

第三级入岩采用的下扶正钻头，其上部牙轮钻筒直径 2400mm、长度 1300mm；下扶正导向直径 2000mm、长度 700mm，由截齿钻筒改造形成短圆柱状定位导向装置。

第二级下扶正导向钻头结构示意见图 3.2-3，第三级下扶正导向钻头结构示意见图 3.2-4，第二级、第三级下扶正导向钻头实物见图 3.2-5。

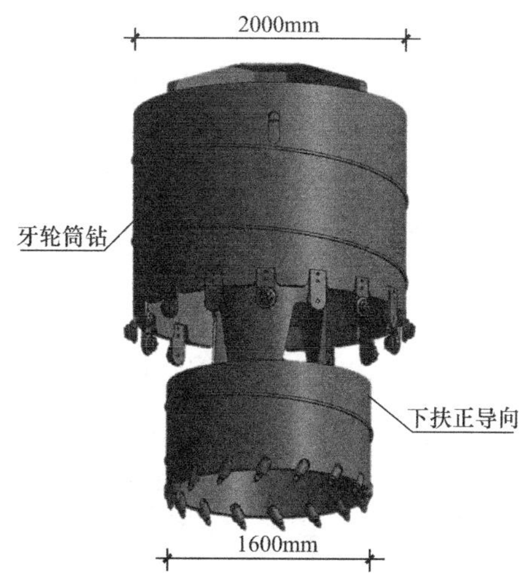

图 3.2-3　第二级下扶正导向钻头结构示意图　　图 3.2-4　第三级下扶正导向钻头结构示意图

2）下扶正导向钻进原理

（1）第二级下扶正导向钻头扩孔钻进

完成第一级入岩钻进至设计桩底标高后，在岩层段形成直径 1600mm 导向钻孔，下一级入岩扩孔钻进采用第二级下扶正钻头，其下部的扶正段直径与第一级入岩钻孔直径 1600mm 相同，上部牙轮钻筒直径 2000mm；钻进时，将第二级下扶正导向钻头对中桩孔下放至钻孔内岩面处，钻进过程中，钻孔周边围岩对下扶正导向提供了侧向定位支撑，从而实现上部牙轮钻筒扩孔钻进的精准定位，保证了钻孔垂直度。采用第二级下扶正钻头施工至设计桩底标高后，改用直径 2000mm 牙轮钻筒将孔底下扶正钻头导向段相应部位的硬岩环切，并用取芯筒钻取出。第二级下扶正钻头扩孔钻进入岩施工原理见图 3.2-6。

图 3.2-5　第二级、第三级下扶正导向钻头实物

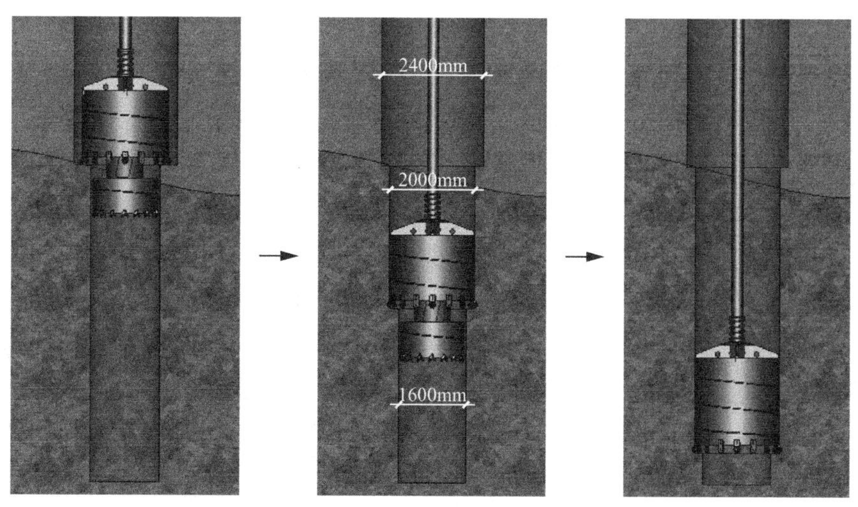

图 3.2-6　第二级下扶正钻头扩孔钻进入岩施工原理

(2) 第三级下扶正导向钻头扩孔钻进

完成第二级入岩钻进至设计桩底标高后，在岩层段形成直径 2000mm 导向钻孔，下一级入岩扩孔钻进换用第三级下扶正钻头，其下部的扶正段直径与第二级入岩钻孔直径 2000mm 相同，上部牙轮钻筒直径与灌注桩设计直径 2400mm 相同。同理，第三级下扶正导向钻头对中桩孔下放至钻孔内岩面处，钻进时钻孔周边围岩对下扶正导向提供了侧向定位支撑，可有效实现上部牙轮钻筒扩孔钻进的精准定位，确保了钻孔垂直度。采用第三级下扶正钻头施工至设计桩底标高后，改用直径 2400mm 牙轮钻筒将孔底下扶正钻头导向段相应部位的硬岩环切并取出。第三级下扶正钻头扩孔钻进入岩施工原理见图 3.2-7。

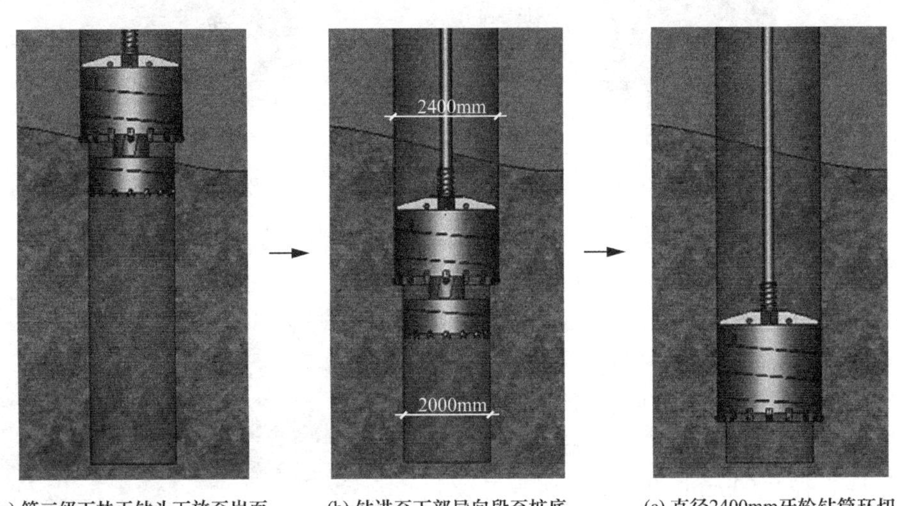
2400mm
2000mm

(a) 第三级下扶正钻头下放至岩面　(b) 钻进至下部导向段至桩底　(c) 直径2400mm牙轮钻筒环切

图 3.2-7　第三级下扶正钻头扩孔钻进入岩施工原理

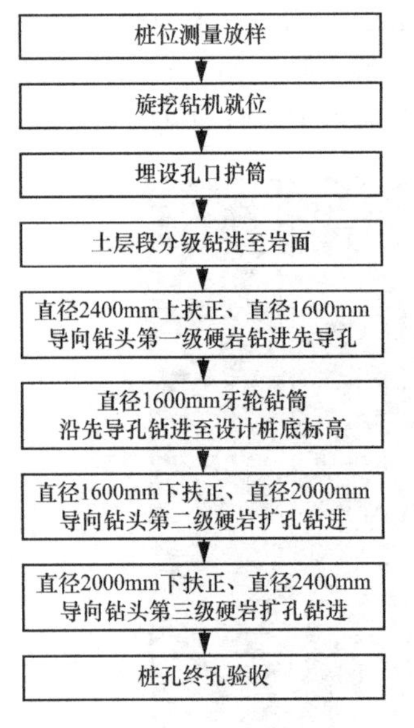
桩位测量放样
旋挖钻机就位
埋设孔口护筒
土层段分级钻进至岩面
直径2400mm上扶正、直径1600mm导向钻头第一级硬岩钻进先导孔
直径1600mm牙轮钻筒沿先导孔钻进至设计桩底标高
直径1600mm下扶正、直径2000mm导向钻头第二级硬岩扩孔钻进
直径2000mm下扶正、直径2400mm导向钻头第三级硬岩扩孔钻进
桩孔终孔验收

图 3.2-8　大直径灌注桩硬岩旋挖导向分级扩孔施工工艺流程图

3.2.5　施工工艺流程

大直径灌注桩硬岩旋挖导向分级扩孔施工工艺流程见图 3.2-8。

3.2.6　工序操作要点

本工艺施工操作要点以深汕特别合作区“深汕科技生态园 A 区（2 栋、3 栋、4 栋）施工总承包”工程灌注桩钻进成孔为例说明。

1. 桩位测量放样

(1) 施工前利用挖机对施工场地进行整平、压实。

(2) 测量工程师根据桩位平面布置图进行现场放样，并在地面上使用木桩或焊条等标记桩位。

(3) 施工员根据放样桩位设十字交叉线，在线端处安放 4 个控制护桩。

2. 旋挖钻机就位

(1) 由于本工程灌注桩最大设计直径 2400mm，需配置大扭矩旋挖钻机分二次扩孔进行土层段钻进施工，现场选用德国宝峨公司生产的BG46多功能旋挖钻机，该设备发动机功率570kW、动力头最大扭矩460kN·m、最大钻孔直径3.1m、最大钻孔深度111.0m，满足灌注桩钻进成孔需求。

（2）在旋挖钻机就位处铺垫多块长8000mm、宽1300mm、厚140mm行车道板（图3.2-9、图3.2-10），移动旋挖钻机使其履带置于板上，以减小钻机钻进对孔口、孔壁的影响；旋挖钻机就位后，调整钻头对准桩中心，并调整钻杆垂直度。

图3.2-9　行车道板

图3.2-10　旋挖钻机下铺设行车道板

3. 埋设孔口护筒

（1）选用直径2.6m、壁厚1.6cm、长度6m护筒进行孔口护壁，护筒上部设1个溢流孔。

（2）钻进前，再次复核校准桩位，采用钻埋法置入护筒。

（3）采用旋挖钻机预先钻出地面以下约6m深孔（图3.2-11），竖直吊放压入护筒（图3.2-12）；护筒下入过程中，以吊锤法控制安放垂直度，完成吊放后护筒顶高于地面30cm，并保证护筒中心与桩位中心偏差不大于50mm，垂直度不大于1/100。孔口护筒埋设完毕见图3.2-13。

图3.2-11　旋挖钻机预引孔

图3.2-12　竖直吊放护筒

图3.2-13　完成孔口护筒埋设

4. 土层段分级钻进至岩面

（1）由于灌注桩设计桩径大，为提高土层钻进效率，先采用直径1600mm旋挖钻斗钻进至岩面，具体见图3.2-14；完成直径1600mm土层成孔至岩面后，换用直径2400mm旋挖钻斗扩孔钻进，直至完成土层段整体成孔施工，具体扩孔钻进见图 3.2-15。

（2）钻进时，采用优质泥浆护壁，泥浆由水、钠基膨润土、CMC、NaOH 等按一定比例配制而成，泥浆配制在专设的泥浆池中进行。

（3）开孔时慢速钻进，至岩面后采用清渣钻斗捞渣清孔，土层钻进见图 3.2-16。

图 3.2-14　直径 1600mm 旋挖钻斗土层段钻进成孔

图 3.2-15　直径 2400mm 钻斗土层内扩孔

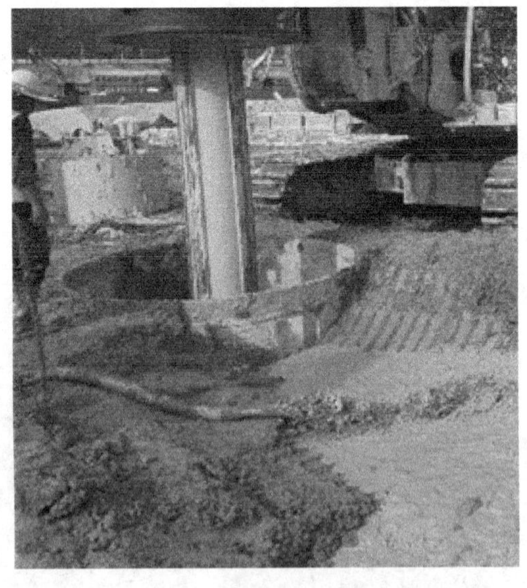

图 3.2-16　旋挖钻进泥浆护壁

5. **直径 2400mm 上扶正、直径 1600mm 导向钻头第一级硬岩钻进先导孔**

（1）采用上扶正导向钻头施工先导孔，上扶正钻头导向段直径 2400mm，下部牙轮钻筒直径 1600mm。

（2）将上扶正导向钻头对准桩位缓慢下放入孔（图 3.2-17），在下入至护筒底部时，钻头导向段直径与土层段钻孔直径一致，对中后继续下放钻头至岩面位置。

（3）钻头置于岩面位置后，以 2400mm 土层段孔壁为导向向下钻进成孔，有效保证钻孔垂直度，实现扶正效果。

（4）缓慢下压转动钻头开始先导孔施工，钻进过程中控制钻压，保证钻机平稳。

（5）先导孔钻进至深度 1500mm 时（与上扶正导向钻头下部的牙轮钻长度一致）停止施工。

（6）采用直径 1600mm 取芯筒钻将先导孔岩柱取出。

图 3.2-17　上扶正钻头钻进施工先导孔

6. 直径 1600mm 牙轮钻沿先导孔钻进至设计桩底标高

（1）完成先导孔施工后，更换为直径 1600mm 牙轮钻进行第一级入岩钻进成孔，见图 3.2-18。

（2）钻进过程中控制钻压，保持钻机平稳，按四次钻进、取芯作业钻至设计入岩深度，具体见图 3.2-19。

（3）完成第一级入岩钻进作业后，若孔内残留较多岩渣，则及时采用捞渣筒清理孔内残渣，见图 3.2-20。

图 3.2-18　直径 1600mm 牙轮钻第一级入岩钻进

图 3.2-19　取出破碎中风化岩芯

图 3.2-20　旋挖清底捞渣筒

7. 直径 1600mm 下扶正、直径 2000mm 导向钻头第二级硬岩扩孔钻进

（1）采用第二级下扶正钻头进行扩孔钻进入岩施工，第二级下扶正钻头导向段直径 1600mm，上部牙轮钻直径 2000mm。

（2）将第二级下扶正导向钻头对准桩位缓慢下放入孔（图 3.2-21），由于导向段直径与第一级施工形成的岩层段钻孔直径 1600mm 一致，对中重合后将上部牙轮钻筒下放至岩面位置。

（3）上部牙轮钻下放至岩面位置后，向下钻进成孔以 1600mm 第一级入岩钻孔为导向，有效保证钻孔垂直度，实现扶正效果。

（4）钻进过程中控制钻压，轻压慢转，保证钻机平稳；成孔时配套采用捞渣筒钻及时清理孔内岩渣，具体捞出钻渣见图 3.2-22。

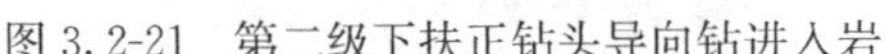

图 3.2-21　第二级下扶正钻头导向钻进入岩

图 3.2-22　捞出硬碎块状岩钻渣

（5）采用下扶正钻头钻进成孔至其导向段达到设计桩底标高后，缓慢提钻出孔，更换直径 2000mm 截齿筒钻（图 3.2-23），下放入孔将孔底下扶正钻头导向段相应部位的岩壁环切并取芯，最后采用捞渣筒清理孔内残渣。

8. 直径 2000mm 下扶正、直径 2400mm 导向钻头第三级硬岩扩孔钻进

（1）采用第三级下扶正钻头进行扩孔钻进入岩施工，第三级下扶正钻头导向段直径 2000mm，上部牙轮钻筒直径 2400mm。

（2）将第三级下扶正导向钻头对准桩位缓慢下放入孔（图 3.2-24），由于导向段直径与第二级施工形成的岩层段钻孔直径一致，对中后将上部牙轮钻筒下放至岩面位置。

图 3.2-23　改用直径 2000mm 截齿钻筒

图 3.2-24　第三级下扶正钻头导向钻进入岩

（3）上部牙轮钻筒下放至岩面位置后，向下钻进成孔以 2000mm 第二级入岩钻孔为导向，有效保证钻孔垂直度。

（4）钻进过程中控制钻压，轻压慢转，保证钻机平稳；成孔时，配套采用捞渣筒及时清理孔内的岩渣。

（5）采用下扶正钻头钻进成孔至其导向段达到设计桩底标高后，缓慢提钻出孔，更换为直径 2400mm 截齿钻筒（图 3.2-25），下放入孔将孔底下扶正钻头导向段相应部位的岩壁环切并取芯，最后采用捞渣筒清理孔内岩渣。至此，分三级逐级扩孔完成 ϕ2400mm 灌注桩岩层段的成孔施工。

9. **桩孔终孔验收**

（1）终孔后，采用直径 2400mm 旋挖钻斗，将孔内钻渣捞除，具体见图 3.2-26。

图 3.2-25　直径 2400mm 截齿钻筒

图 3.2-26　直径 2400mm 旋挖钻斗整体清孔捞渣

（2）使用测绳测量终孔深度，并作为灌注混凝土前二次验孔依据。

（3）验收完毕后，进行钢筋笼安放、混凝土导管安装，并及时灌注桩身混凝土成桩。

3.2.7　机械设备配置

本工艺现场施工所涉及的主要机械设备见表 3.2-1。

主要机械设备配置表　　　　**表 3.2-1**

名称	型号	备注
旋挖钻机	BG46	钻进成孔
旋挖钻斗	根据设计桩径	土层钻进
截齿/牙轮钻筒	根据设计桩径	硬岩钻进
旋挖捞渣斗	根据设计桩径	钻孔捞渣
履带起重机	SCC550E	吊放护筒、钢筋笼等
挖掘机	PC220-8	场地平整，渣土转运
铲车	5t	钻渣倒运
全站仪	iM-52	桩位测放、垂直度检测等

3.2.8　质量控制

1. **桩位及垂直度控制**

（1）桩位由测量工程师现场测量放样，报监理工程师复核。

（2）旋挖钻机就位时，校核钻斗底部中心与桩点对位情况，如发现偏差超过设计值，及时纠偏调整。

（3）严格按照规范要求埋设护筒，成孔过程中随时观测护筒变化，发现异常及时调整。

(4) 护筒埋设后采用十字交叉线校核护筒位置，允许值不超过 50mm。

2. 旋挖钻进成孔

(1) 采用大扭矩旋挖钻机分级扩孔作业，确保硬岩正常钻进成孔。

(2) 钻进成孔时，始终采用优质泥浆护壁，以确保上部土层孔壁稳定。

(3) 采用扶正导向钻头钻进硬岩时，注意钻头对中轻缓下放入孔；钻进时，采用牙轮钻环切入岩，完成回次钻进后，换取芯筒钻将岩段取出。

(4) 完成硬岩钻进后，及时采用专用捞渣钻筒进行孔底清渣，避免钻渣在桩孔底部多次重复破碎。

3. 钢筋笼制安及混凝土灌注

(1) 吊装钢筋笼前对全长笼体进行检查，检查内容包括编号、长度、直径，以及焊点是否变形等。

(2) 钢筋笼采用“双勾多点”缓慢起吊，吊运时防止扭转、弯曲。

(3) 钢筋笼安装到位后，在孔口进行固定。

(4) 利用导管灌注桩身混凝土，导管埋深保持在 2～6m。

(5) 桩身混凝土保持连续灌注施工。

3.2.9 安全措施

1. 旋挖钻进成孔

(1) 旋挖钻进成孔更换扶正钻头时，由于扶正钻头重量大，吊装时由司索工现场指挥，无关人员严禁进入吊装影响范围。

(2) 扶正钻头使用前，检查钻具的完好程度，确保扶正效果。

(3) 扶正钻头导向钻进过程中，如遇卡钻情况发生，则立即停止下钻，并查明原因后再继续钻进。

2. 钢筋笼制安

(1) 钢筋笼焊接作业人员按要求佩戴专门的防护用具（如防护罩、护目镜等），并根据相关操作规程进行焊接操作。

(2) 采用自动弯箍机进行钢筋笼箍筋弯曲时，设置专门的红外线保护装置，规范操作，防止人员卷入。

(3) 吊装钢筋笼过程中无关人员撤离影响半径范围，吊装区域应设置安全隔离带。

3. 桩身混凝土灌注

(1) 灌注桩身混凝土时，罐车直接卸料入灌注斗时，在罐车轮胎下铺设钢板，减小对孔口的压力。

(2) 灌注过程中，禁止过猛提升导管，防止导管提离混凝土面造成断桩事故。

3.3 硬岩旋挖分级扩孔钻进偏孔多牙轮组筒钻纠偏修复技术

3.3.1 引言

大直径旋挖灌注桩钻进遇中、微风化硬岩持力层时，通常采用旋挖分级扩孔钻进工艺，即以小直径旋挖筒式钻头从桩中心处钻入，至桩底设计标高后再逐级扩大钻孔直径，直至钻进达到设计桩径。但当上部中、微风化岩层破碎或裂隙发育，或存在倾斜岩面时，分级扩孔钻进其垂直度控制难度大，扩孔入岩时容易出现偏孔（图 3.3-1、图 3.3-2），后续孔底入岩纠偏处理难度大。

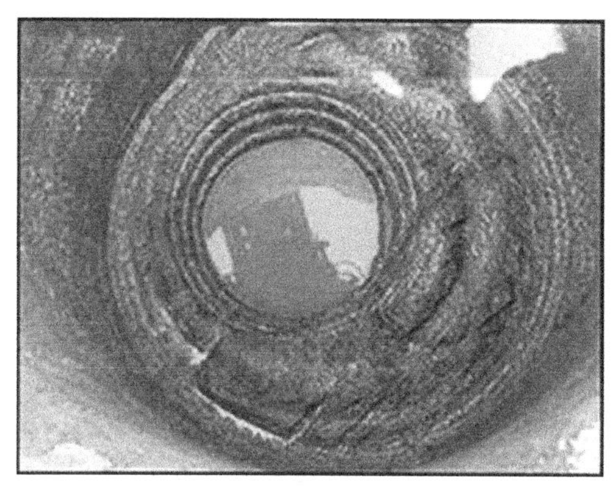

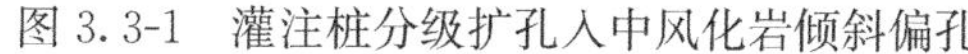

图 3.3-1　灌注桩分级扩孔入中风化岩倾斜偏孔

图 3.3-2　扩孔出取的岩芯严重偏孔

“深圳国际会展中心（一期）基坑支护和桩基础工程（三标段）”项目，基础工程桩设计最大桩径 2500mm、平均孔深 55m，施工采用宝峨 BG46 旋挖钻机成孔。其中，Z625 号桩入岩采用直径 1600mm、2000mm、2500mm 筒式钻头分三级分别扩孔钻进，桩端入中风化岩 5m，钻进孔深 58.6m；扩孔完成后，采用 ϕ2500mm 捞渣钻头清底时，发现钻头在孔深 57.5m 处卡钻无法下放至孔底，初步判断孔底出现偏孔。现场采用小直径截齿钻头和测绳对桩孔孔底进行逐段查探，发现孔底一侧残留宽 30cm、高 1.1m 呈月牙形的岩体。分析产生的原因主要是在第一级和第二级扩孔时发生钻进偏孔，而在第三级同设计桩径相同的扩孔钻进时，受孔壁的有效支撑而未发生偏孔，以致在孔底残留岩柱体。

对于孔底残留偏斜岩体的处理方法，通常采用与桩径相同的截齿钻头慢速扫孔纠偏，纠偏时钻头的截齿受硬岩体在孔底分布的不均匀性影响，在钻齿的固定位置发生反复损坏，需频繁更换截齿和齿座（图 3.3-3），造成孔内纠偏难度大、修复耗时长、处理效率低、增加施工成本。

为了解决大直径嵌岩桩旋挖分级扩孔钻进成孔后偏孔纠偏修复存在的上述问题，项目组开展了“硬岩旋挖分级扩孔钻进偏孔多牙轮组筒钻修复施工技术”研究，通过采用小直径钻头配合测绳分段查探桩孔孔底情况，查明残留岩体或岩柱情况；根据桩底残留的岩体分布及位置，采用在同设计桩径的旋挖筒钻内侧安装数个由多个牙轮内扩排列的牙轮组，对孔底偏斜段进行凿岩修复，达到了纠偏处理快捷、修复精准、钻进效率高、成孔质量好的效果。

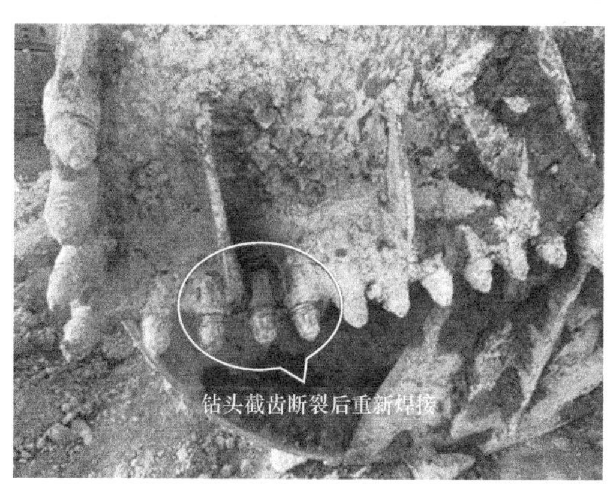

图 3.3-3　残留偏斜岩体造成钻头截齿损坏

3.3.2 工艺特点

1. 处理快捷

本工艺利用现场现有的旋挖钻机和扩孔的牙轮筒钻，通过加工焊接即能快速完成多牙轮组钻筒修复钻头，即可实施残留岩体快捷处理。

2. 纠偏修复精准

本工艺通过小直径钻头分段探明孔底残留岩体的分布，并结合测绳多点量测孔底标高位置，从而对残留岩体精准定位；同时，根据岩体的分布设置相应的内扩牙轮数量，确保了纠偏修复的效果。

3. 修复效率高

本工艺采用在通常的牙轮钻头上增加设置数组内扩的牙轮，不同组间的牙轮位置均匀布设，凿岩时相互循环平衡切削，有效提升纠偏修复工效。

4. 有效降低施工成本

采用本工艺进行残留岩体的纠偏施工，只需要在使用的牙轮钻头上增加若干个牙轮组，不需要增加额外的机具，避免了增加机械投入，降低了处理的施工成本，且修复效率高，综合经济效益显著。

3.3.3 适用范围

适用于分级扩孔钻进入岩后产生的残留岩体修复或倾斜岩面的旋挖钻进，桩径2500mm以下的设置3个牙轮组，桩径2500～2800mm设置4个牙轮组，桩径大于2800mm的设置5个牙轮组。

3.3.4 工艺原理

以“深圳国际会展中心（一期）基坑支护和桩基础工程（三标段）”项目Z625号（ϕ2500mm）灌注桩为例。

本工艺采用小直径截齿捞渣钻斗配合测绳分段查探桩孔，再根据残留的岩体偏斜的分布及尺寸，在旋挖筒钻内侧上安装若干个新的牙轮组，对孔底残留岩体进行清凿钻进至设计孔深。纠偏过程中的关键技术主要三部分：一是孔底残留岩体的探测技术，二是多牙轮组筒钻设计与制作技术，三是孔底残留岩体清凿修复处理技术。

1. 小直径钻头孔底残留斜岩体分段探测

（1）孔内分段探孔位置划分

Z625号护筒直径2600mm，探点位置是沿护筒外侧按照510mm间距，等分为16段并编号。孔内分段探孔示意见图3.3-4。

（2）直径1500mm截齿钻斗探孔

护筒分段编号完成后，采用ϕ1500mm的截齿捞渣钻头沿护筒内侧依次对1～16号探点进行探测。探孔方法为沿护筒边将钻头下放至孔底（58.6m）不进尺钻动，在未遇到障碍物时在孔底各探点平移钻动试探，见图3.3-5。

（3）试探直至遇到障碍物钻头无法沿护筒边平移（偏9号探点）时，后钻头沿障碍物边平移直至可以沿护筒边平移（偏16号探点），过程中测绳配合查探，可确定障碍物平面

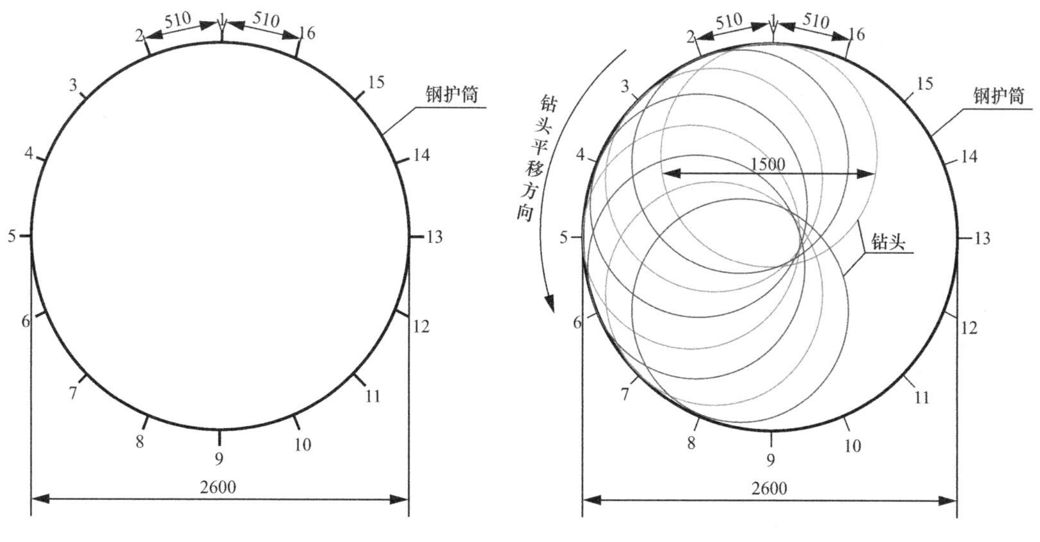

图 3.3-4　孔内分段探孔示意图　　图 3.3-5　钻头分段查探示意图

位置。平移完成后在遇到障碍物的位置从孔口相应探点下钻，可确定障碍物竖向位置。

（4）在 9～16 号点进行探孔时，测得孔深 57.5m，比终孔深度 58.6m 少了 1.1m；再根据之前 ϕ2500mm 的截齿捞渣钻头的断齿和测绳探孔底，可确定残留岩体为宽 30cm，高 1.1m 的月牙形状。孔底残留岩体平面、剖面段情况分别见图 3.3-6、图 3.3-7，孔底分级扩孔后残留岩体示意见图 3.3-8。

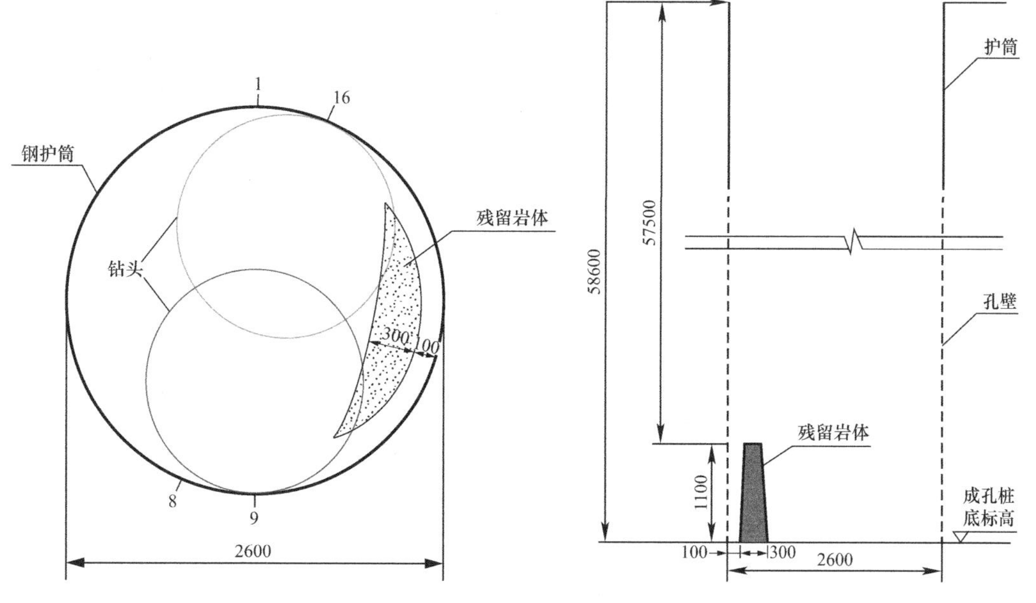

图 3.3-6　孔底残留的岩体平面示意图　　图 3.3-7　孔底残留的岩体剖面示意图

2. 多牙轮筒钻结构

1）多牙轮筒钻设计

（1）设计出专用的多牙轮组筒钻装置，在筒钻上新增的 3 个牙轮组均布于环状钻头上，牙轮组具体牙轮的数量根据孔底残留岩体的宽度确定。

图 3.3-8　孔底分级扩孔后残留岩体

(2) 根据以上孔底岩体的探测情况，本孔处理每组牙轮组选定 2 个牙轮，处理宽度达 400mm，将牙轮焊接在“1”字形钢板上，“1”字形钢板焊接在筒钻内侧；为了保证“1”字形钢板和牙轮的稳固，用扇形钢板将“1”字形钢板和筒钻焊接，起到加固作用。牙轮组平面布置见图 3.3-9，牙轮组安装实物见图 3.3-10。

2）多牙轮组位置及参数

(1) 单个牙轮直径为 100mm，第一组中 a 牙轮距离筒钻内侧 50mm，b 牙轮距离 a 牙轮 50mm；

(2) 第二组中 c 牙轮距离筒钻内侧 100mm，d 牙轮距离 c 牙轮 50mm；

(3) 第三组中 e 牙轮距离筒钻内侧 150mm，f 牙轮距离 e 牙轮 50mm。

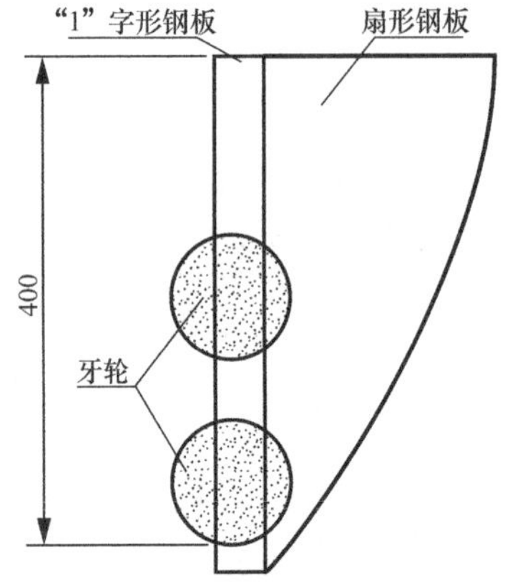

图 3.3-9　牙轮组平面布置

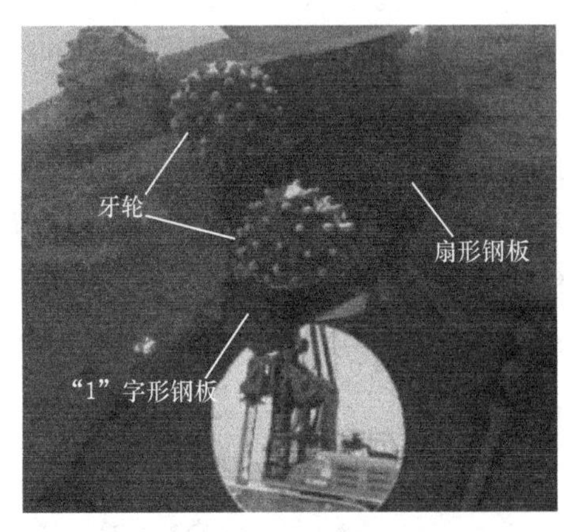

图 3.3-10　牙轮组安装

这种排列方式能够保证钻头内侧 40cm 范围内的有效凿岩，多牙轮组布置见图 3.3-11，多牙轮组凿岩范围见图 3.3-12，多牙轮组凿岩投影见图 3.3-13，多牙轮组凿岩钻头见图 3.3-14。

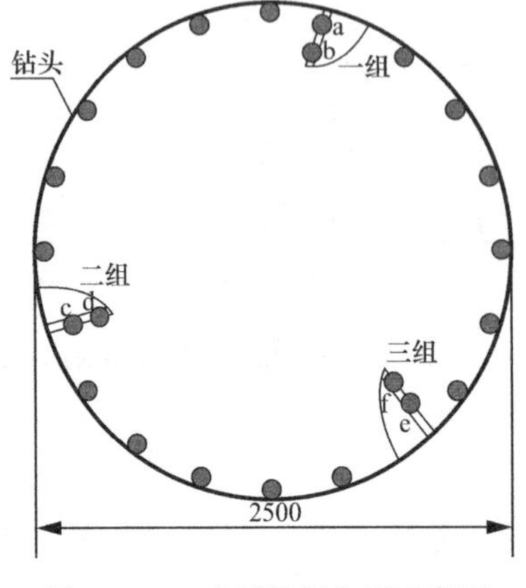

图 3.3-11　多牙轮组布置示意图

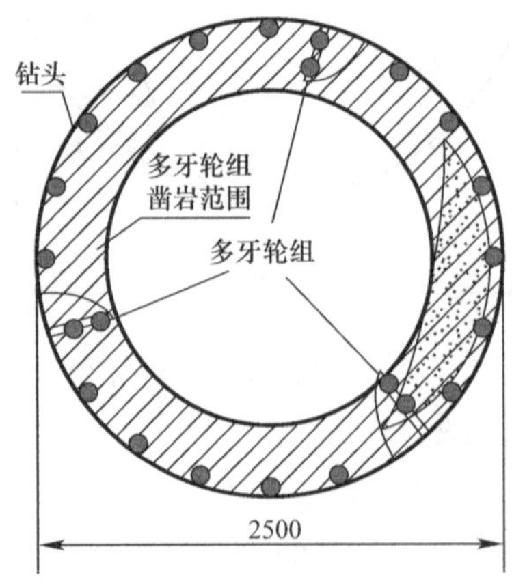

图 3.3-12　多牙轮组凿岩范围示意图

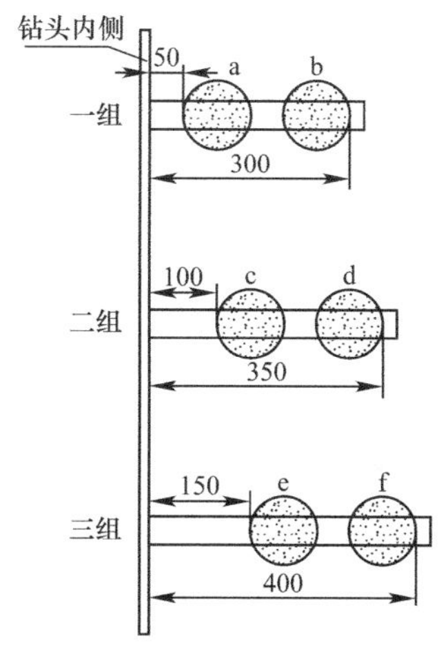

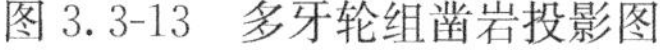

图 3.3-13 多牙轮组凿岩投影图

图 3.3-14 多牙轮组凿岩钻头

3. **旋挖多牙轮组筒钻对孔底残留岩体纠偏清凿**

牙轮焊接好后，即可下入孔底纠偏钻进。普通旋挖筒钻钻头牙轮凿岩范围为 10cm，本工艺的多牙轮组筒式钻头凿岩范围为 40cm，能够精准地对残留岩体进行清凿。由于新型钻头凿岩范围大，多牙轮组增加了钻进凿岩面积，能够快速地对孔底残留岩体进行清凿，确保了成桩质量。多牙轮组筒钻清凿残留岩体示意见图 3.3-15。

3.3.5 施工工艺流程

硬岩旋挖分级扩孔钻进偏孔多牙轮组筒钻纠偏修复施工工艺流程见图 3.3-16。

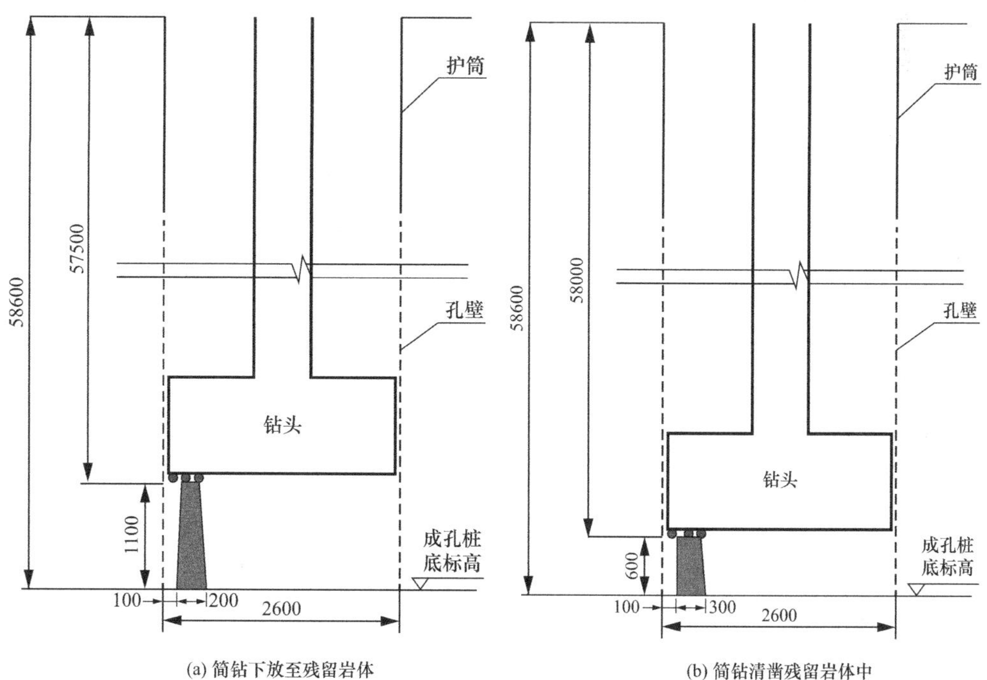

(a) 筒钻下放至残留岩体

(b) 筒钻清凿残留岩体中

图 3.3-15 多牙轮组筒钻清凿残留岩体示意（一）

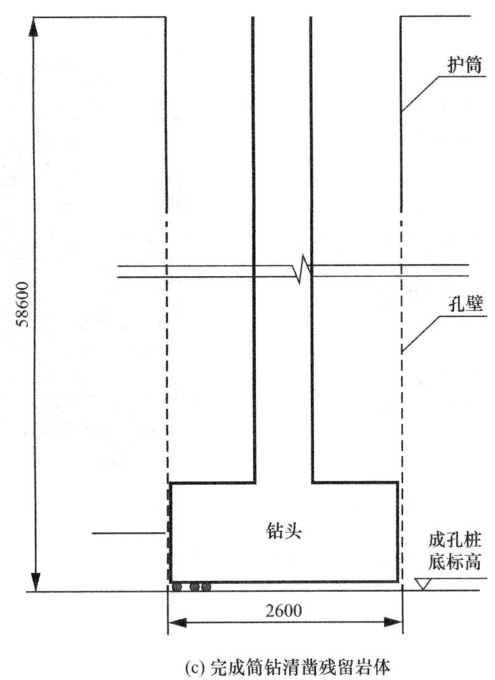

(c) 完成筒钻清凿残留岩体

图 3.3-15　多牙轮组筒钻清凿残留岩体示意（二）

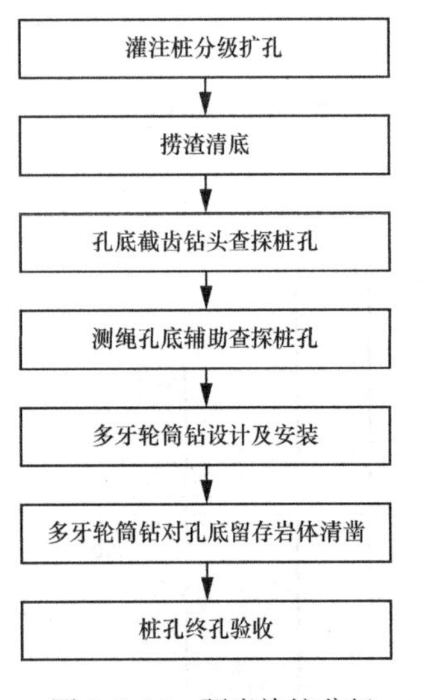

图 3.3-16　硬岩旋挖分级扩孔钻进偏孔多牙轮组筒钻纠偏修复施工工艺流程图

3.3.6　工序操作要点

以“深圳国际会展中心（一期）基坑支护和桩基础工程（三标段）”项目 Z625 号（ϕ2500mm）灌注桩为例。

1. 灌注桩分级扩孔

（1）现场选用德国宝峨公司生产的 BG46 多功能旋挖钻机进行成孔施工。

（2）施工至中风化岩面后，硬岩采用分级扩孔钻进并取芯，第一级 ϕ1600mm 旋挖筒式钻头从桩中心处钻入至设计入岩深度，后逐级使用 ϕ2000mm、ϕ2500mm 的钻头扩孔钻进，具体见图 3.3-17。

（3）取芯钻具采用专用取芯筒式钻头。

2. 捞渣清底

（1）扩孔完成后采用 ϕ2500mm 捞渣钻头清底时，发现钻头在孔深 57.5m 处卡钻无法下放。

（2）根据测量孔底标高位置和捞渣钻头截齿断裂情况，初步判断孔底出现偏孔，现场需进一步查明孔底具体分布情况，具体见图 3.3-18。

3. 孔底截齿钻头查探桩孔

（1）将护筒外侧露出地面部分清理干净，以便能清晰编号；钢护筒直径 2600mm，沿护筒外侧按照 500mm 间距，分为 16 段做标记并在护筒外侧编号，具体编号情况见图 3.3-19。

图 3.3-17　灌注桩分级扩孔取芯钻进

图 3.3-18　清孔后钻头截齿断裂

图 3.3-19　护筒外侧分段编号

（2）标记编号位置作为探孔的定位参考点，钻机就位后，选用 ϕ1500mm 的截齿捞渣钻头进行孔内查探。钻头按探测点沿护筒边下放至设计孔底（58.6m）进行不进尺钻动，按逆时针方向向 16 号探点进行查探，在未遇到障碍物时在孔底各探点平移钻动试探。

4. 测绳孔底辅助查探桩孔

（1）试探直至遇到障碍物钻头无法沿护筒边平移时停止并标记 A 点，查得为 9 号探点范围内，将测绳下放到钻头与障碍物交汇处并在护筒上标记为 B 点，测得测绳与护筒距离为 180mm。

（2）后钻头沿障碍物边平移直至可以沿护筒边平移时停止并标记为 C 点，查得为 16 号探点范围内，将测绳下放到钻头与障碍物交汇处在护筒上标记为 D 点，测得测绳与护筒距离为 150mm。

（3）钻头沿障碍物边平移时每隔 300mm 测量一次钻头与障碍物交汇处的下放测绳与护筒的间距，最大间距为 300mm。根据各点的间距可以确定障碍物的内边线。

（4）将测绳在 B～D 探点沿护筒边每隔 300mm 下放，测得可以下放至设计孔底，并将测绳向孔内平移，发现有障碍物后测得障碍物与护筒边的间距最小为 100mm，根据各点的间距可以确定障碍物的外边线，现场探测见图 3.3-20。

（5）确定残留岩体的平面位置后，钻头重新在 9～16 号点探点处从孔口下钻，各探点钻头都卡钻难以进尺，测得孔深为 57.5m，比终孔深度 58.6m 少了 1.1m；再根据之前

ϕ2400mm 的截齿捞渣钻头的断齿情况，可确定残留岩体为宽 30cm、高 1.1m 的月牙形状，外边距离护筒 100～180mm。孔底残留岩体平面分布见图 3.3-21。

图 3.3-20 截齿钻头探孔现场

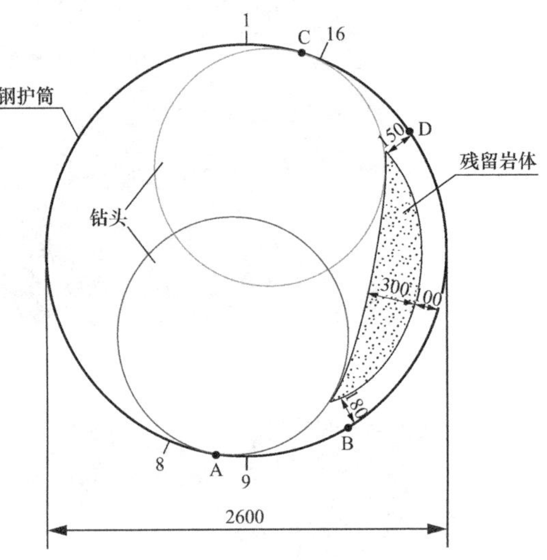

图 3.3-21 孔底残留岩体平面分布图

5. 多牙轮筒钻设计及安装

(1) 改进的钻筒选用 ϕ2400mm 的牙轮钻头，本身自带的牙轮也能对岩体进行凿岩清凿。

(2) 根据探测结果，对旋挖筒钻钻头进行改进，根据孔底岩体的尺寸及位置，在旋挖筒钻内侧对称安装 3 个牙轮组。

(3) 单组牙轮为 2 个牙轮焊接在“1”字形钢板上，“1”字形钢板焊接在筒钻内侧，为了保证“1”字形钢板和牙轮的稳固，用扇形钢板将“1”字形钢板和筒钻焊接在一起。单组牙轮焊接安装见图 3.3-22，多牙轮组筒钻见图 3.3-23。

图 3.3-22 单组牙轮焊接安装

图 3.3-23 多牙轮组筒钻

6. 多牙轮组筒钻对孔底残留岩体清凿

(1) 将多牙轮筒钻与旋挖钻杆连接，并检查牙轮组状况，具体见图 3.3-24。

（2）旋挖钻头对准桩中心，并调整钻杆垂直度，将钻头下放至残留岩体位置上方后，缓慢下压、慢速转动钻头开始清凿施工；钻进时控制钻压，保证钻机平稳，直至钻头钻进至设计孔深。

图 3.3-24　多牙轮筒钻安装就绪

7. **桩孔终孔验收**

（1）纠偏处理完成后，采用 ϕ2500mm 旋挖截齿钻斗反复捞渣，尽可能清除孔内沉渣。

（2）使用测绳全断面测量终孔深度。

（3）验收完毕后，进行钢筋笼安放、混凝土导管安装作业，并及时灌注桩身混凝土成桩。

3.3.7　机械设备配置

本工艺现场施工所涉及的主要机械设备见表 3.3-1。

主要机械设备配置表　　**表 3.3-1**

名称	型号及参数	备注
旋挖钻机	BG46	钻进成孔
牙轮钻筒	根据设计桩径	硬岩成孔
截齿捞渣钻头	根据设计桩径	成孔捞渣
履带起重机	SCC550E	吊放护筒、钢筋笼等
挖掘机	PC220-8	场地平整，渣土转运
电焊机	ZX7-400T	焊接钻头、钢筋笼制作
全站仪	iM-52	桩位测放、垂直度检测等
泥浆泵	3PN	泥浆循环

3.3.8　质量控制

1. **桩位及垂直度控制**

（1）桩位由测量工程师现场测量放样，报监理工程师复核。

（2）旋挖钻机就位时，校核钻斗底部中心与桩点对位情况，如发现偏差超过设计值，及时纠偏调整。

（3）护筒埋设后采用十字交叉线校核护筒位置，允许偏差不超过 50mm。

（4）钻进过程中，通过钻机操作室自带垂直控制对中设备进行桩位垂直度监测。

2. **旋挖钻进成孔**

（1）采用大扭矩旋挖钻机分级扩孔作业。

（2）钻进成孔时，采用优质泥浆护壁，以确保上部土层稳定。

（3）完成硬岩钻进后及时采用专用捞渣钻头进行孔底清渣，避免钻渣在桩孔底部重复破碎。

3. **小直径截齿捞渣钻头配合测绳分段查探桩孔**

（1）测绳端头连接的钢筋牢固，防止钢筋卡住或掉落。

（2）钻头和测绳在平移试探时匀速平移，每个探点都能准确探明情况。

（3）钻头在试探到障碍物时，在护筒上做位置标记，以便精准探明残存岩体的位置。

（4）测绳在下放试探时，下探点间距不宜过大，防止试探不准确。

4. **旋挖多牙轮组筒钻对孔底残留岩体纠偏清凿**

（1）加工安装牙轮组时，选用的钢板和牙轮的型号和强度满足钻进要求，确保能有效处理残留岩体。

（2）钢板和牙轮的焊接牢固，防止纠偏过程中脱落。

（3）多牙轮组的尺寸、排列、间距、布置满足对残留岩体全断面钻凿，防止清凿不彻底。

（4）钻头下放至残留岩体位置后，缓慢下压转动钻头开始清凿施工，钻进过程中控制钻压，保证钻机平稳。

3.3.9 安全措施

1. **截齿捞渣钻头配合测绳分段查探桩孔**

（1）用测绳配合探孔时，在护筒口铺设钢筋防护网，施工人员站立在防护网上，以便全断面量测孔底情况。

（2）截齿捞渣钻头在探孔时，保持匀速平移，以免残留的岩体对钻头造成损伤。

2. **旋挖多牙轮组筒钻对孔底残留岩体纠偏清凿**

（1）焊接牙轮时，操作人员持证上岗，戴好安全防护用具作业。

（2）钻头焊接时采用木榫固定，防止钻头滚动伤人。

（3）焊接完一组牙轮后需要翻动钻头焊接下一组时，采用起重机操作，吊装作业时人员和钻头保持安全距离。

（4）旋挖钻机钻进作业时，机械回转半径内严禁站人；钻机成孔时，如遇卡钻，则停止下钻，未查明原因前不得强行启动。

3.4 大直径旋挖灌注桩硬岩小钻阵列取芯钻进技术

3.4.1 引言

对于大直径旋挖灌注桩硬岩钻进，通常多采用分级扩孔钻进工艺，即采用从小直径取芯、捞渣，逐步分级扩大钻进直径，直至达到设计桩径，如直径 2800mm 的灌注桩旋挖入岩，一般从小孔逐步扩大分级扩孔施工，具体分级钻进见图 3.4-1、图 3.4-2。

旋挖硬岩分级扩孔工艺钻进时，需要配备各种不同直径的旋挖入岩筒钻和捞渣钻斗，钻进和清渣过程中需频繁更换钻头，增加了旋挖钻机起钻的次数，直接影响钻进效率；同时，随着分级钻头直径的加大，其在硬岩中的扭矩也将增大，其钻进速度慢，钻进效率低。

以深圳市南山区粤海门村桩基础工程为例，本工程基础采用大直径钻孔灌注桩，设计桩径 1200～2600mm，其中 2200mm 及以上桩径共 28 根，桩端以微风化花岗岩为持力层，且进入持力层不小于 1.0m，微风化饱和单轴抗压强度 76.8MPa。场地灌注桩施工遇到的主要问题表现为中、微风化入岩深度大，岩石硬度高。为解决大直径旋挖灌注桩入硬岩钻进存在的上述问题，经过现场试验、优化，总结出一种旋挖硬岩“小钻阵列取芯、大钻整体凿平”的钻进方法，即当旋挖钻进至硬岩时，采用一种小直径截齿筒钻，按照阵列依次取芯、旋挖钻斗捞渣，最后采用设计桩径筒钻整体一次性凿平的钻进工艺，大大提升了钻进效率，取得了显著成效。

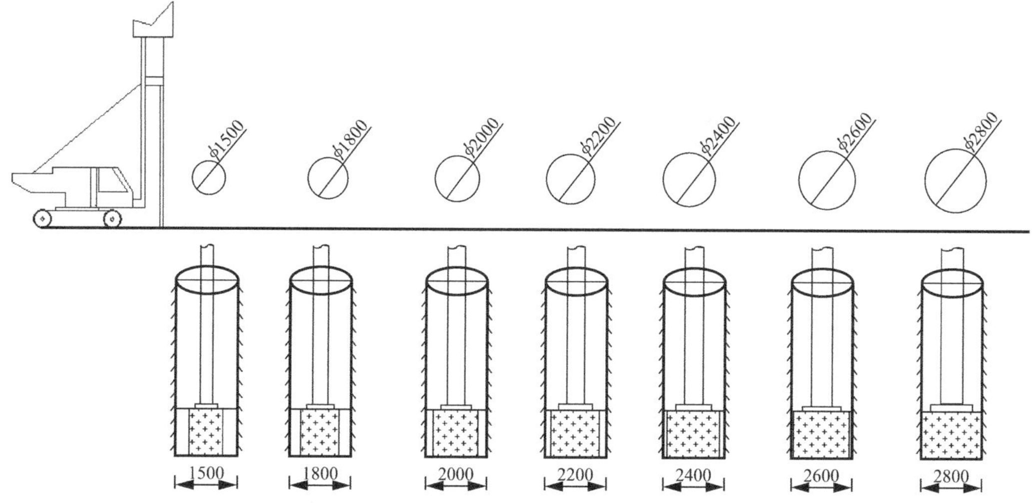

图 3.4-1　旋挖硬岩钻进分级扩孔级数、级差示意图

图 3.4-2　硬岩分级钻进使用的系列截齿取芯筒钻

3.4.2　工艺特点

1. 硬岩钻进效率高

通常采取的分级扩孔硬岩旋挖钻进后期扭矩逐渐加大，钻进速度慢、效率相对较低，本工艺硬岩始终采用小直径截齿筒钻取芯钻进，钻进过程始终处于小扭矩状态，硬岩钻进速度快、钻进效率高。

2. 优化现场管理

采用硬岩分级扩孔钻进，需要准备各种不同直径的截齿和捞渣钻头，对钻头的使用量非常大，本工艺只需要大、小两种旋挖钻头就能解决硬岩钻进，大大减少了钻头种类和数量，优化了施工现场的管理。

3. **降低综合成本**

采用本钻进施工工艺，加快了成孔进度，减少了施工机具投入，有效降低了施工综合成本。

3.4.3 适用范围

适用于入中、微风化岩的大直径灌注桩钻进，适用于桩径2200mm及以上的旋挖灌注桩成孔。阵列钻进深度不宜超过50m。

3.4.4 工艺原理

1. **小直径阵列孔硬岩钻进原理**

本工艺在旋挖钻进硬岩时，采用小直径钻孔依次阵列排列钻进，钻进时钻头的直径越大，其克服硬岩内进尺的阻力越大，所需要的钻进扭矩越大。因此，本工艺利用大扭矩旋挖钻机采用小直径钻孔钻进，有效地减小了硬岩的钻进阻力。同时，根据旋挖钻进岩石破碎理论，当旋挖钻头附近存在自由面时，钻头钻进侵入时围岩容易产生侧向的破碎，这样有利于后续阵列孔的硬岩钻进，大大提升了入岩效率。

2. **小直径阵列孔布原则**

本工艺所述的“小钻阵列取芯、大钻整体凿平”的钻进方法，其小钻阵列取芯孔的布设与硬岩强度、旋挖钻机扭矩、灌注桩设计桩径等相关。

根据实际施工经验，对不同灌注桩设计桩径在不同强度硬岩中的布孔方式进行了原则性设计，具体布孔方式见表3.4-1；实际钻进施工过程中，可根据现场使用的旋挖钻机功率和工况进行调整。

阵列布孔方式 **表3.4-1**

设计桩径(mm)	岩石饱和抗压强度					
	岩石饱和抗压强度<40MPa			岩石饱和抗压强度>40MPa		
	阵列孔径	大断面孔径	布孔排列	阵列孔径	大断面孔径	布孔排列
2200	1000	2200	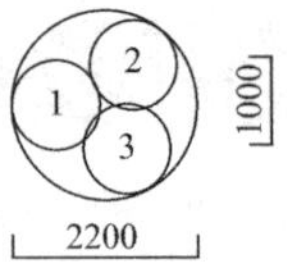 2 1 3 1000 2200	1000	2200	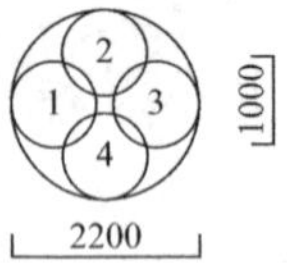 2 1 3 4 1000 2200
2500	1200	2500	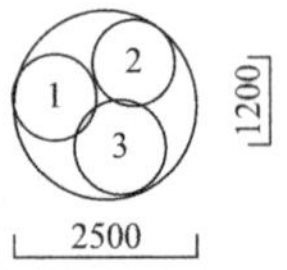 2 1 3 1200 2500	1200	2500	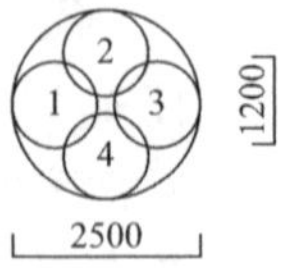 2 1 3 4 1200 2500
2800	1400	2800	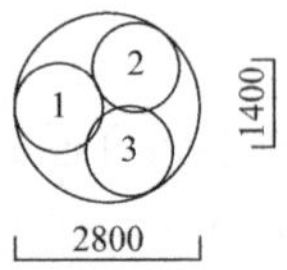 2 1 3 1400 2800	1200	2800	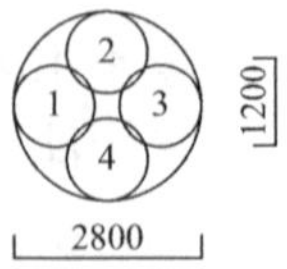 2 1 3 4 1200 2800

续表

设计桩径（mm）	岩石饱和抗压强度					
	岩石饱和抗压强度＜40MPa			岩石饱和抗压强度＞40MPa		
	阵列孔径	大断面孔径	布孔排列	阵列孔径	大断面孔径	布孔排列
3000	1500	3000	1 2 3 1500 3000	1400	3000	1 2 3 4 1400 3000

3. **阵列钻孔回次进尺控制**

硬岩钻进根据阵列孔直径大小、硬岩强度和使用的旋挖钻筒的高度，一般阵列小钻回次进尺控制在 1.5～2.0m。

3.4.5　施工工艺流程

旋挖灌注桩入硬岩“小钻阵列取芯，大钻整体凿平”施工工艺流程见图 3.4-3。

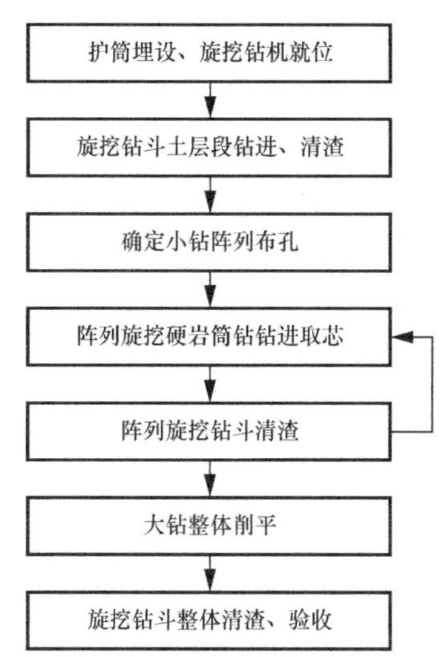
护筒埋设、旋挖钻机就位
旋挖钻斗土层段钻进、清渣
确定小钻阵列布孔
阵列旋挖硬岩筒钻钻进取芯
阵列旋挖钻斗清渣
大钻整体削平
旋挖钻斗整体清渣、验收

图 3.4-3　旋挖灌注桩入硬岩的“小钻阵列取芯，大钻整体削平”的阵列取芯施工工艺流程图

3.4.6　工序操作要点

以桩径 2200mm 灌注桩硬岩钻进为例进行说明。

1. **护筒埋设、旋挖钻机就位**

（1）护筒埋设：桩位放点后，在护筒外 1000mm 范围内设桩位中心十字交叉线，并设四个护桩，用作护筒埋设完毕后的校核，具体见图 3.4-4。

（2）旋挖钻机就位：场地处理平整坚实，并在钻机的履带下铺设钢板，钻头采用十字交叉法对中孔位，见图 3.4-5。

图 3.4-4　护筒埋设

图 3.4-5　旋挖钻机就位

（3）旋挖钻机型号选择：根据设计灌注桩桩径、嵌岩深度及强度，选择 SR360 旋挖钻机施工。

2. 旋挖钻斗土层段钻进、清渣

（1）土层包括强风化岩及以上地层采用旋挖钻斗钻进。

（2）土层钻进按设计桩径 2200mm 一径到底，直至强风化底、中风化岩面。

（3）土层钻进过程中，采用优质泥浆护壁；钻进至持力层岩面后，及时采用清渣平底钻斗反复捞渣。

3. 确定小钻阵列布孔

（1）小钻阵列布孔方式选择见表 3.4-1。

（2）粤海门村桩基微风化饱和单轴抗压强度平均达 76.8MPa，本项目在微风化硬岩层钻进时，选择采用 4 个 1000mm 直径筒钻沿桩身依次钻 4 个取芯孔的阵列布孔方案，具体钻孔阵列孔布孔方式见图 3.4-6。

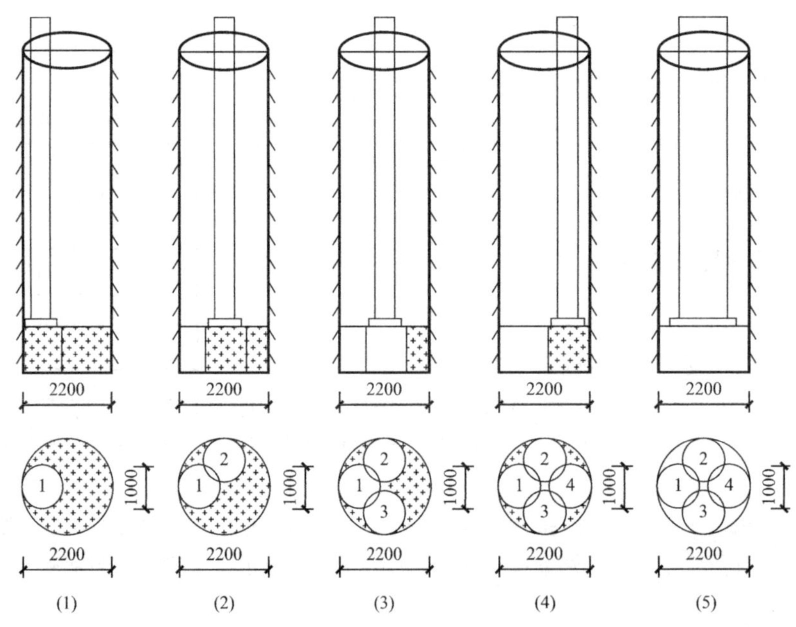

图 3.4-6　桩径 2200mm 灌注桩硬岩小钻阵列取芯钻进布孔示意图

4. 阵列旋挖硬岩筒钻钻进取芯

（1）采用直径 1.0m 的旋挖截齿筒式钻头，为确保取芯长度，旋挖钻头长度 1.6m，具体见图 3.4-7。

（2）钻进时，按布设的孔位依次钻进，并采用优质泥浆护壁，现场钻进情况见图 3.4-8。

（3）阵列孔钻进时，控制钻压，保持钻机平稳；当钻进至筒钻四次，入岩深度后，采用专用取芯筒钻将岩芯取出，具体见图 3.4-9。

（4）完成第一个阵列孔钻进后，稍调整旋挖钻机位置，逐个进行其他阵列孔取芯钻进，具体见图 3.4-10。

（5）当阵列孔全部取芯钻进完成后，采用旋挖筒钻再一次入孔，并对中钻进，以消除后续大钻全断面钻进时的阻碍。

图 3.4-7　旋挖截齿钻筒

图 3.4-8　ϕ1.0m 旋挖筒钻阵列孔钻进

图 3.4-9　ϕ1.0m 旋挖筒钻阵列孔硬岩钻进取芯

图 3.4-10　ϕ1.0m 旋挖筒钻阵列孔移位依次钻进

5. **阵列旋挖钻斗清渣**

(1) 阵列孔钻凿取芯作业后，孔内残留较多岩渣时，则及时进行孔底清渣。

(2) 阵列孔清渣采用专用的旋挖清渣钻斗，具体如图 3.4-11。

6. **大钻整体凿平**

(1) 把阵列旋挖 1000mm 的小直径筒钻换成设计桩径的 2200mm 大直径筒钻，安装好之后，把筒钻中心线对准桩位中心线，具体见图 3.4-12。

图 3.4-11　阵列旋挖清渣钻斗

图 3.4-12　ϕ2200mm 筒钻钻进

(2) 旋挖钻机大钻整体钻进过程中，注意控制钻压，轻压慢转，并观察操作室内的垂直度控制仪，确保钻进垂直度。旋挖钻斗最后整体凿平见图 3.4-13。

7. 旋挖钻斗整体清渣、终孔验收

(1) 换 ϕ2200mm 直径钻斗进行反复捞渣，经 2～3 个回次将岩块钻渣基本捞除干净，具体见图 3.4-14。

(2) 终孔后，用测绳测量终孔深度。

(3) 验收完毕后，进行钢筋笼安放、混凝土导管安装作业，并及时灌注桩身混凝土成桩。

图 3.4-13　旋挖钻机最后整体削平

图 3.4-14　旋挖钻机整体钻斗清孔捞渣

3.4.7　机械设备配置

本工艺现场施工所涉及的机械设备见表 3.4-2。

主要机械设备配置表　　表 3.4-2

材料设备名称	型号	功能
旋挖钻机	SR360kN·m	钻进
旋挖钻斗	设计桩径	土层钻进
截齿筒式钻头	ϕ1000 阵列孔小直径钻头	硬岩钻进取芯
旋挖捞渣斗	设计钻孔直径、阵列孔	钻孔捞渣
挖掘机	PC220	场地平整、辅助配合
铲车	5t	钻渣倒运
电焊机	BX1-250	旋挖钻头维修

3.4.8　质量控制

1. 桩位偏差

(1) 桩位由测量工程师现场测量放线，报监理工程师复核。

(2) 钻机就位时，校核钻斗底部尖与桩点对位情况。

(3) 护筒埋设后用十字线校核护筒位置偏差，允许值不超过 50mm。

(4) 钻进过程中，通过钻机操作室自带垂直控制对中设备进行桩位控制。

2. 桩身垂直度

(1) 钻机就位前，进行场地平整，钻机履带下横纵向铺设不小于 20mm 钢板，防止钻机出现不均匀下沉导致孔位偏斜。

(2) 钻进过程中，发现偏差及时纠偏。

3. 硬岩钻进

(1) 采用大扭矩旋挖钻机取芯作业，以确保硬岩正常钻进。

(2) 硬岩阵列取芯时，始终采用优势泥浆护壁，以确保上部土层的稳定。

(3) 阵列孔取芯钻进后，及时进行清渣，避免钻渣重复在孔底多次破碎。

(4) 大钻整体凿平至设计桩底后，采用专用的捞渣钻头清底。

3.4.9　安全措施

1. 硬岩钻进

(1) 对施工场地进行平整处理，确保旋挖钻机平稳钻进。

(2) 硬岩钻进时，旋挖钻头的截齿或牙轮及时更换，确保钻进效率。

2. 现场安全管理

(1) 现场泥浆池周边设置安全围栏。

(2) 钻孔完成钻进后，及时进行回填、压实。

(3) 钻机移位时，由专人现场统一指挥，无关人员撤离作业现场，避免发生桩机倾倒事故。

(4) 孔口钻渣及时派人清理，集中堆放和及时外运，不得堆放至孔口 1m 范围内。

(5) 现场施工人员佩戴个人安全防护用具。

3.5　大直径旋挖灌注桩硬岩阵列取芯分序钻进技术

3.5.1　引言

灌注桩旋挖钻进硬岩时，钻头的直径越大，其克服硬岩内进尺的阻力越大，所需要的钻进扭矩也越大。对于大直径硬岩钻进，除分级扩孔钻进外，常采用硬岩小直径钻孔阵列取芯钻进法，即当旋挖按设计桩径全断面钻进至硬岩面时，改用相同的小直径旋挖筒钻，按照阵列布孔依次取芯、旋挖钻斗捞渣，最后采用设计桩径筒钻整体一次性凿平的钻进工艺，这种方法采用小直径筒钻逐孔钻进，有效提升了硬岩段的钻进效率，可广泛用于大直径灌注桩硬岩钻进施工。

如直径 2400mm 的灌注桩硬岩钻进时，常采取 4 个直径 1200mm 阵列孔布置，使用旋挖筒钻逐孔钻进施工，具体阵列孔位布置见图 3.5-1。

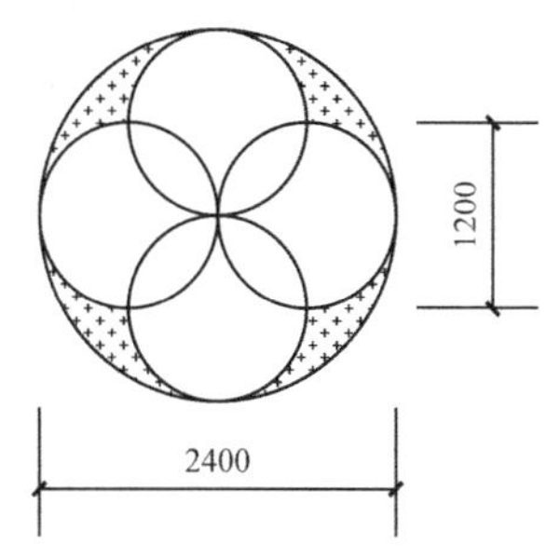

图 3.5-1　直径 2400mm 灌注桩硬岩阵列取芯钻进布孔示意图

在实际现场施工旋挖灌注桩时，对于布置的阵列孔没有明确规定钻进时钻孔的施工顺序，现场随孔进行钻进，使得在后继孔的钻进过程中，随着孔内临空面的形成，钻头受力不均容易造成偏孔，需要反复进行纠偏，甚至会造成桩孔垂直度难以满足设计要求。

为解决硬岩阵列孔无序钻进造成的上述问题，针对小直径阵列孔钻头在孔底钻进时的受力工况进行详细分析，从最有利于钻进并对下序孔影响最小方面综合研究，对阵列孔钻进的顺序进行了优化。

3.5.2 工艺特点

1. 钻进效果好

采用本工艺所述的阵列钻孔顺序钻进取芯时，综合考虑了每一个钻孔在钻进时钻头的受力工况，提供了最利于每一个阵列孔硬岩钻进的条件，避免阵列孔钻进时偏孔而导致钻孔垂直度超标，有效提高了钻孔质量。

2. 降低钻进成本

采取优化的阵列孔钻进顺序，硬岩钻进取芯效率高，减少了阵列孔纠偏的时间和材料消耗；同时，减少了后续大钻钻进的难度，节省大量的纠偏时间，综合降低了钻进施工成本。

3.5.3 阵列孔钻进分序原理及优化分析

本工艺所述的阵列取芯顺序之所以至关重要，是由于随着孔内逐个孔钻进取芯后，孔内阵列孔钻进的位置、临空环境、钻头钻进受力均发生变化，造成后继孔失去有效支撑，容易出现钻进偏斜而导致垂直度超标。

当旋挖钻机在钻进时，钻杆和钻头呈现顺时针方向旋转，在钻孔内由于钻孔内岩壁会对钻头起一定支撑作用，而且还未进行钻取区域的岩面也对钻头有一定依托作用，当钻孔还未形成临空时，无论选取在哪一侧进行钻进都会较容易。但当完成其他钻孔钻进后，其就形成临空面，在钻头旋转时就容易出现受力不均的情况。

以直径为 2400mm 的旋挖灌注桩孔内硬岩阵列孔入岩取芯钻进为例，选取直径 1200mm 的阵列孔进行钻进，4 个阵列孔位置具体见图 3.5-1。由于在进行首孔钻进时，钻孔的周边均为岩层所依托，钻进相对比较容易。但是，在阵列孔首孔钻进后，即形成了临空条件，使得邻近钻孔钻进时会出现受力不均的现象。因此，通过先难后易的施工顺序对阵列孔的顺序进行优化，即先施工最难施工的钻孔，后施工相对容易钻进的钻孔，通过这种反推法来进行钻进过程工况分析，并得出相应的优化钻进顺序。

1. 最后一个阵列钻孔钻进工况分析

在其他三个钻孔已施工完成的情况下，剩下最后一个钻孔待施工，通过图示最后一个钻孔所处的位置，其位置分布见图 3.5-2 的 4 种情况。

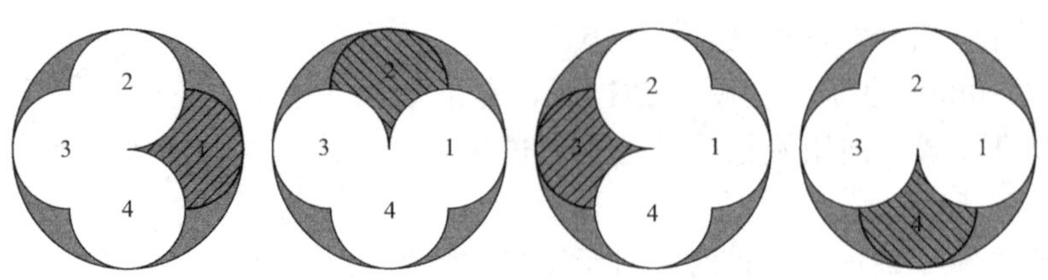

图 3.5-2 最后一个阵列钻孔所处 4 个平面位置图

通过图 3.5-2 最后一个钻孔所处的位置，可以显示出钻孔周边临空面和孔壁位置，具体钻进先后及其临空面情况见图 3.5-3，图 3.5-3 中旋挖钻机位置处于正下方，图中箭头指向为旋挖钻机的回转钻进方向。从图 3.5-3 中可以显示，当在其余 3 个钻孔都已施工完成的情况下，1～3 号钻孔均处于没有侧限受力约束的状态，而 4 号钻孔则靠近旋挖钻机一侧。相对于 1～3 号钻孔来说，其钻进时的工况及受力较为稳定，不容易发生钻头偏移的现象。由此，确定 4 号钻孔最后钻进为相对最容易施工的钻孔。

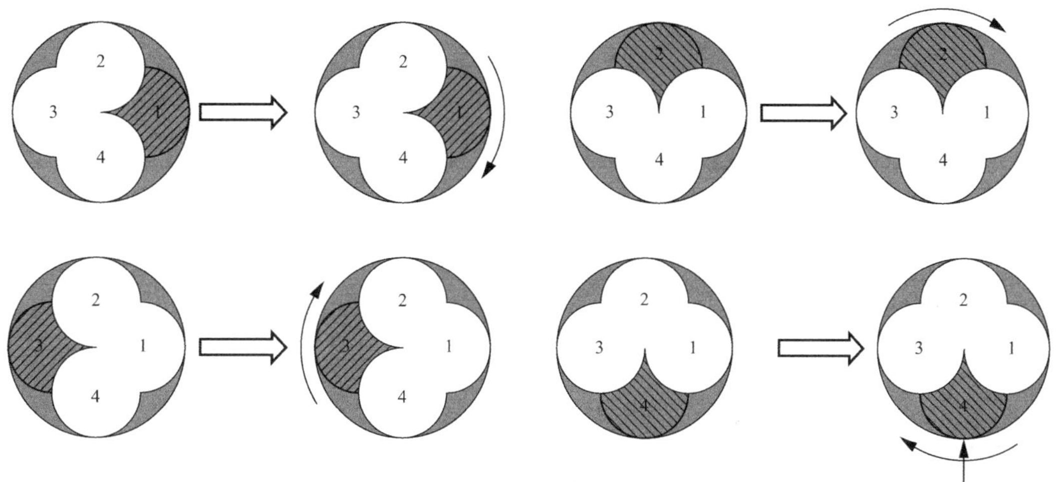

图 3.5-3 最后一个阵列钻孔孔内位置分布及钻进工况分析示意图

2. 剩余三个阵列钻孔优先钻进工况分析

通过上述分析结果可得，4 号钻孔为最容易施工的钻孔，所以 4 号阵列孔最后施工。接下来，对在只有 4 号钻孔未施工的情况下，分析其他 1 号、2 号、3 号钻孔施工的难易程度，其阵列孔平面位置布置见图 3.5-4。

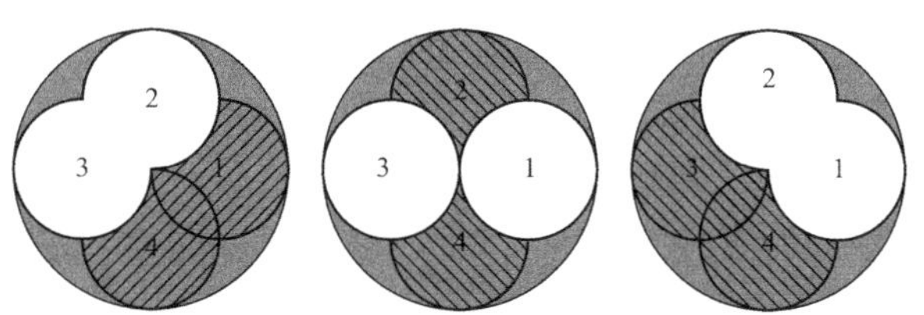

图 3.5-4 剩余三个阵列钻孔平面位置图

对图 3.5-4 中每个钻孔钻进时的受力情况进行分析（图 3.5-5），结果显示 2 号钻孔临空面大，相对 1 号、3 号钻孔来说受力面积较小，容易发生偏孔；而 1 号、3 号钻孔钻进时会受到 4 号孔和孔壁的支撑。综合分析，2 号钻孔是相对最难施工的钻孔，1 号、3 号钻孔钻进难度稍大。由此，剩余三个钻孔中 2 号钻孔最先施工。

3. 剩余两个阵列钻孔钻进时受力工况分析

前述已经确定，2 号钻孔最先施工，4 号钻孔最后施工，现在对 1 号、3 号阵列孔施工顺序进行受力工况分析，钻孔平面布置见图 3.5-6。

（1）先施工 1 号阵列孔

当先施工 1 号阵列孔，由于钻杆顺时针转动，3 号阵列孔钻进时，1 号、2 号孔形成的钻孔面较大，容易造成3号孔偏孔。具体钻进时孔内受力工况见图3.5-7。

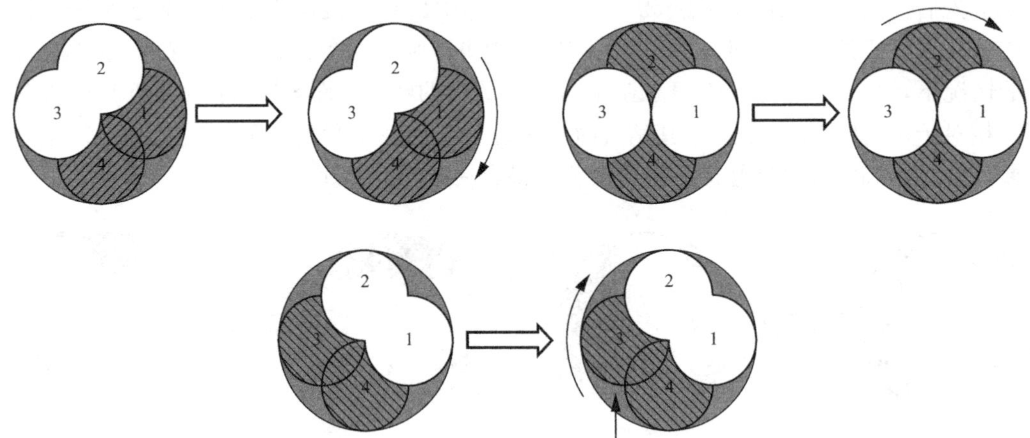

图3.5-5 剩余三个阵列钻孔平面及钻进时工况分析示意图

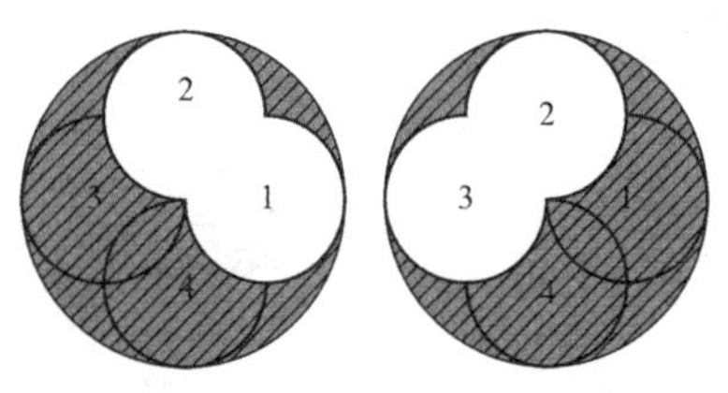

图3.5-6 2号钻孔已施工情况下1、3号钻孔平面位置图

(2) 先施工3号阵列孔

在完成3号阵列孔钻进后，1号阵列孔可以依托顺时钻方向的围岩和4号孔作为支撑，实施有效钻进。1号钻孔施工较容易，其钻进时孔内受力工况见图3.5-8。

从以上分析明显得出，1号与3号钻孔相对比，3号钻孔更难施工，因此先施工3号钻孔，再施工1号钻孔。

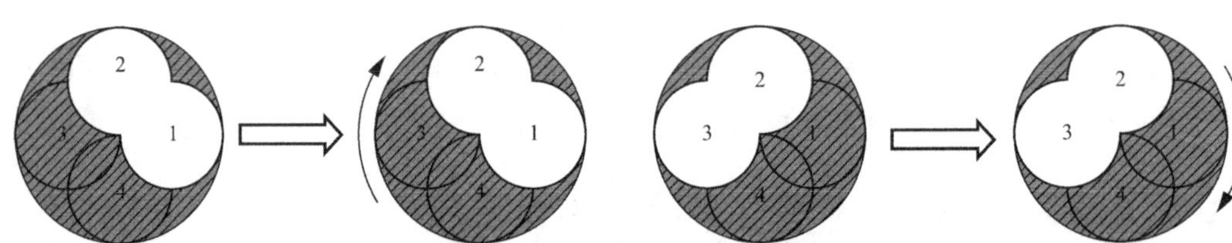

图3.5-7 先钻进1号阵列孔时3号孔受力工况分析示意图

图3.5-8 先钻进3号阵列孔时1号孔受力工况分析示意图

4. 综合分析

通过上述分析，可以得出4个直径1200mm阵列孔钻孔顺序为：2号→3号→1号→4号（图3.5-9），这样才能最简单、快捷地得到硬岩阵列取芯钻进的最优效果，进而提高钻进效率。

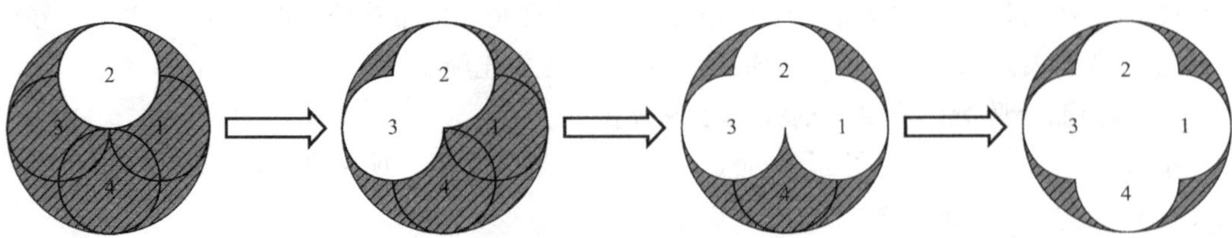

图3.5-9 四个阵列孔钻孔顺序平面布置图

第 4 章　旋挖灌注桩综合施工新技术

4.1　大直径嵌岩桩旋挖全断面滚刀钻头孔底岩面修整技术

4.1.1　引言

直径 1800mm 以上的大直径旋挖嵌岩灌注桩硬岩钻进，通常采用分级扩孔或小钻阵列取芯钻进工艺。分级扩孔钻进工艺是采用小直径旋挖筒钻头从桩中心处钻入取芯，逐步分级扩大钻进直径，直至达到设计桩径。阵列取芯钻进工艺是采用相同小直径截齿筒钻，按阵列依次取芯并采用设计桩径筒钻整体一次性凿平的钻进工艺。

旋挖钻机在入岩钻进过程中，受岩体裂隙发育程度、岩石硬度不同等影响，无论采用分级扩孔工艺还是小钻阵列取芯工艺钻进，在每一回次钻进取岩芯时，岩芯底部标高都会存在一定的差异，整体表现为凹凸或台阶状孔底，具体见图 4.1-1～图 4.1-3。

图 4.1-1　取芯岩样底面差异

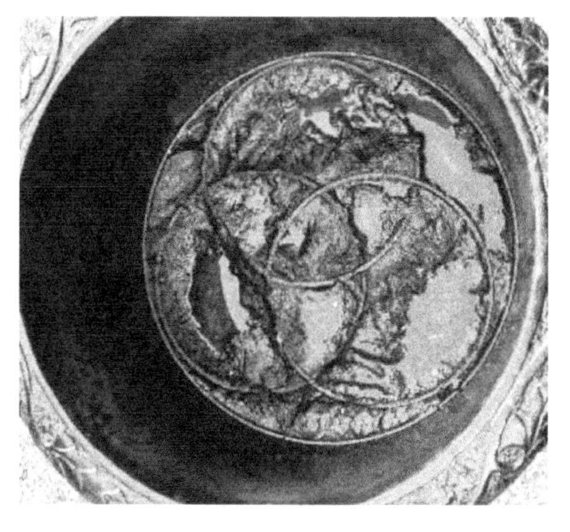

图 4.1-2　阵列钻进芯样底部裂面

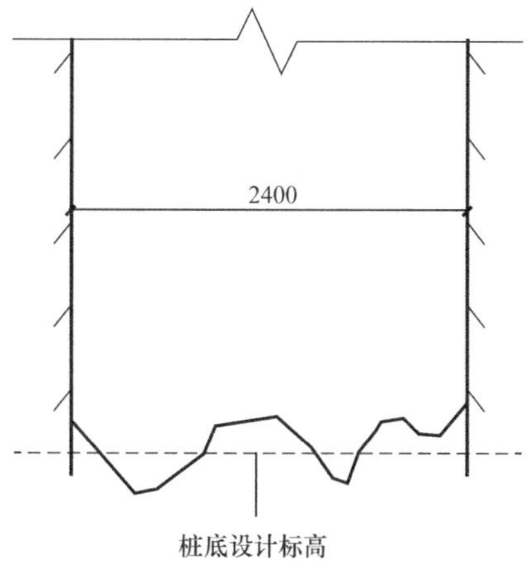

图 4.1-3　孔底岩面高差示意

从成桩后桩身抽芯检验取样结果证实，有的芯样桩底混凝土与持力层岩面倾斜面高度大（大于 50mm）呈锯齿状，具体见图 4.1-4；有的桩底混凝土与岩面间高低凹凸不平且由沉渣充填，芯样表现为接触面存在一定的斜面和空隙，导致桩底沉渣厚度超标，具体见图 4.1-5。

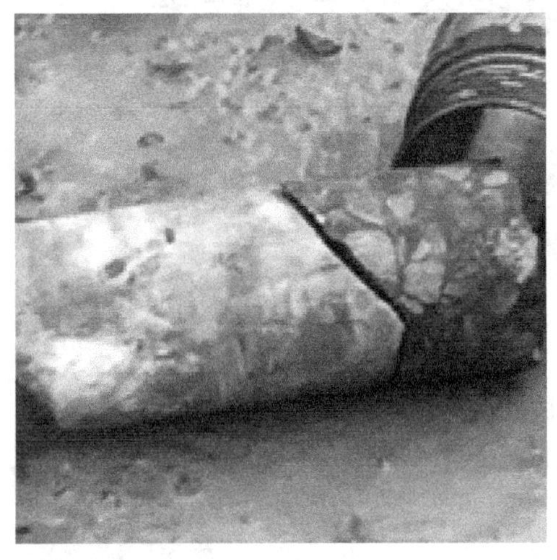

图 4.1-4　桩身混凝土与岩面呈锯齿状

图 4.1-5　桩身混凝土与岩面间沉渣超标

旋挖硬岩钻进取芯的最小回次进尺与使用的钻头直径相关，通常为钻头直径的 1.2～1.5 倍，对于采用分级扩孔或阵列取芯钻进所产生的孔底凹凸不平的状况，采用取芯钻进无法实现修平。因此，在实际施工过程中，大部分钻孔终孔后未对孔底进行修整处理，给成桩质量带来一定的隐患，尤其是当桩基要求零沉渣时更是无法满足要求。有的钻孔采用小直径筒钻咬合碎裂工艺，用小直径筒钻通过多个孔位咬合钻进，对孔底凹凸不平岩面进行碎裂修平，过程中需反复移动筒钻位置，并多次进行孔底捞渣，施工速度慢、处理效果差。如要达到完全将孔底岩面修平，需采用回转钻机配置滚刀钻头回转钻进磨平孔底，但施工中需要更换钻机，过程时间长且成本高。

针对以上大直径嵌岩桩孔底斜岩面和凹凸孔底使沉渣堆积而造成桩身孔底缺陷的问题，项目组开展了“旋挖全断面滚刀钻头孔底岩面修整施工技术”研究，在旋挖完成持力层硬岩钻进后，采用新型的旋挖滚刀钻头对孔底进行全断面的研磨修整钻进，即将旋挖钻头底部牙轮或截齿割除，底部焊接布置镶齿滚刀的钢板，采用全断面滚刀钻头对孔底岩面实施连续研磨，将孔底凹凸岩面磨平，使孔底达到完全平整，确保了捞渣钻斗清渣和后续反循环二次清孔的效果，有效提高了桩身混凝土与岩层结合的质量。

4.1.2　工艺特点

1. 施工便捷

滚刀钻头一般用于大功率、大扭矩回转钻机，利用大配重进行回转破岩钻进。本工艺首次创新将旋挖钻头改装成全断面滚切钻头，施工中利用现场的旋挖钻机，仅需更换滚刀钻头就可快捷对孔底岩面进行处理。

2. 有效控制沉渣

本工艺采用旋挖全断面滚切钻头对凹凸或台阶状孔底进行研磨修平，使后续捞渣钻斗清渣及反循环二次清孔作业不易残留岩渣，确保桩芯混凝土与岩面结合紧密，为孔底零沉渣控制创造了条件，施工质量得到显著提升。

3. **处理效率高**

本工艺利用全断面滚刀对孔底岩面进行研磨，滚刀研磨轨迹覆盖孔底全断面，通过旋挖钻机的加压钻进功能，快速、平稳将孔底不平整硬岩磨平，可实现一次下钻研磨到位，有效提高效率。

4. **效益显著**

采用本工艺对孔底岩面进行修平后，孔底完全平整，孔底沉渣易清理，极大减少了孔底沉渣厚度超标的概率，避免质量通病的发生，有效提升桩身质量，大大节省缺陷桩处理的直接费用和投资浪费、工期损失，社会效益和经济效益显著。

4.1.3　适用范围

1. 适用于桩径大于 1800mm 的大直径旋挖嵌岩灌注桩硬岩钻进成孔。
2. 适用于硬岩采用分级扩孔或阵列取芯钻进的灌注桩施工。
3. 适用于扭矩大于 360kN · m 的旋挖钻机钻进作业。

4.1.4　工艺原理

本工艺结合旋挖钻机钻进和回转钻机滚刀钻头钻进的特点和优势，首创采用旋挖钻机与滚刀钻头相结合，利用旋挖滚刀钻头对凹凸或台阶状孔底进行全断面修整磨平。本工艺关键技术主要包括旋挖滚刀钻头硬岩研磨钻进技术、旋挖滚刀钻头设计及制作工艺、孔底硬岩修整钻进施工等。

1. **滚刀钻头硬岩研磨钻进原理**

旋挖钻机利用动力头提供的液压动力带动钻杆和钻头旋转（图 4.1-6），钻进过程中钻头底部滚刀绕自身基座中心轴（点）持续转动，滚刀上镶嵌的金刚石珠（图 4.1-7）在轴向力、水平力和扭矩的作用下，连续对硬岩进行研磨、刻画并逐渐嵌入岩石中，并对岩石进行挤压破坏；当挤压力超过岩石颗粒之间的黏合力时，岩体被钻头切削分离，并成为碎片状钻渣；随着钻头的不断旋转碾压，碎岩被研磨成为细粒状岩屑（图 4.1-8），整体破岩钻进效率大幅提高。

图 4.1-6　滚刀钻头

图 4.1-7　镶齿滚刀

图 4.1-8　碎片状钻渣

2. **旋挖滚刀钻头设计**

全断面滚刀钻头一般用于大扭矩回转钻机，本工艺将旋挖钻筒与镶齿滚刀底板组合成旋挖硬岩滚刀磨底钻头，整体设计思路主要为：

（1）将旋挖钻筒底部安设截齿或牙轮的部分整体割除，与布设滚刀的底板进行焊接；旋挖钻筒的顶部结构保持原状，筒体增加竖向肋或环向肋；

（2）焊接在旋挖钻筒底部的底板上布设滚刀，滚刀研磨轨迹覆盖全断面钻孔，滚刀支架导致个别位置研磨面缺失，则采用牙轮钻头进行补充，确保全断面滚刀钻头钻进全覆盖。

旋挖全断面滚刀钻头的底板及实物见图 4.1-9、图 4.1-10。

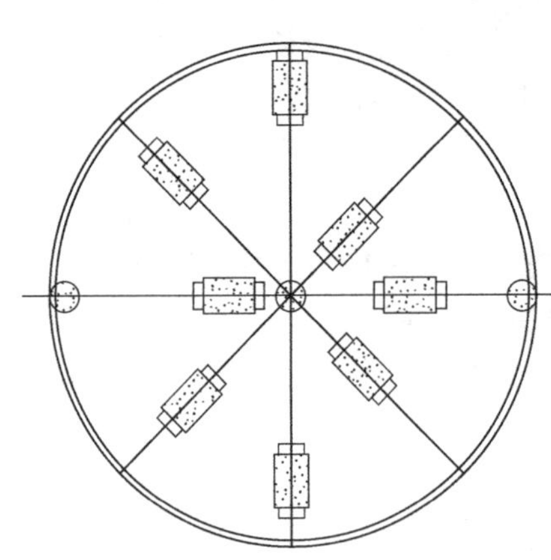

图 4.1-9 布满滚刀钻头的底板

图 4.1-10 旋挖全断面滚刀钻头实物

3. **旋挖滚刀钻头制作**

1）滚刀钻头制作流程

在制作滚刀钻头时，割除旋挖钻筒底部的截齿或牙轮，再与滚刀钻头底板焊接成全断面滚刀钻头，具体制作流程见图 4.1-11～图 4.1-13。

图 4.1-11 切割截齿后的钻筒

图 4.1-12 滚刀钻头底板

图 4.1-13 钻筒与滚刀底板焊接

2）滚刀钻头制作

（1）切割旋挖钻筒时，保证圆度和平整度。

（2）选用一块厚 60mm 的钢板，切割成与钻头直径相同的圆形底板，按设计布设的滚刀位置在底板上安装支架和滚刀，并在底板上切割若干泄压孔，以减小钻头入孔的压力。滚刀的布设和孔洞开设需保持整个钻头重心与钻头形心重合，使钻进过程中钻头不发生偏心钻进，切割布设滚刀的底板见图 4.1-14，底板泄压孔见图 4.1-15。

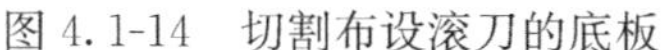

图 4.1-14　切割布设滚刀的底板

图 4.1-15　底板泄压孔

（3）将底板与钻筒焊接连接，焊接时采用内、外双面焊；同时，在筒钻内壁与底板间加焊 8 个三角钢板固定架，固定架尺寸 200mm×150mm，采用双面焊；固定架钢板厚 30cm，确保底板牢靠，具体见图 4.1-16。

图 4.1-16　底板与钻筒三角固定架

（4）旋挖钻头斗体与滚刀底板焊接成旋挖全断面滚刀钻头，具体见图 4.1-17。

图 4.1-17　旋挖全断面滚刀钻头

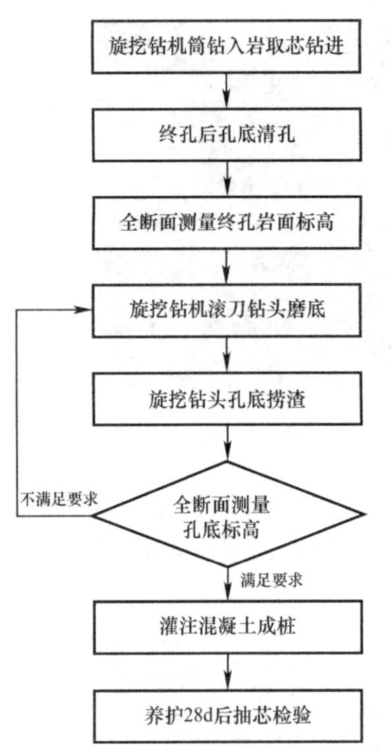

图 4.1-18　大直径嵌岩桩旋挖全断面滚刀钻头孔底岩面修整施工工艺流程图

4.1.5　施工工艺流程

大直径嵌岩桩旋挖全断面滚刀钻头孔底岩面修整施工工艺流程见图 4.1-18。

4.1.6　工序操作要点

以深汕科技生态园 A 区（2 栋、3 栋、4 栋）施工总承包桩基础工程为例，工程桩设计为钻孔灌注桩，桩径 2400mm，设计桩底入中风化岩 16m 或微风化岩 0.5m，平均桩长约 50.0m。

1. 旋挖钻机筒钻入岩取芯钻进

（1）当钻进成孔至中、微风化岩层顶时，采用分级扩孔入岩钻进工艺。

（2）分级钻进共分三级，第一级采用直径 1600mm 截齿钻筒取芯，从桩中心处钻进，每次取芯约 1.5m，直至设计入岩深度；第二级、第三级分别采取直径 2000mm、2400mm 钻筒分级钻进，直至完成设计入岩钻进。

（3）钻进过程中，采用泥浆护壁，控制钻岩转速与钻压，避免转速过快形成增压过大导致钻孔位置偏移。

2. 终孔后孔底清孔

（1）钻进至持力层时，根据钻筒取芯岩样和捞取出的岩块确定桩端持力层岩性。

（2）终孔后，采用气举反循环清孔，采用优质泥浆将孔底沉渣清除。

3. 全断面测量终孔岩面标高

（1）清除沉渣后，对孔底岩面标高进行全断面测量。

（2）为确保大直径桩孔底各点岩面的准确测量，在孔口护筒上铺设钢筋网将全孔进行覆盖，施工员在钢筋网上用测绳测量整个孔底断面的岩面标高，具体见图 4.1-19。

图 4.1-19　孔口钢筋网上测量孔底岩面标高

（3）测点位置由中心点沿 8 个方向、间隔 30cm 依次测量，并记录孔底岩面标高测量值，如发现测点高差异常，则加密测量点，测点布设具体见图 4.1-20。

（4）若测得孔底岩面标高高出或低于设计桩底标高大于 50mm，或相邻高点与低点的高差超过 50mm，则需要对孔底实施滚刀钻头磨底修平作业。

4. 旋挖钻机滚刀钻头磨底

（1）需要对孔底进行修整时，将旋挖钻机更换滚刀钻头；更换前，全面检查滚刀钻头质量，检查内容包括：底板与钻斗焊接质量、滚刀基座与底板的焊接质量、滚刀和牙轮安装质量。

（2）旋挖钻机安装滚刀钻头后，将旋挖滚刀钻头在地面进行研磨钻进试运转，检查滚刀及牙轮研磨轨迹，并从地面上滚刀金刚石珠覆盖轨迹检查滚刀的工况，具体见图 4.1-21。

（3）对滚刀钻头检查完毕后，将筒钻中心对准桩位中心线下钻，具体见图 4.1-22。

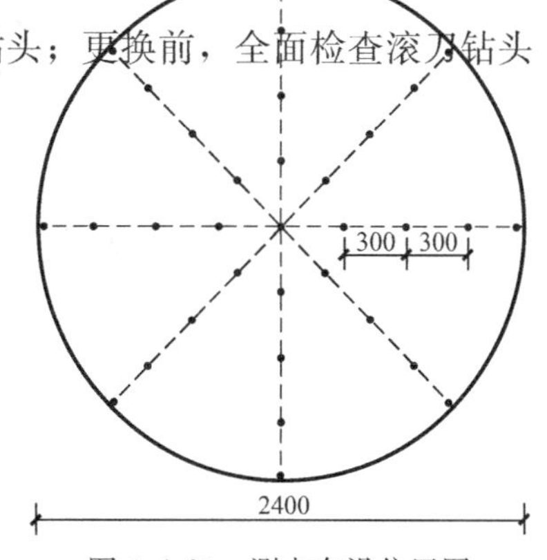

图 4.1-20　测点布设位置图

图 4.1-21　泥地滚刀钻头研磨试运转

图 4.1-22　旋挖全断面滚切钻头下钻

（4）下钻过程中，记录钻头下至孔底位置，当钻头至岩面最高点处开始钻进；旋挖滚刀钻进时，由于孔底岩面差异，注意控制钻压，保持轻压慢转。

图 4.1-23　细粒状岩渣

5. **旋挖钻头孔底捞渣**

(1) 旋挖滚刀钻头钻至孔底最低标高，更换捞渣钻头捞渣；

(2) 捞渣时，采用小压力旋转，避免由于捞渣斗的闭合空隙及底板厚度差等原因的漏渣；

(3) 孔底捞渣钻斗取出的岩渣为细粒状，具体见图 4.1-23。

6. **全断面测量孔底标高**

(1) 确认孔底捞渣干净后，再次全断面测量孔底标高；

(2) 保证测量孔底标高满足设计桩底标高且孔底高差小于 50mm，如不满足要求则重新下钻重复磨底及捞渣作业。

7. **灌注混凝土成桩**

(1) 钢筋笼按设计图纸加工制作，吊装时对准孔位，吊直扶稳，缓慢下放到位，确认符合要求后，对钢筋笼吊筋进行固定；

(2) 根据孔深确定导管配管长度，导管底部距离孔底 300～500mm，下导管前对每节导管进行密封性检查，首次使用时做密封水压试验；

(3) 在灌注混凝土之前测量孔底沉渣，如沉渣厚度超标，则采用气举反循环进行二次清孔；

(4) 二次清孔满足要求后，立即灌注混凝土；混凝土采用商品混凝土，坍落度 18～22cm，初灌采用 6m^3 的灌注斗，保证混凝土初灌导管埋深不小于 1.0m；灌注过程中，定期测量混凝土面上升高度和埋管深度，并适时提升和拆卸导管，始终保持导管埋深控制在 4～6m；灌注连续进行，直至桩顶超灌不小于 1.0m。

8. **养护 28d 后抽芯检验**

(1) 桩身混凝土灌注完成，自然养护 28d 后进行抽芯检测。

(2) 检测结果显示，经采用旋挖滚切钻头对孔底磨平处理的桩，其混凝土桩芯与岩层接触面平整且结合紧密，均表现为零沉渣，具体见图 4.1-24。

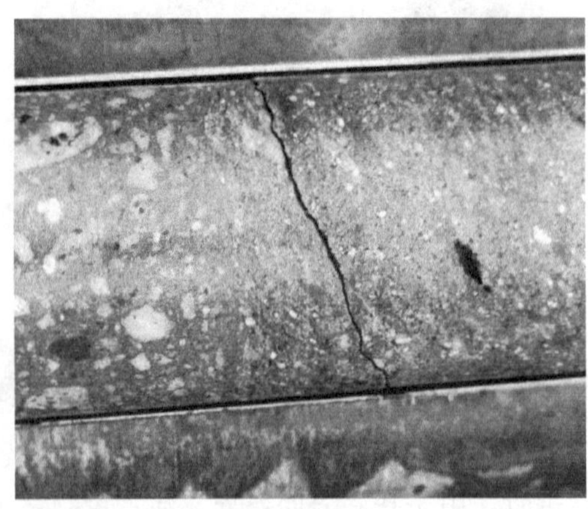

图 4.1-24　磨底处理后桩芯混凝土与岩层接触面零沉渣效果

4.1.7　机械设备配置

本工艺现场施工所涉及的主要机械设备见表 4.1-1。

主要机械设备配置表　　　　**表 4.1-1**

名称	型号及参数	备注
旋挖钻机	SR360	硬岩钻进成孔
截齿筒式钻头	直径 1600mm、2000mm、2400mm	硬岩分级扩孔
硬岩取芯钻头	直径 1600mm	硬岩取芯
旋挖全断面滚刀钻头	直径 2400mm	孔底硬岩全断面研磨
捞渣钻头	直径 1600mm、2000mm、2400mm	孔底捞取沉渣
空压机	W2.85/5	气举反循环清孔
泥浆净化器	SHP-250	泥浆净化
灌注斗	$6m^3$	灌注混凝土
灌注导管	ϕ300	灌注混凝土
电焊机	NBC-270	钻头焊接

4.1.8　质量控制

1. 旋挖入岩分级扩孔钻进

（1）采用大扭矩旋挖钻机取芯作业，以确保硬岩正常钻进；

（2）硬岩取芯时，始终采用优势泥浆护壁，以确保上部土层的稳定；

（3）钻进过程中控制桩身垂直度满足要求，确保分级扩孔过程中不偏孔。

2. 全断面滚切钻头磨底

（1）磨底前后分别测量全断面孔底标高，确保孔底标高和高差满足要求；

（2）两次测量孔底标高前采用气举反循环清孔或捞渣钻头清孔；

（3）研磨钻进时注意控制钻压，轻压慢转，滚刀或牙轮损坏时及时更换，确保研磨效果。

4.1.9　安全措施

1. 旋挖滚刀钻头制作

（1）制作时，电焊和切割由专业人员操作，操作过程满足规范要求。

（2）切割底板一次成型。

（3）底板与钻筒连接及底板加固焊接采用双面焊，焊接完成后检查是否焊接牢固。

2. 旋挖滚刀钻头磨底

（1）测量孔底标高时在护筒口铺设钢筋网，钢筋网面积大于孔口，钢筋直径为 18mm 及以上。

（2）由于滚刀钻头重量大，使用的旋挖钻机的扭矩不小于 360kN·m，确保滚刀钻头正常钻进。

（3）钻进磨底时注意控制钻压，轻压慢转，并观察操作室内的垂直度显示仪；如遇卡钻，则立即停止，未查明原因前，不得强行启动。

4.2 抗拔桩嵌岩段孔壁泥皮旋挖伸缩钻头清刷施工技术

4.2.1 引言

当建筑物上部结构荷载不能平衡地下水浮力时，结构的整体或局部会受到向上浮力的作用，如建筑物的地下室结构、地下大型水池、污水处理厂的地下生化池等，为确保建（构）筑物的使用安全，通常基础设计抗拔桩，抗拔桩依靠桩身与土层或岩层的摩擦力来抵抗产生的竖向抗拔力；当桩端嵌入岩层时，摩擦力主要由岩层段提供。

目前，灌注桩通常采用旋挖钻机成孔，钻进过程中采用泥浆护壁。为确保孔壁稳定，泥浆相对密度维持在 1.10～1.20。护壁泥浆一般由膨润土、纯碱、水及添加剂按比例配制，钻进过程中泥浆在孔壁形成一定厚度的泥皮，泥皮吸附在孔壁上可提高孔壁稳定性。但对于抗拔桩而言，泥皮的存在相当于在桩身与孔壁间添加了一层润滑剂，一定程度上使抗拔桩抗拔力降低。

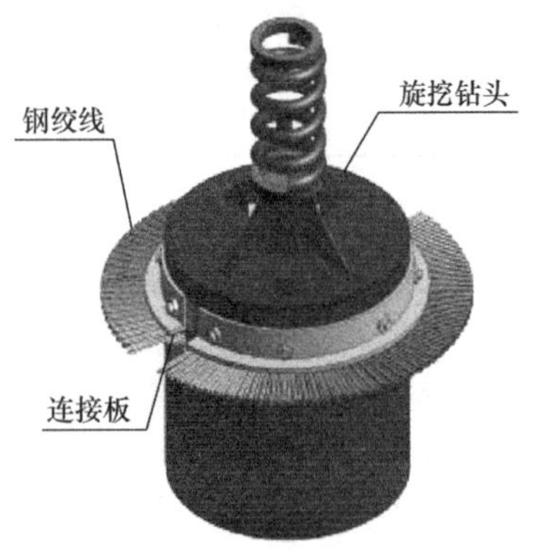

图 4.2-1　旋挖固定式刷壁钻头

为了改善泥皮对嵌岩段孔壁的附着影响，有的项目在旋挖钻头筒身上安置钢刷，对孔壁入岩段进行刷壁操作，刷壁钻头见图 4.2-1；但由于钢刷为固定式安装，其从孔口深入至孔底的过程中，会对通长孔壁进行不同程度的刷壁操作，对土层段的刷壁操作还会产生较多的泥渣掉落堆积在孔底。也有的项目使用收缩排刷钻头刷壁，刷壁钻头（图 4.2-2），由于排刷设置较复杂，钻头打开、合拢往往较困难，且受排刷安装位置的影响，其对孔底段的部分岩段无法实施有效刷壁，从而影响对岩层段的刷壁效果。

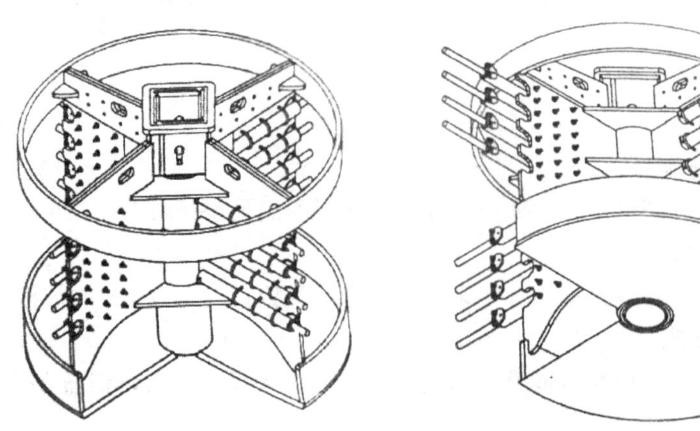
图 4.2-2　旋挖收缩式刷壁钻头

针对上述问题，项目组发明了一种桩孔内岩壁泥皮的清刷钻头，并应用于深圳前海嘉里（T102-0261 宗地）项目土石方、基坑支护及桩基础工程施工中，通过安装在旋挖钻头底部刷头的伸出、收缩，实现刷壁器对嵌岩段孔壁泥皮的有效清除；同时，避免了刷壁钻头对土层段孔壁的清刷扰动影响，从而达到保证成桩质量的目的，有效提高了抗拔力，取得了显著效果。

4.2.2　工艺特点

1. 刷壁钻头操作便利

旋挖伸缩刷壁钻头分筒身、刷壁器两部分，在车间加工制作完成后，运送至施工现场，其与通常的旋挖钻头安装、钻进操作相同，现场使用便利。

2. 有效提升抗拔桩质量

本工艺所研发的刷壁器具有“自动”伸出、收缩功能，仅对嵌岩段孔壁泥皮进行有效清除，可避免刷壁钻头对土层段孔壁产生扰动影响，有效提升了抗拔桩嵌岩段的抗拔力。

3. 有效控制成本

本工艺通过使用旋挖伸缩刷壁钻头，有效去除了抗拔桩嵌岩段孔壁上附着的泥皮，可避免常规采用加大抗拔桩直径或增加入岩深度来提高桩身抗拔力，既加快了施工进度，又能提高抗拔力，有效降低了施工成本。

4.2.3　适用范围

适用于采用旋挖钻机钻进的直径 800～1200mm 的抗拔桩硬岩段刷壁施工。

4.2.4　工艺原理

1. 刷壁钻头设计技术路线

考虑到刷壁器要实现对嵌岩段孔壁的刷壁操作，则刷壁器刷头伸出时的直径需略大于桩孔设计直径；同时，刷头直径又得小于桩孔直径，这样方可实现随钻头下放过程中与土层段无接触。因此，刷壁器刷头应具有伸缩开合的功能。

为了实现此功能，设想利用摩擦力、作用力与反作用力的原理，研制出一种具有伸缩功能的刷壁钻头；考虑到张、合是完全相反的两个动作，则可通过钻头顺时针旋转、逆时针旋转的操作，从而完成刷壁器的张开、收缩，实现刷壁器的使用功效。

2. 刷壁钻头结构

伸缩刷壁器安装在旋挖钻头筒身的底部，刷壁器由底板、限位挡板、刷头三部分组成，具体见图 4.2-3、图4.2-4，以直径 800mm 抗拔桩刷壁钻头为例说明。

图 4.2-3　刷壁钻头实物

（1）旋挖钻头筒身

筒身主要起连接作用，通过其顶部接头与旋挖钻机钻杆连接，底部与刷壁器底板焊接相连。筒身为圆柱状，是刷壁器与钻杆的中间连接部分，其由切除旋挖钻筒底部改造而成；筒身直径与刷壁钻孔的直径一致或略小，筒身长度与通常采用的旋挖钻头的长度一致，一般长约 1.2m。筒身与刷壁器连接见图 4.2-5。

图 4.2-4　伸缩刷壁器结构组成图

图 4.2-5　筒身与刷壁器连接

（2）刷壁器底板

刷壁器底板的作用主要是将限位挡板、刷头等集成于一体，形成伸缩刷壁器整体，并与钻头焊接相连，使伸缩刷壁器固定于钻头底部，由钻杆下放至桩孔底进行刷壁。底板由 3cm 厚钢板制成，直径为 800mm，底板上刻印有 3 道限位挡板安装凹槽，凹槽深 3mm，宽度 30mm，3 道凹槽相交形成的等边三角形中心点与底板圆心重合。底板正中间开设 ϕ150mm 泄压孔。距离底板圆心 250mm 处按照限位挡板安装凹槽位置均布 3 个刷头安装孔，直径 100mm，用于后续安装刷头。刷壁器底板三维见图 4.2-6。

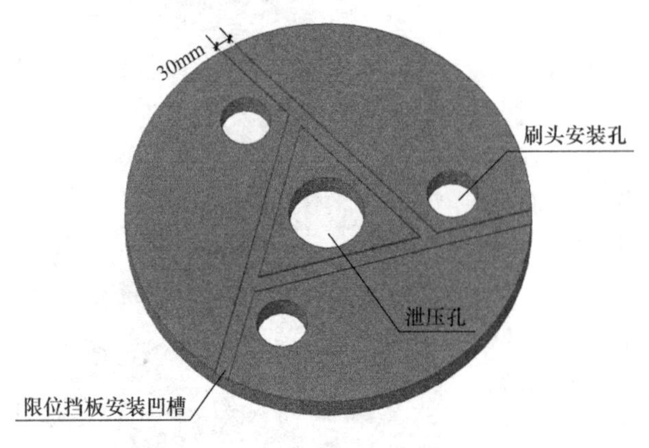

图 4.2-6　刷壁器底板三维图

（3）刷壁器限位挡板

刷壁器限位挡板主要作用在于刷壁器孔底刷壁施工时，限位挡板对刷头形成转动限制，以此实现刷头伸出、收缩的功能。限位挡板为形状规则的扁平状长方体钢块，由 28mm 厚钢板制成，长 560mm、高 140mm，置入底板刻印的凹槽并进行焊接相连，完成牢固拼接。底板上安装限位挡板三维图及实物见图 4.2-7。

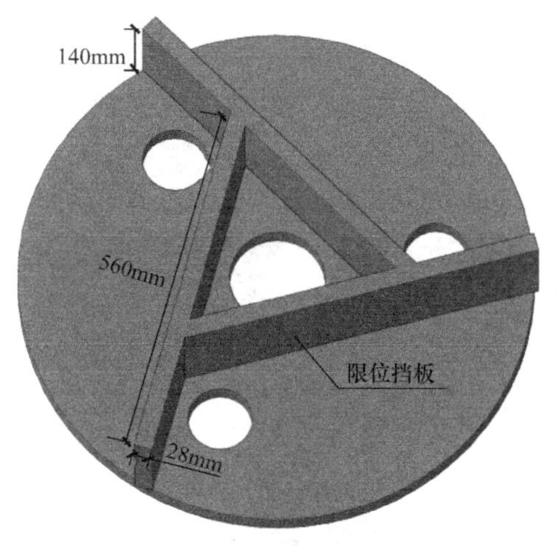

图 4.2-7　底板上安装限位挡板三维图及实物

（4）刷壁器刷头

刷头的作用主要是由刷柄带动钢丝绳刷对岩层孔壁进行泥皮清刷，刷头由刷柄和钢丝绳刷毛组成，具体见图 4.2-8。

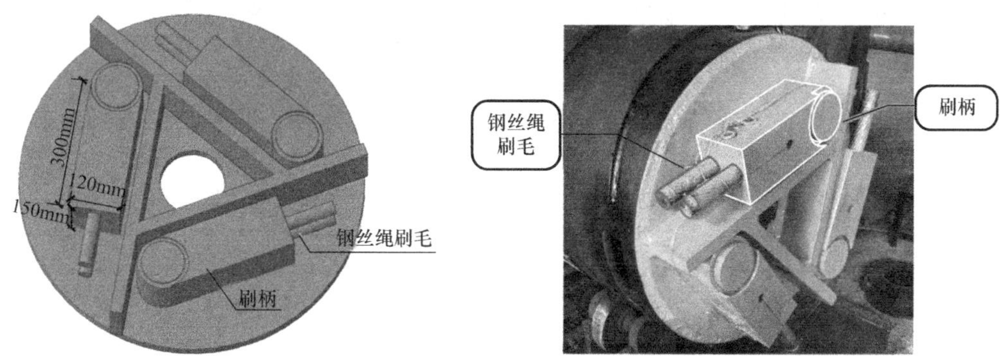

图 4.2-8　刷头三维设计图及实物

（5）刷壁器刷柄

刷柄由厚钢块制成，钢块长 300mm、宽 120mm、高 150mm，其与底板通过螺栓轴销连接，螺栓中加设安全卡销拧紧固定，以防刷壁器工作时刷柄脱离底板掉落，刷柄可绕固定螺栓轴销 360°转动，具体见图 4.2-9、图 4.2-10。

图 4.2-9　螺栓轴销实物

（6）刷壁器刷柄安装孔

刷柄短边侧面上开设 2 个钢丝绳安装孔，直径 30mm，两孔距离 70mm，刷柄长边侧面上开 2 个直径 30mm 紧固钢丝绳螺栓插入孔，刷柄短边侧面需纵向进深切割 200mm，以便后续将钢丝绳顺利插入安装孔，具体见图 4.2-11。

图 4.2-10　刷柄通过螺栓轴销与底板固定

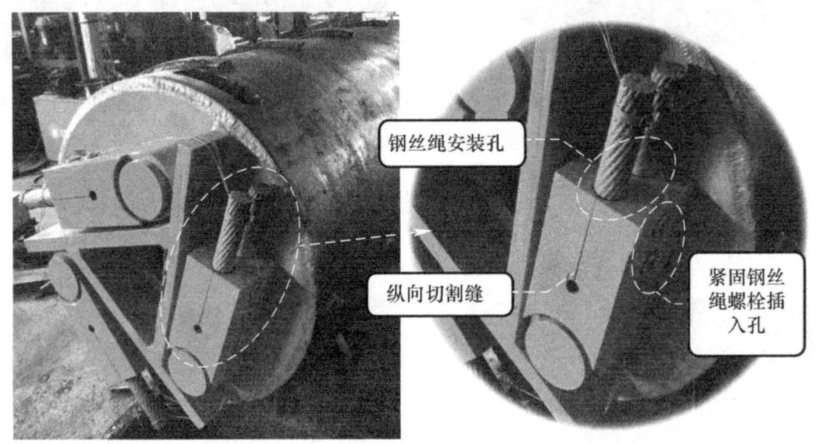

图 4.2-11　钢丝绳安装孔、紧固钢丝绳螺栓插入孔及纵向进深切割展示图

(7) 刷壁器钢丝绳毛刷

钢丝绳毛刷为刷壁时接触孔内岩层壁的部分，各刷柄 2 个安装孔内各插入 1 股 ϕ26mm 钢丝绳，钢丝绳由两颗膨胀螺栓从侧面螺栓插入孔拧入固定，避免刷壁时钢丝绳松动脱落。钢丝绳置入安装完成后，人工将钢丝绳散开呈清扫刷头状，具体见图 4.2-12。

图 4.2-12　将钢丝绳散开呈清扫刷头状

3. **刷壁钻头工作原理**

(1) 筒身顺时针旋转、刷头向外展开伸出

将伸缩刷壁器焊接于钻头底部，以刷头收缩状态随钻杆下放至孔底。顺时针方向旋转刷壁钻头，在孔底摩擦力的作用下，刷头与钻筒形成相对运动，使刷头表现为“自动外伸”，直至刷头完全张开；继续保持该方向转动钻头，刷壁器始终为伸展状态触碰到孔底岩层侧壁，完成泥皮清刷操作。当完成该层岩壁的泥皮清刷后，保持刷头状态，提升钻杆一定高度，重复进行上层岩壁的泥皮清刷，直至完成孔内整段岩层壁泥皮的清除，具体见图 4.2-13。

图 4.2-13　刷壁器刷头展开全过程（图中虚线箭头为钻头旋转方向）

（2）筒身逆时针旋转、刷头往内返回收缩

完成嵌岩段孔壁泥皮清除后，将钻头重新下放至桩孔底部，逆时针方向旋转刷壁钻头，在孔底摩擦力的作用下，刷头与钻头形成相对运动，使刷头表现为“自动内缩”，直至刷头完全收缩，此时提钻出孔即可有效避免刷壁器可能产生的对土层段孔壁的不良影响，刷头收缩过程具体见图 4.2-14。

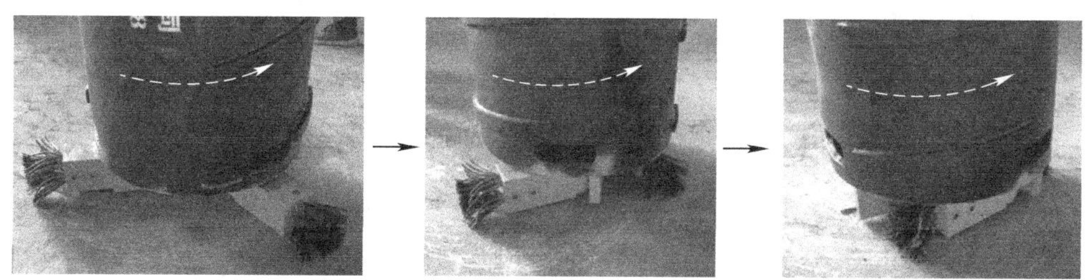

图 4.2-14　刷壁器刷头收缩过程（图中虚线箭头为钻头旋转方向）

4.2.5　施工工艺流程

抗拔桩嵌岩段孔壁泥皮旋挖伸缩钻头清刷施工工艺流程见图 4.2-15。

4.2.6　工序操作要点

1. 抗拔桩旋挖钻进至设计桩底标高

（1）使用全站仪对桩孔放样，并进行定位标识，报监理工程师复核确认。

（2）采用旋挖钻机钻孔，并埋设孔口护筒。

（3）旋挖钻进时，向孔内泵入泥浆护壁。

（4）土层段采用旋挖钻斗取土钻进，当钻头顺时针旋转时，钻渣进入钻斗，装满近一斗后将钻头逆时针旋转，底板由定位块定位并封死底部开口，提升钻头至地面积渣箱内卸土。

（5）岩层段更换截齿筒钻钻进，依靠截齿切削破岩，采用取芯钻筒取芯，再定期更换捞渣钻斗清渣，通过钻筒的旋转切削、取芯、捞渣反复循环操作，直至钻进成孔至设计入岩深度。现场旋挖钻进见图 4.2-16。

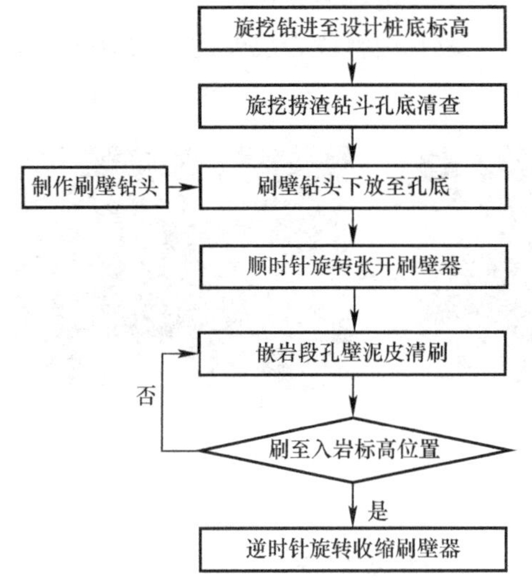

图 4.2-15　抗拔桩嵌岩段孔壁泥皮旋挖伸缩钻头清刷施工工艺流程图

图 4.2-16　旋挖钻进现场

2. **旋挖捞渣钻斗孔底清渣**

（1）钻进至终孔后，采用旋挖捞渣钻斗进行孔底一次清孔。

（2）如孔内钻渣较多，则再次进行清渣，直至将孔底钻渣清除，以确保孔底沉渣厚度符合要求。

3. **制作刷壁钻头**

（1）刷壁钻头筒身采用旧的旋挖钻头加工制作，将钻头底部进行切割处理，使底部形成平滑切割面，便于后续与刷壁器底板焊接相连，具体见图 4.2-17。

图 4.2-17　旧旋挖钻头筒身底部切割处理

（2）在加工车间使用钢板材料预制伸缩刷壁器的底板和限位挡板，并进行焊接安装，具体见图 4.2-18；将带有限位挡板的刷壁器底板与钻头筒身通过满焊方式进行焊接，具体见图 4.2-19。

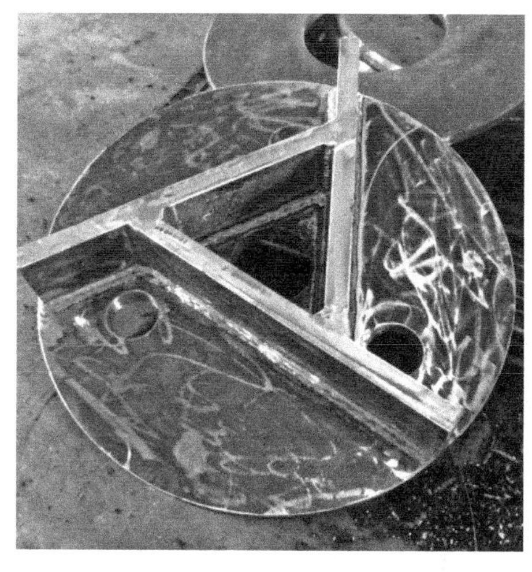
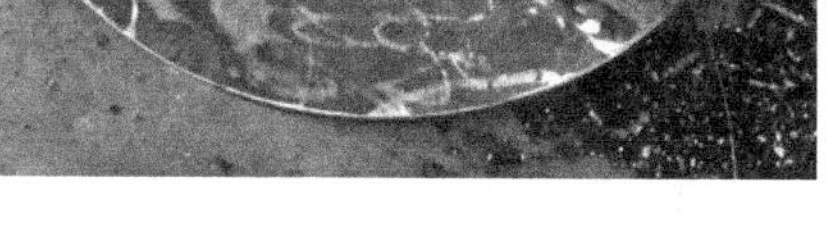

图 4.2-18　将限位挡板焊接于底板上

图 4.2-19　底板与钻头筒身焊接相连

（3）制作刷柄并将其安装在刷壁器底板上，并在刷柄上插入钢丝绳刷毛，见图 4.2-20、图 4.2-21，人工将钢丝绳散开呈清扫刷头状，操作时佩戴好防护手套，以防钢丝绳锋利伤人。

图 4.2-20　刷柄制作

图 4.2-21　安装刷柄并插入刷毛

4. 刷壁钻头下放至孔底

（1）将旋挖刷壁钻头吊运至桩位附近，见图 4.2-22。

（2）拆卸清孔用的旋挖捞渣钻头，更换为旋挖伸缩刷壁钻头，见图 4.2-23。

（3）刷壁钻头安装就位后，在现场进行试运转，确保其在孔内刷壁时的顺利开合，见图 4.2-24。

（4）刷壁器 3 个刷头呈内缩状态随钻杆下入至桩孔内，见图 4.2-25。

图 4.2-22 旋挖刷壁钻头现场调运

5. 顺时针旋转张开刷壁器

(1) 刷壁钻头整体下放至孔底硬岩处，旋挖钻机加压使钻头对孔底施以压力，使刷壁器 3 个刷头充分与桩孔底壁接触。

(2) 顺时针旋转刷壁钻头，使刷壁器 3 个刷头充分展开伸出。

6. 嵌岩段孔壁泥皮清刷

(1) 继续保持顺时针方向旋转钻头，进行最底层嵌岩段孔壁泥皮清刷施工，一层岩壁清刷根据现场地层情况需 2～3min。

(2) 完成第一层岩壁泥皮清刷后，提升钻杆向上一层岩壁进行清刷，提升高度约 10cm，持续保持顺时针方向旋转钻头实施刷壁，以此类推刷壁至入岩标高位置处。

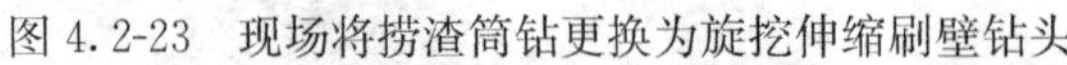

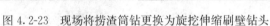

图 4.2-23 现场将捞渣筒钻更换为旋挖伸缩刷壁钻头

图 4.2-24 刷壁钻头开合试运转

图 4.2-25 刷壁钻头入孔施工

7. 逆时针旋转收缩刷壁器

（1）孔内嵌岩段孔壁全部完成清刷操作后，重新将刷壁钻头整体下放至孔底，同时对桩底施以压力，使刷壁器 3 个刷头充分与桩孔底接触。

（2）多圈逆时针旋转旋挖刷壁钻头，使刷壁器 3 个刷头向内收缩，然后将旋挖刷壁钻头提出钻孔。

（3）提钻出孔后用清水冲洗刷头，可见由于刷壁作用钢丝毛刷呈单一方向侧倾，表明刷头与硬岩壁接触效果良好，具体见图 4.2-26、图 4.2-27。

图 4.2-26　刷壁钻头出孔清洗

图 4.2-27　刷壁后钢丝绳刷毛呈单一方向

（4）冲洗干净的刷壁器可再次入孔进行嵌岩段孔壁泥皮清刷操作，反复多次后观察提出孔口的刷壁器钢丝绳毛刷上是否有泥皮残余，由此判断是否完成岩壁泥皮清刷施工。

4.2.7　机械设备配置

本工艺现场施工所涉及的主要机械设备见表 4.2-1。

主要机械设备配置表　　**表 4.2-1**

名称	型号	参数	备注
旋挖钻机	BG30	最大扭矩 294kN・m	钻进成孔
刷壁器	筒钻直径 800mm	毛刷展开直径大于设计桩径 20cm	岩壁泥皮清刷
挖掘机	PC200-8	铲斗容量 0.8m^3	场地平整、清渣
履带起重机	SCC550E	最大额定起重量 55t	吊运

4.2.8　质量控制

1. 刷壁器制作

（1）根据施工项目设计桩径的大小，进行伸缩刷壁钻头制作；制作时，严格按照钻头整体结构设计操作，下料采用自动切割机进行精密切割，拼接时焊缝密实牢固。

（2）旋挖伸缩刷壁钻头制作完成后，在加工场进行试运转，起吊钻头垂直置于平地上，先正向、后反向旋转钻头，观察刷壁器刷头是否正常伸出、收回，如出现刷头无法顺利开合的问题，需检查刷壁器各组成构件及连接部位是否存在异常情况，并重新进行调试。

2. **旋挖刷壁钻头刷壁**

（1）安装刷壁钻头后，预先在现场进行试运转，提起钻头垂直置于平地上，先正向、后反向旋转钻头，观察刷壁器刷头是否正常伸出、收回。

（2）下放钻头至桩孔底，旋挖钻机加压并保持顺时针转动钻杆，在刷头充分张开后进行泥皮清刷操作。

（3）刷壁操作过程中，为使桩孔底部嵌岩段各层孔壁泥皮得到充分清刷，向上一层刷壁时严格控制钻头提升高度，不得过快过急提起钻头，并对各层提升的钻头高度进行累加统计。

（4）完成桩底嵌岩段孔壁泥皮清刷后，重新将刷壁钻头置于孔底，旋挖钻机加压并保持多圈逆时针转动钻杆，保证刷头充分收缩后提出孔口，提升过程保持轻缓慢速。

（5）预留钢丝绳作为备用，当发现刷壁器刷头上的钢丝绳刷毛变形严重无法有效发挥泥皮清刷功能时，现场卸下刷壁钻头，拆除原钢丝绳刷毛，重新安装新钢丝绳。

4.2.9 安全措施

1. **刷壁器制作**

（1）伸缩刷壁钻头制作时，焊接作业人员按要求佩戴专门的防护用具（如防护罩、护目镜等），并按照相关操作规程进行焊接操作。

（2）钻头刷壁时受到的阻力大，对钻头各部件焊接质量要求高，使用前检查焊接质量，符合要求后使用。

2. **旋挖刷壁钻头刷壁**

（1）在制作场试运转起吊时，由专业起吊人员操作，严格按吊装操作要求作业。

（2）刷壁过程中，严禁逆时针方向旋转钻头，避免钻头钢丝绳毛刷杂乱而影响刷壁效果。

（3）定期检查钢丝绳毛刷使用情况，如出现损坏则及时更换。

4.3 易塌孔灌注桩旋挖全套管钻进、下沉、起拔一体施工技术

4.3.1 引言

在深厚易塌孔地层上进行旋挖灌注桩施工，通常需要沉入深长护筒进行护壁，将护筒穿越易塌地层，以确保孔壁稳定。

深惠城际大鹏支线土建七工区动走线特大桥位于深圳七娘山下，紧邻大鹏半岛地质公园地块，南西侧为碧洲村，北西侧为新大村。场地地层由上至下主要为：素填土、填砂层、填碎石、杂填土、淤泥质砂、砾砂、碎（卵）石、砂质黏性土、全风化花岗岩、微风化花岗岩。桥梁桩基桩径为1.0m、1.2m，持力层为微风化花岗岩，桩底最小嵌入持力层深度不小于1.5m，设计桩长16.2～30.3m。开始施工时，孔口下入8m的长护筒，护筒底进入杂填土中，施工中由于未完全隔离易垮塌地层，底部淤泥质砂、砾砂、卵石层造成严重垮孔。经现场反复研究和试验，为确保顺利成孔，制订长护筒护壁方案，需将护筒下至岩面，完全将易塌地层护住，护筒最大深度达28m。

目前，传统深长护筒的施工方法主要有三种，一是采用全套管全回转桩钻机下长护筒，配合冲抓斗进行取土钻进；二是采用全套管全回转钻机下长护筒，配合旋挖钻机进行取土；三是使用振动锤沉入超长护筒，再用旋挖钻机进行取土。以上三种方法都需要两种大型设备配合施工，工序较复杂，钻进效率低。

针对本项目在深厚易塌孔地层超长护筒施工存在的上述问题，项目组对灌注桩超长护筒的施工技术进行了研究，采用“深厚易塌孔灌注桩旋挖全套管钻、沉、拔一体施工工艺”，沉入长护筒、旋挖取土、起拔长护筒全过程均只采用一台旋挖钻机进行施工，达到了施工工效高、成桩质量好、综合成本低的效果。

4.3.2　工艺特点

1. 施工效率高

本工艺采用驱动器连接钢套管，旋挖钻机动力头通过连接器、驱动器驱动钢套管旋转压入或拔出，钢套管接长和拆卸均由旋挖钻机完成，无需其他大型机械配合加拆套管。卸除连接钢套管插销后，旋挖钻机可直接在套管内钻进取土，大大提升了施工效率。

2. 成桩质量好

本工艺采用全套管跟管钻进，利用钢套管护壁，无孔壁坍塌、缩径等风险，无需泥浆护壁，清洁环保；钢套管护壁，成孔质量高，垂直度易于控制，确保了成桩质量。

3. 综合成本低

灌注桩整个施工过程包括下沉钢套管、旋挖钻进、出土，仅使用一台旋挖钻机施工，大型施工机械用量少，节省了大量的机械使用费用；施工时，旋挖拔出套管后随即接入另一孔的套管上钻进，整体流水组织作业，减少了辅助作业时间，施工效率高，总体综合成本低。

4.3.3　适用范围

1. 适用于扭矩不小于 380kN・m 的旋挖钻机施工；
2. 适用于含地下水丰富、深厚易塌地层钻进；
3. 适用于桩径不大于 1500mm、跟管套管长度不大于 35m 的基坑支护桩和工程桩施工。

4.3.4　工艺原理

本工艺采用大扭矩旋挖钻机施工，将驱动器通过连接器与旋挖钻机的动力头用连接销连接，旋挖钻机动力头输出扭矩和施加下压力带动驱动器，使与驱动器相连的首节钢套管带筒靴切入土中。当钢套管沉入困难时，解除钢套管与驱动器的连接销，旋挖钻机在钢套管内下放旋挖钻头取土作业，以减少钢套管的摩阻力。完成取土后，通过旋挖钻机接长钢套管旋转并下压钢套管继续沉入。如此循环沉入钢套管、接长钢套管、旋挖取土等步骤，直至将钢套管下沉穿越易塌地层。

在完成钢筋笼吊放、桩身混凝土灌注后，再使用旋挖钻机将钢套管逐节拔出。起拔钢套管前，先安放好孔口套管起拔夹持平台，当下节钢套管拔出地面约 1m 时，使用孔口套管起拔夹持平台将钢套管固定，再松开钢套管间的连接销，将钢套管移至下一根桩孔内沉入，循环作业直至拔出全部钢套管。

1. 旋挖钻机与套管接驳连接原理

1）套管接驳连接

本工艺采用旋挖钻机接驳套管钻进，套管接驳主要构件包括连接器、驱动器、钢套管、带刀齿筒靴等，由工厂加工制作。连接器、驱动器、钢套管、带合金齿筒靴分别见图 4.3-1～图4.3-4。

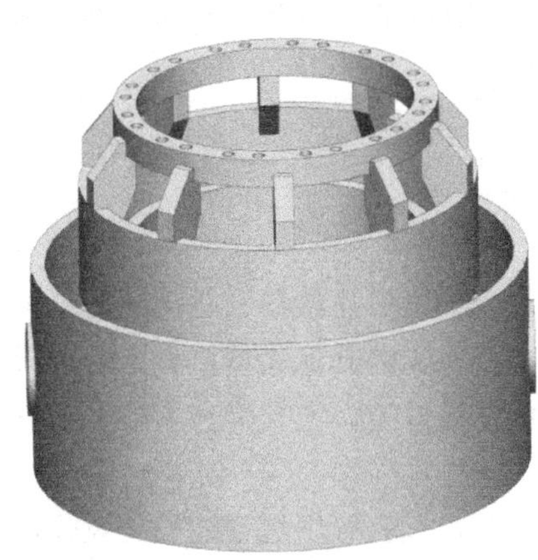

图 4.3-1　连接器

图 4.3-2　驱动器

图 4.3-3　钢套管

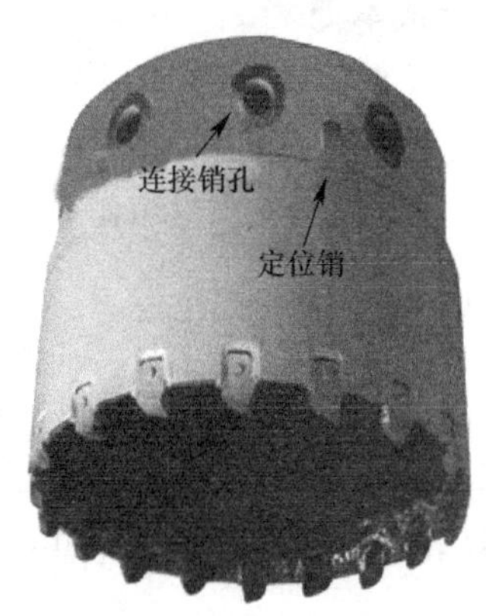

图 4.3-4　带合金齿筒靴

（1）连接器用于驱动器与旋挖钻机动力头之间的连接，上、下方均设有连接销，上方与旋挖钻机动力头连接，下方通过销轴与驱动器连接。

（2）驱动器长为 2m，管身开设若干圆气孔，上部、上部设有连接销孔并通过螺栓与连接器连接，下部设计定位槽和连接销用于连接钢套筒；驱动器实现整体结构过渡，起到传递旋挖钻机扭矩与加压作用。

（3）钢套管设 2m、3m、4m 等长度规格，壁厚为 40mm，每节套管的上部 50cm 壁厚 20mm，开设排状连接销孔，对称设计 4 个定位销；下部同样开设相应的连接销孔，与上部反向设计 4 个定位槽相对应用于钢套管间或与筒靴榫接。

（4）筒靴前端镶嵌合金钻齿，通过旋转及轴压环切地层，减缓埋设套管阻力，提升套管钻入能力；筒靴上部与钢套管上部结构相同，上方连接钢套管。

2）旋挖钻机与套管接驳连接

（1）先将旋挖钻机动力头下压盘卸除，用连接销轴将连接器与旋挖钻机动力头插销连接，连接器同样采用插销与驱动器连接，动力头通过连接器、驱动器传递下压力及扭矩。安装连接器、驱动器后，不影响钻杆的伸缩以及旋挖钻头旋转取土。旋挖钻机加装连接器、驱动器前后见图 4.3-5、图 4.3-6。

图 4.3-5 连接器、驱动器加装前

图 4.3-6 连接器、驱动器加装后

（2）操机手通过操控旋挖钻机，缓慢下放驱动器套入钢套管，调整驱动器并使驱动器下部定位槽与钢套管的定位销对齐后再次下放驱动器，驱动器与钢套管完成对接，对称、顺时针拨动连接销完成紧固。驱动器与钢套管连接见图 4.3-7。

（3）钢套管间或钢套管与筒靴的连接与驱动器相同，将钢套管下方的定位槽与另一节钢套管（筒靴）上部的定位销对齐完成对接，然后在连接销孔插入柱状螺栓并完成紧固，从而完成钢套管间或与筒靴的连接。钢套管间连接见图 4.3-8。

2. 钢套管沉入及套管内取土原理

（1）钢套管沉入原理

将连接器与旋挖钻机动力头连接，并依次连接驱动器、钢套管和筒靴。通过旋挖钻机动力头输出扭矩和施加压力于钢套管和筒靴，将首节钢套管旋转切入土中。当首节钢套管顶离地面约 1m 时，停止沉入，开始接长钢套管。旋挖钻机解除与首节钢套管连接，重新接驳另一节钢套管，将两节钢套管进行对接并完成紧固后，旋挖钻机再次施压将钢套管沉入。循环沉入钢套管、接长钢套管步骤，直至钢套管至预定位置。钢套管下沉见图 4.3-9。

（2）旋挖钻机套管内取土原理

当钢套管与驱动器连接后，旋挖钻头可在钻孔深度方向通过伸缩钻杆进行套管内旋转钻进，但由于受钢套管、驱动器的阻碍无法卸土。随着钢套管的不断沉入，钢套管承受的摩阻力加大，造成下沉困难时，解除钢套管与驱动器的连接，将旋挖钻头携带着驱动器在套管内钻进取土，或入岩钻进以及提升钻头套管外卸渣。旋挖钻机套管内钻进见图 4.3-10，旋挖钻斗套管内取土见图 4.3-11。

3. 孔口夹持起拔套管原理

1）孔口夹持平台设计

当桩身混凝土灌注完成后，需及时拔出钢套管，避免因混凝土凝固造成套管无法拔

图 4.3-7　驱动器与钢套管连接

图 4.3-8　钢套管间连接

图 4.3-9　钢套管下沉

图 4.3-10　旋挖钻机套管内钻进

图 4.3-11　旋挖钻斗套管内取土

出。此时，将驱动器与钢套管重新连接，动力头反向转动驱动器同时施加上拔力将钢套管逐节拔出。起拔钢套管前，为防止钢套管因自重作用下沉，本工艺在钢套管外专门设计了孔口套管起拔夹持平台。

孔口套管起拔夹持平台由型钢制作，平台设 2 个螺杆锁、6 个凸轮锁和固定顶块，具体结构见图 4.3-12。

2）孔口套管起拔

（1）上节钢套管拔出地面，驱动器与钢套管解除连接前，为防止钢套管在自重作用下

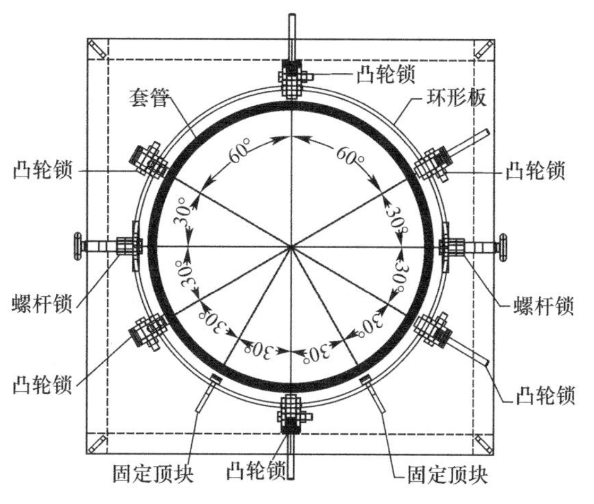

图 4.3-12　孔口套管起拔夹持平台结构

下沉，顺时针方向旋转螺杆锁，将螺杆向钢套管内旋出并卡住焊在钢套管上的短钢筋；上抬凸轮锁手柄，凸轮锁凸轮带有连续锯齿，当锯齿与套管外壁接触时，凸轮锯齿将发挥夹持作用。若套管出现下沉，连续分布的锯齿会与套管越夹越紧，利用锯齿与套管之间的摩擦力抵抗套管下沉。螺杆锁及凸轮锁固定套管见图 4.3-13，加焊在钢套管侧壁的短钢筋见图 4.3-14。

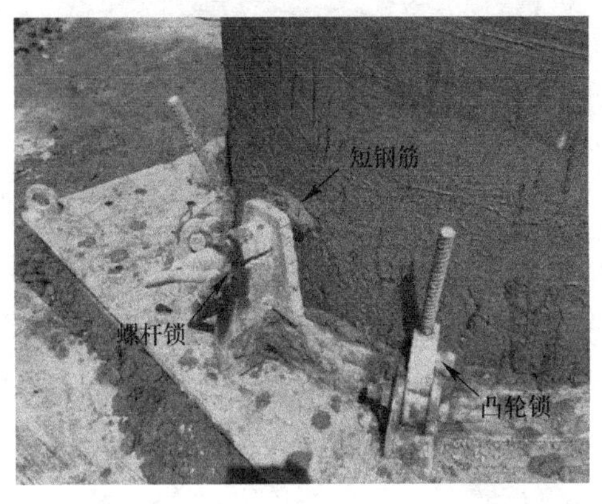

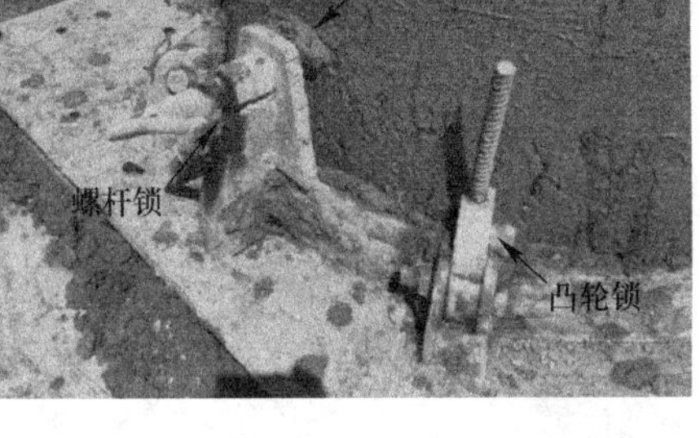

图 4.3-13　螺杆锁及凸轮锁固定套管

图 4.3-14　钢套管上的短钢筋

（2）当上节钢套管起拔高出地面约 1m 时，拧动孔口套管起拔夹持平台的螺杆锁及凸轮锁将钢套管固定。使用电动扳手拧出钢套管间的柱状固定螺栓，提升旋挖钻机动力头及驱动器，将上节钢套管与下节套管分离，移至孔外合适位置或转至下一桩孔施工。旋挖钻机驶回原桩位重新连接钢套管，继续拔出余下钢套管，直至全部拔出。

4. **流水作业原理**

当 1 号桩完成混凝土灌注后，使用旋挖钻机带驱动器起拔钢套管，起拔过程中使用孔口套管起拔夹持平台固定地下部分钢套管，防止其下沉。起拔出来的钢套管移至 2 号桩位沉入，然后旋挖钻机继续将 1 号桩剩余的钢套管逐节拔出，并沉入 2 号桩；如此循环，完成 1 号桩所有的套管起拔以及 2 号桩套管沉入的流水作业。旋挖全套管流水作业见图 4.3-15。

4.3.5　施工工艺流程

深厚易塌孔灌注桩旋挖全套管钻、沉、拔一体施工工艺流程见图 4.3-16。

4.3.6　工序操作要点

1. **施工准备**

（1）施工前，收集场地勘察资料，查阅设计图纸，确定实桩桩顶和桩底标高，计算空桩及实桩桩长，制定施工方案，安排人员材料设备进场。

（2）清除场地施工范围内的所有障碍物，平整场地并压实。

（3）依据设计图纸，使用全站仪对桩位进行测量定位，并标志出桩位中心点，引出 4 个护桩。

（4）根据施工需要准备足够数量的钢套管和 2 套筒靴，以便全套管跟进流水作业。

（5）拆卸旋挖钻机驱动下压盘，安装连接器、驱动器。

2号桩
1号桩

图 4.3-15　旋挖全套管流水作业

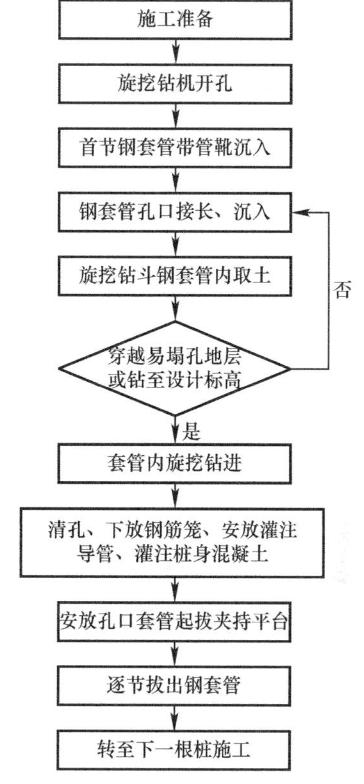
施工准备
旋挖钻机开孔
首节钢套管带管靴沉入
钢套管孔口接长、沉入
旋挖钻斗钢套管内取土
否
穿越易塌孔地层
或钻至设计标高
是
套管内旋挖钻进
清孔、下放钢筋笼、安放灌注
导管、灌注桩身混凝土
安放孔口套管起拔夹持平台
逐节拔出钢套管
转至下一根桩施工

图 4.3-16　深厚易塌孔灌注桩旋挖全套管钻、沉、拔一体施工工艺流程图

2. 旋挖钻机开孔

（1）根据场地地层条件，可采用旋挖钻筒或直接采用带筒靴的套管开孔，具体见图 4.3-17、图 4.3-18。

图 4.3-17　旋挖筒钻开孔

图 4.3-18　旋挖套管开孔

（2）采用旋挖钻筒开孔时，将旋挖钻头中心对准桩位中心点，下放钻头至地面，旋转、下压钻头开始钻进成孔，钻孔深度以孔口不发生垮塌为准。

3. **首节钢套管带筒靴沉入**

（1）将首节钢套管与驱动器连接，安装钢套管前，先将驱动器的连接销顺时针全部打开，再安装钢套管。驱动器完全插入钢套管后，逆时针拨动连接销，将钢套管固定。

（2）将连接筒靴的钢套管缓慢下放至孔内，通过旋挖钻机动力头调整钢套管垂直度。

（3）垂直度符合要求后，旋转旋挖钻机动力头，旋转驱动器并加压，钢套管开始切削土层入土下沉，钢套管压入过程见图 4.3-19。

图 4.3-19　钢套管压入过程

4. **钢套管孔口接长、沉入**

（1）为方便钢套管接长，当首节钢套管沉入至外露地面约 1m 时，停止沉入，开始接长钢套管。

（2）顺时针拨动驱动器连接销使得驱动器与钢套管解锁，提起驱动器。

（3）将驱动器与另一节钢套管连接，旋挖钻机移位至首节钢套管上方，调整动力头使钢套管下方定位槽插入首节钢套管上方定位销，缓慢下放。钢套管接长见图 4.3-20。

（4）两节钢套管对接完成、安装螺栓前，将连接销孔及柱状螺栓的浮泥用高压水枪冲洗干净。安装好螺栓后，先人工用扳手初紧，再用电动扳手紧固。冲洗及紧固螺栓见图 4.3-21。

（5）套管连接完成后，用水平靠尺检测套管垂直度，用直尺复核桩位，不符合要求则及时进行调整。垂直度检测见图 4.3-22，利用护桩采用直尺复核桩位见图 4.3-23。

（6）旋转旋挖钻机动力头，转动并下压沉入钢套管，当沉入钢套管顶距离地面约 1m 时，停止沉入，继续重复接长钢套管步骤。

5. **旋挖钻斗钢套管内取土**

（1）随着钢套管不断沉入，钢套管受到的摩阻力加大。当钢套管难以继续沉入时，使用旋挖钻斗在钢套管内进行取土。

图 4.3-20　钢套管接长

图 4.3-21　冲洗及紧固螺栓

图 4.3-22　水平靠尺检测垂直度

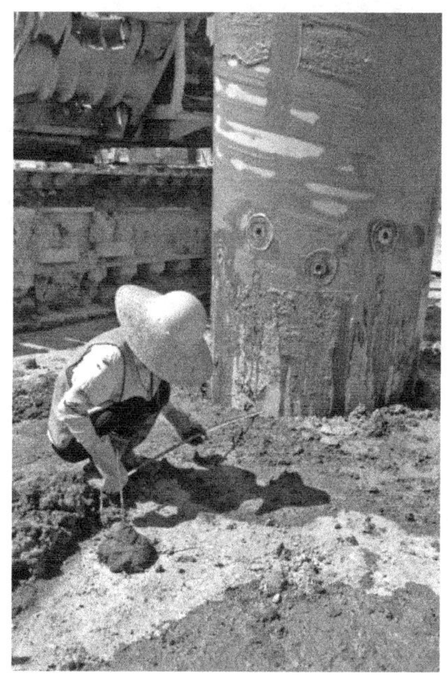

图 4.3-23　桩位复核

（2）伸长旋挖钻机钻杆，用旋挖钻斗于钢套管内取土；旋挖钻斗取土完成后，逆时针拨动驱动器全部连接销，使驱动器与钢套管之间的连接分离，提起驱动器。当驱动器与钢套管连接处位于高处，施工人员可借助自制长钩拨动连接销。

（3）旋挖钻斗卸渣至积渣箱内临时堆放。

（4）旋挖钻斗取土深度与钢套管底平，或略比钢套管底深，确保孔底不发生塌孔。解除驱动器与套管连接销见图 4.3 24，旋挖套管内钻进取土见图 4.3-25，旋挖渣土箱卸渣见图 4.3-26。

图 4.3-24 解除驱动器与套管连接销

图 4.3-25 旋挖套管内钻进取土

图 4.3-26 旋挖渣土箱卸渣

(5) 重复钢套管压入与旋挖套管内取土、卸渣等作业步骤，直至钻孔深度穿越易塌孔地层或满足设计桩底标高。

6. 套管内旋挖钻进

(1) 钢套管穿越易塌孔地层进入岩面后，开始在套管内正常旋挖钻进。

(2) 解除驱动器与钢套管的连接，正常旋挖钻头进行钻进、取土、入岩、卸渣作业，直至钻孔深度满足设计桩底标高。旋挖钻机套管内钻进见图 4.3-27。

图 4.3-27 旋挖钻机套管内钻进

7. 清孔、下放钢筋笼、安放灌注导管、灌注桩身混凝土

(1) 钻进达到设计要求后，使用清孔捞渣钻头对孔底进行扫孔清渣。

(2) 吊机吊钢笼笼入孔时，派专人指挥，缓慢平稳下落。

(3) 钢筋笼吊装固定后，安装灌注导管，导管直径 250mm，接头连接牢固并设密封圈。

(4) 二次清孔满足要求后，即进行桩身混凝土灌注，灌注时使用 12h 超缓凝混凝土，避免未拔出全部钢套管前混凝土发生凝固，造成钢套管无法拔出。

(5) 初灌混凝土灌注量满足导管首次埋置深度 1.0m 以上，保持连续灌注；在灌注过程中，派专人定期测量套管内混凝土面和导管内混凝土的上升高度，及时拆除导管，埋管深度控制在 2～6m。灌注导管拆除见图 4.3-28。

8. 安放孔口套管起拔夹持平台

(1) 混凝土灌注完成后，开始起拔钢套管。

(2) 拔出钢套管前，将旋挖钻机驱动器与钢套管分离，从钢套管上方移开，将孔口套管起拔夹持平台套入钢套管。

（3）夹持平台就位后，使用垫块将孔口套管起拔夹持平台安放平稳，并保持平台平面水平。孔口套管起拔夹持平台固定钢套管见图 4.3-29。

图 4.3-28　灌注导管拆除

图 4.3-29　孔口套管起拔夹持平台固定钢套管

9. **逐节拔出套管**

（1）将旋挖钻机就位，对准套管中心，下放接驳器与孔口套管对接，并采用螺栓紧固连接。

（2）旋挖钻机动力头输出扭矩使接驳器旋转，同时施加上拔力，将套管逐渐拔出孔口，具体见图 4.3-30。

图 4.3-30　旋挖钻机起拔孔口套管

（3）当上节钢套管完全拔出且下节钢套管拔出地面约 1m 时，顺时针方向将螺杆锁螺杆旋出，并卡住焊在钢套管上的短钢筋，具体见图 4.3-31；上抬凸轮锁手柄，凸轮锁夹紧钢套管，与螺杆锁共同作用固定孔内超长套管。

图 4.3-31　旋紧螺杆锁

（4）用高压水枪对销孔位置进行冲洗，对称、逐个旋开连接销将两节钢套管松开。提升驱动器，当上节钢套管与下节钢套管完全分离后，旋挖钻机将钢套管移至桩位旁或下一桩孔。

（5）重复以上步骤，将钢套管以及首节刀齿套管全部拔出。套管逐节拔出见图 4.3-32。

10. 转至下一根桩施工

（1）首节套管拔出后，移至下一桩位，确认桩位、垂直度符合要求后，加压旋转沉入土中。

（2）重复以上工序，完成流水作业。

4.3.7　机械设备配置

本工艺现场施工所涉及的主要机械设备见表 4.3-1。

图 4.3-32　套管逐节拔出

主要机械设备配置表　　**表 4.3-1**

名称	型号	备注
旋挖钻机	BG46	成孔、沉入套管
旋挖钻斗、筒钻	直径 1.0m、1.2m	钻进
钢套管	壁厚 40mm	钻孔全套管护壁
高压水枪		冲洗连接销孔、钢套管
履带起重机	SCC550E	配合吊装钢筋笼
全站仪	ES-600G	桩位放样、垂直度观测
孔口套管起拔夹持平台	自制	起拔时固定套管

4.3.8　质量控制

1. 旋挖全套管钻进

（1）提升、下放钻头过程中对中、缓慢下放，避免碰撞套管。

（2）根据地质情况和钻进深度，选择合适的钻压、钻速，平稳钻进。

（3）钻孔深度达到设计标高后，对孔深、桩孔竖直度进行检查。

2. 旋挖全套管下沉

（1）检查每一节钢套管外观质量、尺寸，如有裂缝、变形，则及时处理或更换。

（2）清理干净钢套管接头连接销孔中的夹泥，避免造成螺栓难以拧入或拧入不紧。

（3）每加长一节钢套管，在沉入之前检查钢套管垂直度。

3. 全套管起拔

（1）桩身灌注混凝土根据灌注时间设定合适的缓凝时间，在完成桩身混凝土灌注后，及时拔出钢套管，避免因混凝土凝固导致钢套管无法拔出。

（2）起拔钢套管前，确认混凝土超灌量满足要求，避免因套管起拔、混凝土面下降造成桩顶标高不满足设计要求。

（3）保持钢套管竖直起拔，避免倾斜过大。

4.3.9　安全措施

1. 旋挖全套管钻进

（1）旋挖钻机施工时，钻机旋转半径范围内不得站人，无关人员撤离施工区域。

（2）由于旋挖钻机带全套管作业，选择大功率、大扭矩旋挖钻进施工。

2. 旋挖全套管下沉

（1）旋挖钻机起吊钢护筒时，设专人进行指挥；钢护筒竖立未稳时，其他人员不得进入施工区域。

（2）旋挖钻机连接器、驱动器、套管之间连接坚固，防止松动造成螺栓脱落伤人。

（3）旋挖全套管下沉困难时，及时采用旋挖套管内取土减阻，防止过大扭矩造成钻机过载。

3. 全套管起拔

（1）吊放孔口套管起拔夹持平台时，缓慢下放，避免碰撞钢套管；孔口套管起拔夹持平台放至地面后，使用垫块将其稳定，避免摇晃。

（2）解除上、下节钢套管连接前，先使用孔口套管起拔夹持平台将下节钢套管夹持牢固，防止钢套管下沉。

（3）起拔出的钢套管转至下一桩孔进行沉入，若无下一根桩施工时，将钢套管转至指定位置并将其平放，堆放整齐，保证不发生滚动。

4.4　钢结构装配式平台配合旋挖与全套管全回转组合钻进施工技术

4.4.1　引言

全套管全回转钻机是一种新型、环保、高效的灌注桩钻进技术，其工作原理是利用液压回转装置边回转套管边将套管压入，同时利用冲抓斗在套管内挖掘取土，直至套管下沉至桩端持力层终孔。

全套管全回转钻进时，通常采用钢丝绳提升冲抓斗出土，对于深度较大的桩孔出土耗费时间太长，效率大大受限；同时，对于硬岩钻进，全套管全回转钻机需要先采用冲锤破碎，再用冲抓斗出渣，破碎速度慢、综合效率较低。为了提高全套管全回转钻机的施工效率，实际施工中有的选择采用旋挖钻机配合全套管全回转钻机钻进。但由于全套管全回转钻机整体高度在 3m 左右，使得旋挖钻机与其工作面存在较大高差，需采用挖土降低全套管全回转钻机标高位置（图 4.4-1），或垫土提升旋挖钻机标高位置（图 4.4-2），给现场施工和安全管理带来不便，并增加施工成本。

图 4.4-1　挖土降低全回转钻机标高配合施工

图 4.4-2　旋挖钻机垫土提升标高配合施工

为使旋挖钻机与全套管全回转钻机能够匹配，更好地实现旋挖钻机与全套管全回转钻机配合钻进成孔，解决两者因工作面高差原因影响工作效率的问题，项目组开展了“钢结构装配式平台配合旋挖与全套管全回转组合钻进施工技术”研究，经过一系列现场试验、成品优化、工艺完善、现场总结，设计并制作出一种依托实现旋挖与全回转组合钻进的钢结构装配式平台。钢结构装配式平台由钢板、型钢制作，用无缝钢管螺栓连接而成，旋挖钻机在平台上作业，提升其作业面高度，保持与全套管全回转钻机孔口适当位置，实现旋挖钻机与全套管全回转钻机组合钻进成孔，提升了施工效率。

4.4.2　工艺特点

1. 便于旋挖与全回转钻机组合施工

本工艺所述的装配式平台高度 2m，弥补了旋挖钻机与全套管全回转钻机之间配合施工存在的高差，适用于各种施工条件下的组合钻进作业，大大提高了全回转钻机的施工效率。

2. 安全稳定性好

本工艺使用的钢结构装配式平台采用桁架式高强度设计，结构稳定，承重能力强；同时，整体设计充分考虑了旋挖钻机的重量、行走履带宽度、爬坡安全角度等，采用缓坡、长坡设计，宽履带平台设置，较好地满足了旋挖钻机爬坡安全要求；另外，平台与地面接触面积为履带的 1.5 倍以上，可以提升旋挖钻机作业时的稳定性，整体安全稳定性好。

3. 制作、使用便利

本工艺依托的钢结构装配式平台为模块装配式设计，采用标准的工字钢、钢管和钢板焊接而成，各模块之间采用钢管法兰连接，安装、拆卸方便；组装完成后采用起重机进行移位，使用便利。

4. 经济性好

本工艺所述的装配式平台拆除便利、安装省时，钢制设计耐用；重复使用率高，制作成本相对低，具有较高的经济性。

4.4.3 适用范围

1. 适用于地质条件复杂（含块石、孤石、硬岩、溶洞等）全套管全回转钻进困难或需要旋挖钻机引孔的灌注桩施工。

2. 适用于钻孔深度超过 50m 及以上的全套管全回转灌注桩施工。

3. 适用于山河智能 SWDM550、三一重工 SR485R、宝峨 BG55 及以下型号的旋挖钻机（桅杆动力头可提升且幅度不小于 6m），配合全套管全回转钻机最大高度不超过 4.2m。

4.4.4 工艺原理

本技术工艺原理主要通过钢结构装配式平台，将旋挖钻机和全套管全回转钻机的工作面更好地相互配合协同工作。

1. 平台设计依据

钢结构装配式平台的设计依据参考全回转全套管钻机、旋挖钻机等设备技术参数。

（1）常见全回转全套管钻机、旋挖钻机设备技术参数

全套管全回转钻机以徐州景安重工 JAR260H 为例，其设备高度 2.395～3.045m，见图 4.4-3。

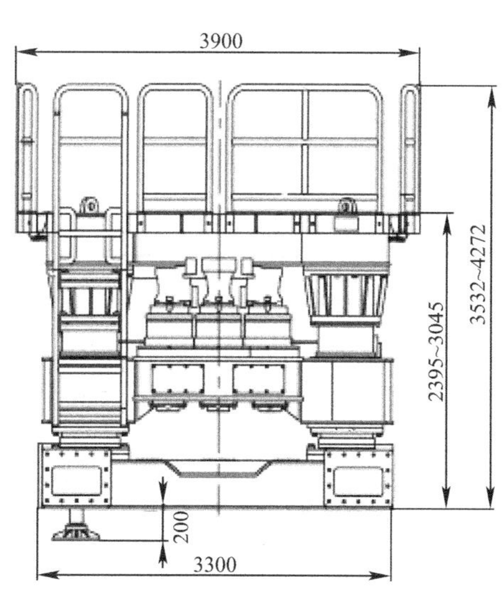

图 4.4-3 景安 JAR260H 全套管全回转钻机尺寸及实物图

配合使用的旋挖钻机以市场常用的山河智能、三一重工、德国宝峨为参考，工作最大荷载为旋挖钻机自重加工作时最大荷载之和除以履带受力面积，常用旋挖钻机技术参数见表 4.4-1。

常用旋挖钻机技术参数表　　表 4.4-1

型号	工作重量(t)	最大提升力(kN)	履带参数(m)				工作最大荷载(kN/m²)
			长度	宽度	高度	工作展开宽度	
山河智能 SWDM550	202	600	7.64	1.0	1.2	6.0	168.82
山河智能 SWDM450	158	480	7.03	0.9	4.4	5.0	160.30
三一重工 SR485R	174	600	6.60	0.9	4.4	4.9	194.04
三一重工 SR445R	162	560	6.60	0.8	1.0	4.9	204.47
宝峨 BG55	160	450	6.90	0.9	4.4	5.0	162.48
宝峨 BG45	138	380	6.70	0.8	1.0	4.8	161.60

(2) 旋挖钻机最大技术参数

为使本工艺所述的钢结构装配式平台最大限度地满足各类型旋挖钻机的正常使用，根据表 4.4-1 所列出的常用旋挖钻机的各项技术参数，选择各参数的最大值作为平台的基础额定参考值，具体见表 4.4-2。

旋挖钻机设备最大参数值　　表 4.4-2

旋挖钻机设备最大特征值	取值	备注
最大荷载	204.47kN/m²	三一重工 SR445R 的工作最大荷载，计算式：(162×9.8+560)/(6.6×0.8)=204.47kN/m²
履带长度	7.64m	
履带高度	1m	
履带宽度	1m	
最大展开宽度	6m	两条履带外边之间的距离
爬坡行驶安全角度	不大于 15°	

(3) 平台设计参数选择

根据表 4.4-2 所列相关设备的技术数据，为确保平台能最大限度地满足不同型号设备的使用需求，本平台需满足相应的设备特征值及设计数据，主要参数选取见表 4.4-3。

钢结构装配式平台能力设计参数表　　表 4.4-3

平台设计参数	取值	备注
最大荷载	244.05kN/m²	204.47×1.2=244.05kN/m² (1.2 为安全系数)
平台工作段和爬坡段长	8m	
平台高度	2m	
平台钻机履带行驶宽度	1.5m	
平台整体宽度	6.5m	根据钻机类型，通过连接钢管调整
全套管全回转钻机高度	3m	按平均高度计
旋挖钻机爬坡安全角度	不大于 15°	

2. 平台结构设计

(1) 平台组成

装配式钢结构平台由两组履带平台通过若干钢管连接组成，具体见图 4.4-4、图 4.4-5。

图 4.4-4　履带平台

图 4.4-5　平台连接钢管

(2) 履带平台结构设计

按表 4.4-3 的设计参数，设计履带平台总长度 15.1m（其中工作段长度 8.0m，上下坡道段长度 7.1m），宽度 1.5m、高度 2m、坡度为 15°；履带平台由底层、支撑层、面层组成，其制作材料面层和底层均为 2cm 钢板，中间支撑层由 45b、20b 工字钢焊接而成。履带平台组成设计见图 4.4-6。

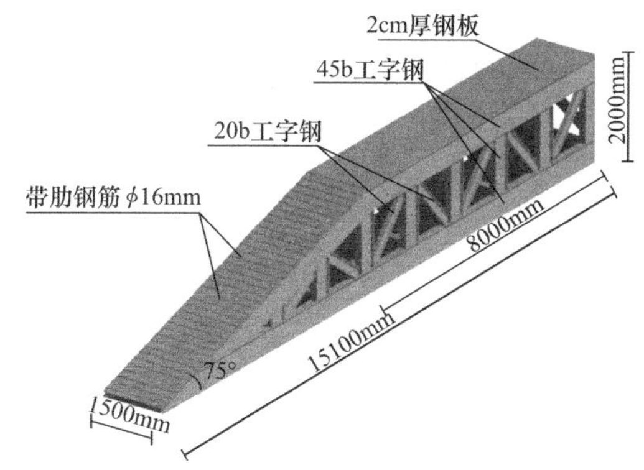

图 4.4-6　履带平台组成设计示意图

(3) 履带平台制作流程及材料组成

按照履带平台结构设计其制作流程及材料组成，分别见图 4.4-7 和表 4.4-4。

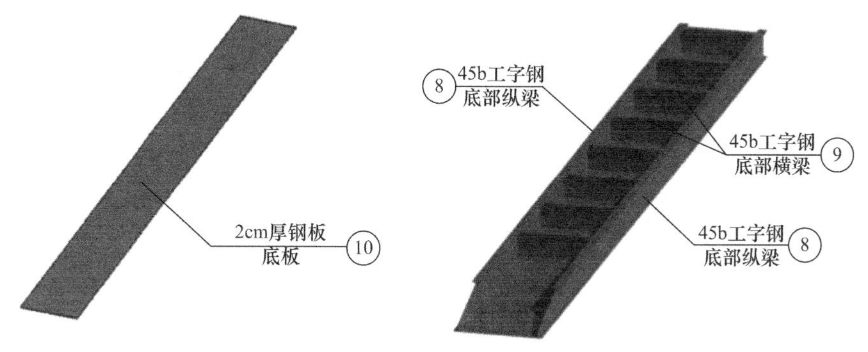

图 4.4-7　履带平台制作流程及材料组成分解示意图（一）

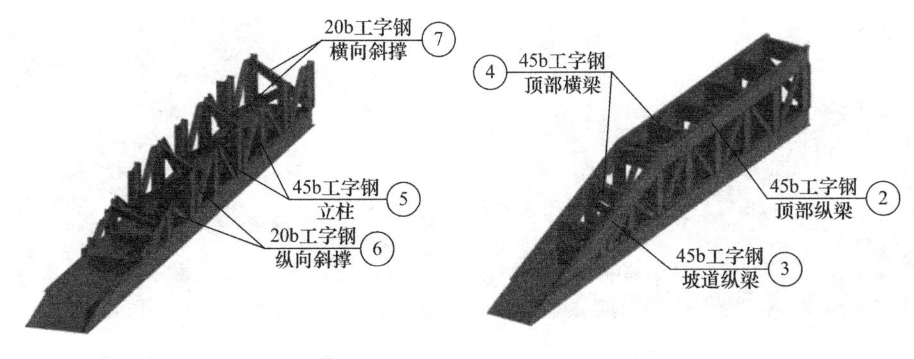

(c)支撑层横、竖、斜撑就位

(d)支撑层顶部横竖框架就位

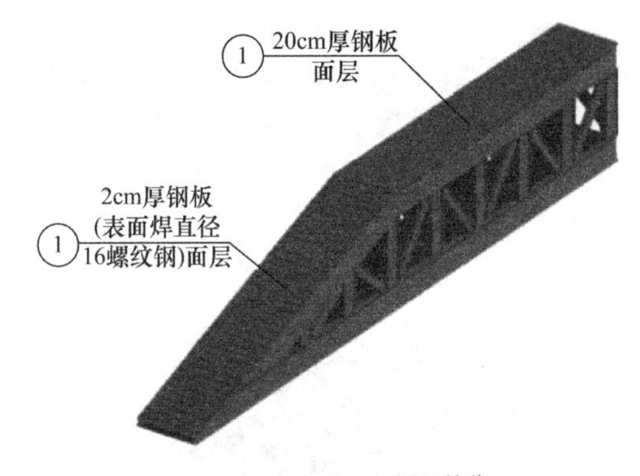

(e)面层就位

图 4.4-7 履带平台制作流程及材料组成分解示意图（二）

单个履带平台材料统计表 **表 4.4-4**

组成		编号	材料	使用部位	数量
面层		①	20mm 厚钢板	面层	2
支撑层	顶部横竖框架	②	45b 工字钢	顶部纵梁	2
		③	45b 工字钢	坡道纵梁	2
		④	45b 工字钢	顶部横梁	9
	横、竖、斜撑	⑤	45b 工字钢	立柱	16
		⑥	20b 工字钢	纵向加固斜撑	14
		⑦	20b 工字钢	横向加固斜撑	7
	底部横竖框架	⑧	45b 工字钢	底部纵梁	2
		⑨	45b 工字钢	底部横梁	9
底层		⑩	20mm 厚钢板	底层	1

（4）连接钢管结构设计

连接钢管为无缝钢管，内径 200mm、壁厚 10mm，两侧采用法兰与平台相连。为提高平台工作段整体强度，上下连接钢管采用同规格钢管做剪刀撑加强，其材料组成见图 4.4-8、图 4.4-9 和表 4.4-5。

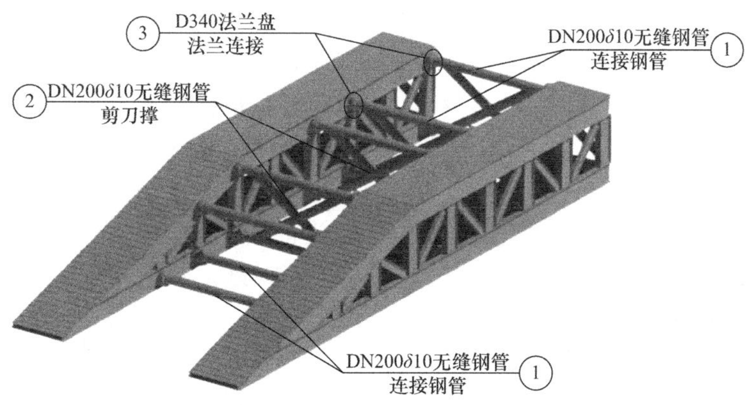

图 4.4-8　连接钢管 3D 示意图

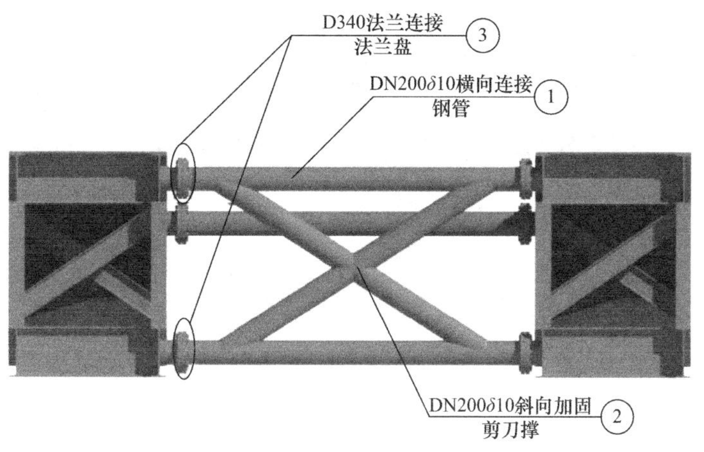

图 4.4-9　连接钢管剖面图

连接钢管材料统计表　　表 4.4-5

编号	材料	型号	使用部位	数量	备注
①	钢管	DN200δ10	横向连接	11	
②	钢管	DN200δ10	剪刀撑	4	
③	法兰盘	DN200δ10	钢管连接	22	
④	螺栓	M20×80	法兰连接	176	每个法兰 8 个螺栓

4.4.5　施工工艺流程

装配式平台配合旋挖与全套管全回转组合钻进工艺流程见图 4.4-10。

4.4.6　工序操作要点

1. **施工准备**

（1）机械进场前，对平台就位场地进行平整、压实，或现场进行硬底化处理，确保承载力满足施工要求。

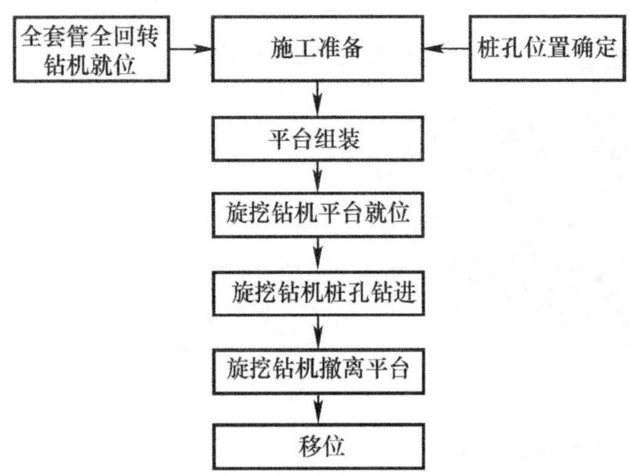

图 4.4-10　装配式平台配合旋挖与全套管全回转组合钻进工艺流程图

（2）根据现场钻孔位置和全套管全回转钻机就位情况，定位操作平台现场位置，并做好标识。

2. **平台组装**

（1）平台进场后，用起重机配合将平台进行吊装。

（2）连接两个履带平台的钢管法兰螺栓拧紧，并对称进行操作。

（3）现场吊装时专人指挥。

平台现场组装完毕与全套管全回转钻机相对位置，见图 4.4-11、图 4.4-12。

图 4.4-11　装配式平台吊装就位

图 4.4-12　装配式平台与全套管全回转钻机位置关系图

3. **旋挖钻机平台就位**

（1）操作平台组装完成后，在坡道端头铺垫适量砂土、压实，旋挖钻机正对工作平台坡道缓慢平顺向上行驶。

（2）旋挖钻机行驶过程中派专人指挥，慢速行走，切忌急走急停，以防倾覆。

（3）旋挖钻机行进至平台斜面与平面交接位置，其重心越过交接面时，此时旋挖钻机从仰角状态转变为水平状态，为避免因前倾幅度过大导致旋挖钻机倾覆的潜在危险，旋挖钻机行进至重心位置越过此交接面并在刚开始发生前倾时停止前行，待旋挖钻机完全处于水平、履带紧贴平台平面并保持稳定状态后，继续缓慢前行至工作位置。

（4）旋挖钻机就位时，保持在履带平台顶层居中位置，确保钻进过程旋挖钻机的稳定和安全。

旋挖钻机平台就位过程见图 4.4-13～图 4.4-16。

4. **旋挖钻机桩孔钻进**

（1）旋挖钻机就位后，进行试钻进，钻进状态良好开始正式钻进施工。

（2）钻进过程中，定期观察平台状况，如平台产生较大异响和变形，则立即停机检查，消除隐患后方可继续作业。

（3）旋挖钻进时，注意与全套管全回转钻机的配合，切忌旋挖孔深超前护壁套管太深，确保孔壁稳定。

旋挖钻机平台就位钻孔施工，见图 4.4-17、图 4.4-18。

图 4.4-13　专人指挥旋挖钻机

图 4.4-14　旋挖钻机平台爬坡

图 4.4-15　旋挖钻机行进至平台斜面与平面交接位置

图 4.4-16　旋挖钻机行进至平台水平面

5. 旋挖钻机撤离平台

（1）钻进完成后，旋挖钻机缓慢匀速后撤下平台。

（2）旋挖钻机撤离行驶过程中，派专人现场指挥，保持与操作司机的联络。

图 4.4-17　旋挖钻机平台就位

图 4.4-18　旋挖钻机平台上配合全套管全回转钻机钻进

（3）旋挖钻机撤离至平台平面与斜面交接位置时，其操作要点与上平台时相同。

6. **移位**

（1）每完成一个桩位，用起重机将平台吊运至下一个桩位。

（2）起吊时，采用多点起吊，保持起吊平衡。

（3）起吊前，复核起重机起吊能力，检查起吊钢丝绳、吊钩、吊点、起重机无异常后正式起吊。

4.4.7　机械设备配置

本工艺现场使用涉及的主要机械设备见表 4.4-6。

主要机械设备配置表　　　　**表 4.4-6**

名称	规格及型号	备注
旋挖钻机	SWDM450	全套管全回转套管内钻进取渣
汽车起重机	50t	吊装、转移平台和全套管全回转钻机
挖掘机	PC220	作业区域和行走路线场地平整

4.4.8　质量控制

1. **平台制作**

（1）所有材料具有出厂合格证。

（2）对所用钢材进行外观检查并送检，检验合格后方可使用。

（3）钢板、工字钢焊接连接时满焊焊接，焊缝饱满、连续。

（4）法兰盘用螺栓连接，拧紧螺栓，保持丝扣外露符合规范要求。

2. 旋挖钻与全回转钻机配合钻进

（1）旋挖钻进时，严格控制桩身垂直度，发生偏差及时采取纠偏，以保证成孔质量。

（2）定期检查旋挖钻机在平台上的工作和位置状态，发现异常及时处理。

4.4.9　安全措施

1. 平台制作及组装

（1）平台制作钢构件焊接由专业电焊工完成，焊接作业时做好相应保护措施。

（2）平台组装吊装就位时，由司索工指挥；吊装平台移动行走时，行走路线道路硬底化，吊装作业区域四周设置安全警戒区。

2. 旋挖钻机平台就位

（1）旋挖钻机缓慢行走，严格控制速度，切忌急停急走，随时观察履带与平台表面的位置关系，保持履带完全处于台面之上，发现偏差及时纠偏。

（2）旋挖钻机行进至重心位置越过平台斜面与平面交接处，并在刚开始发生前倾时停止前行，待旋挖钻机完全处于水平、履带紧贴平台平面，并保持稳定状态后，继续缓慢前行至工作位置。

3. 旋挖钻机撤离平台

（1）旋挖钻机撤离平台全过程指派人员指挥。

（2）旋挖钻机撤离平台时，慢速行走，切忌急停急走，随时观察履带与平台表面的位置关系。

（3）倒退行进至重心位置越过平台平面与斜面交接处并在刚开始发生后倾时停止前行，待旋挖钻机履带紧贴平台斜面并保持稳定状态后，继续缓慢行走至完全撤离平台。

4.5　软弱地层长螺旋跟管与旋挖钻成孔灌注桩施工技术

4.5.1　引言

在深厚人工填土、淤泥等软弱地层中施工灌注桩时，经常出现塌孔、缩径、灌注混凝土充盈系数过大等一系列难题。为了安全、快速、有效地在软弱地层中进行灌注桩施工，通常情况下会采用埋设深长护筒护壁的方法，但当软弱地层厚度超过 20m 及以上时，一次性下入超长钢护筒难度大，往往需要在孔口连接钢护筒，使得护筒下沉和起拔较为困难，造成施工效率低、综合成本高等问题。针对以上情况，本技术提出了一种在深厚软弱地层段采用长螺旋钻机跟套管钻进，结合旋挖钻机成孔的灌注桩施工方法。

4.5.2　工艺原理

本工艺的关键技术主要由长螺旋跟管钻进和旋挖钻进成桩两部分组成，形成全新的在深厚软弱地层灌注桩施工新技术。

1. 长螺旋跟管钻进

(1) 长螺旋钻机携套管对准桩位后，启动钻机螺旋钻进和跟管套管双动力头，螺旋动力头驱动长螺旋钻具钻进取土的同时，套管动力头驱动长套管跟管护壁下沉。

(2) 在长螺旋钻机跟管钻进穿过软弱地层后，关闭跟管套管动力，将套管与套管动力头分离并将套管留在孔内继续护壁；同时，提升螺旋动力头将长螺旋钻具提出孔外，并整机移至下一桩位。

2. 旋挖钻进、成桩

(1) 旋挖钻机移机对准桩位后，孔内灌入泥浆护壁，由旋挖钻机完成软弱地层以下地层的成孔钻进，直至设计桩底标高位置，再将旋挖钻机移至下一桩位施工。

(2) 孔内吊放钢筋笼，下入灌注导管并进行二次清孔。

(3) 灌注桩身混凝土成桩。

(4) 长螺旋钻机就位，重新将套管与套管动力头连接，之后启动套管动力起拔套管，成桩结束。

深厚软弱地层长螺旋跟管、旋挖钻成孔灌注桩施工工序操作流程见图 4.5-1。

4.5.3 适用范围

适用于桩深 30m、成桩直径最大 1.2m 的支护桩和工程桩施工。

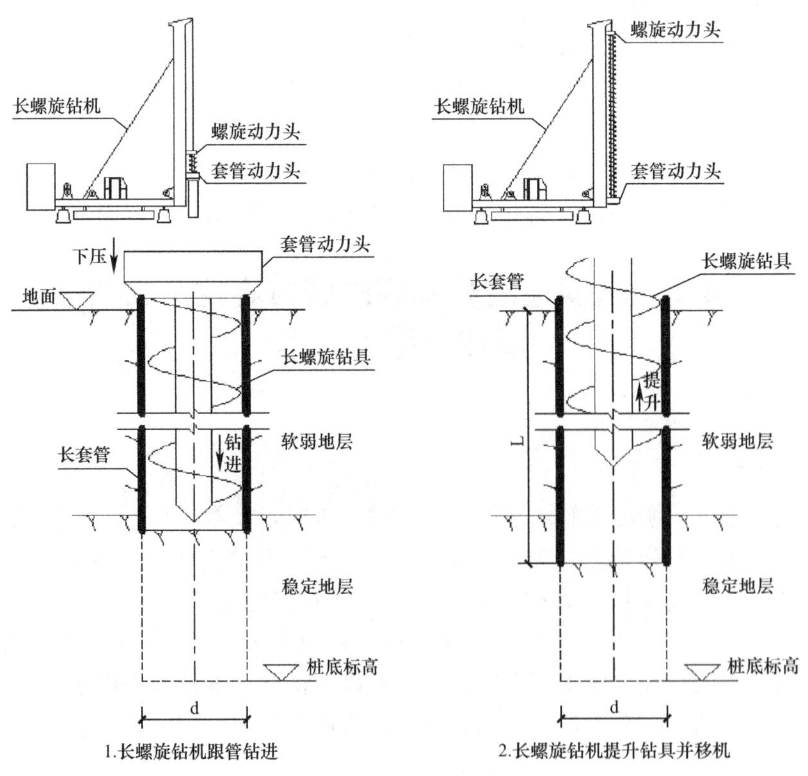

图 4.5-1　深厚软弱地层长螺旋跟管、旋挖钻成孔灌注桩施工工序操作流程图（一）

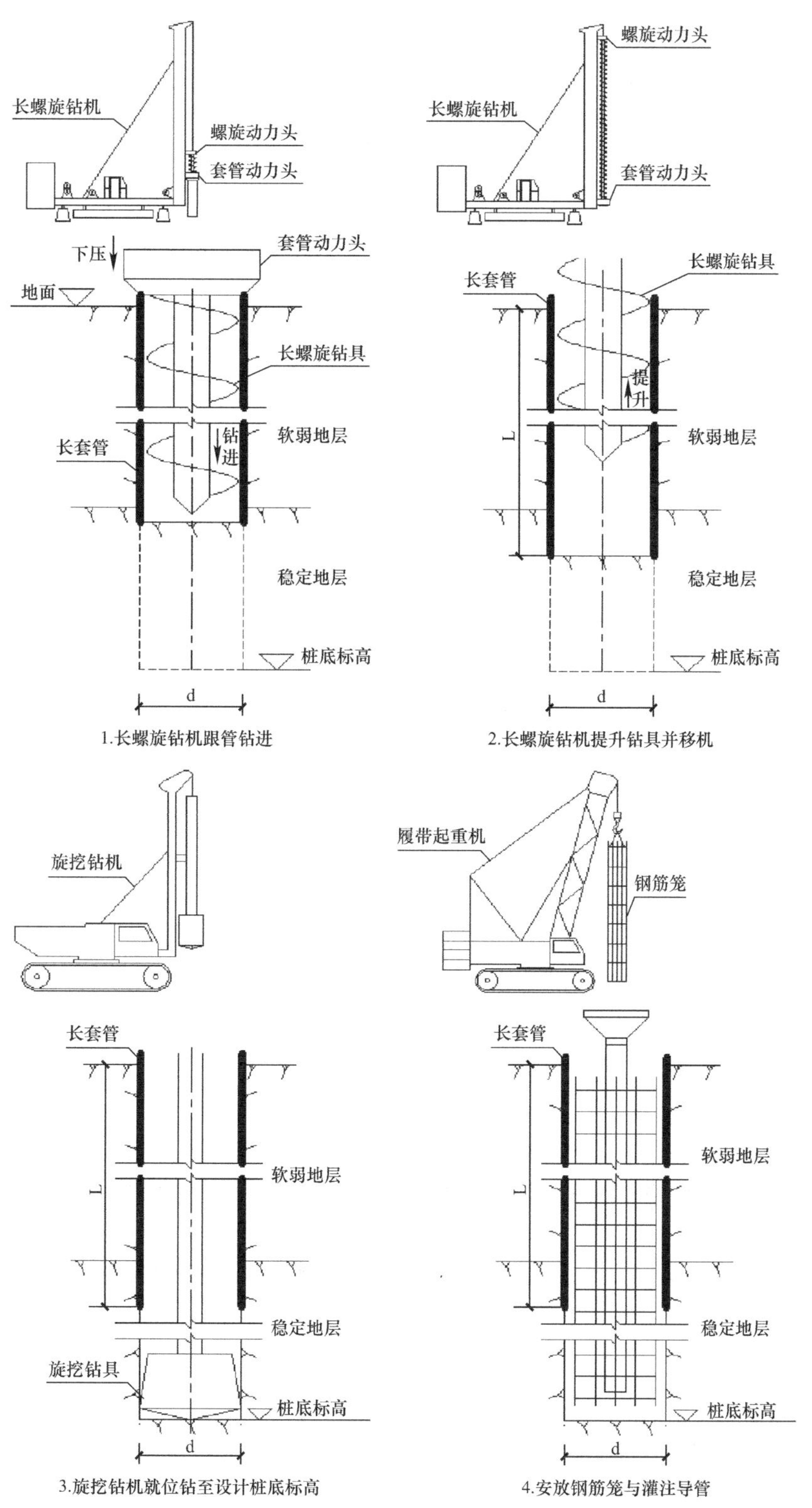

图 4.5-1　深厚软弱地层长螺旋跟管、旋挖钻成孔灌注桩施工工序操作流程图（二）

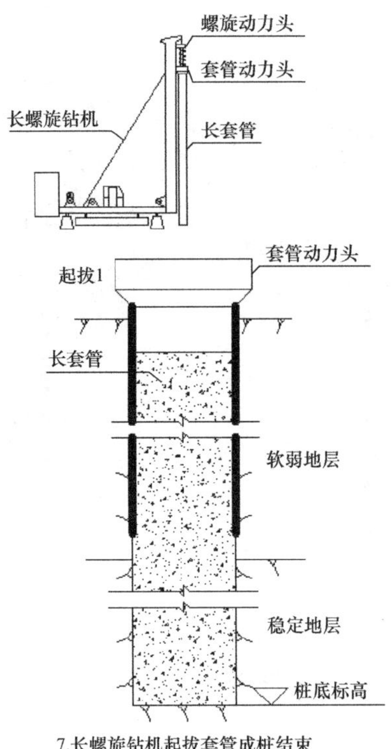

图 4.5-1 深厚软弱地层长螺旋跟管、旋挖钻成孔灌注桩施工工序操作流程图（三）

4.5.4 工艺特点

1. 成桩质量可靠

本工艺在上部软弱地层采用长螺旋跟管钻进，长套管穿越软弱地层进入稳定地层内，有效防止了地层塌孔；后续旋挖钻进过程中，通过旋挖桩机钻进，垂直度自动监控，质量控制有保证。

2. 施工效率高

长螺旋钻机钻进过程为排土过程，后续采用旋挖钻机成孔速度快；同时，钻进采取了长套管护壁，孔壁稳定性高，可以避免各种孔内事故的发生，确保了钻进效率。

3. 节省成本

采用本工艺可以避免大范围的塌孔、缩径与漏浆现象，有利于控制混凝土灌注充盈系数和护壁泥浆的使用量，从而有效节省了材料成本。

4. 环保效果好

本工艺长螺旋、旋挖钻进取土，钻进过程使用静态泥浆护壁，泥浆使用量大大减少，有利于施工现场的环保和绿色施工。

4.5.5 施工工序流程

深厚软弱地层长螺旋跟管、旋挖钻成孔灌注桩施工工序流程见图 4.5-2。

4.5.6 工序操作要点

1. **长螺旋钻机跟管钻进**

（1）长螺旋钻机采用上海金泰生产的型号SZ80长螺旋钻机，长螺旋钻机见图4.5-3，长螺旋钻机主要技术参数见表4.5-1。

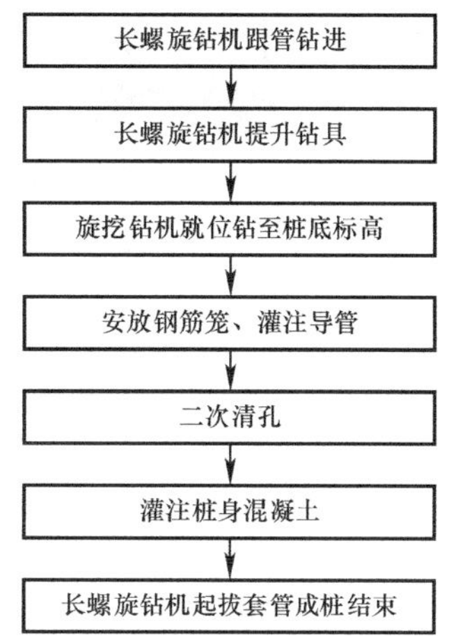

图4.5-2 深厚软弱地层长螺旋跟管、旋挖钻成孔灌注桩施工工序流程图

图4.5-3 SZ80长螺旋钻机

金泰SZ80长螺旋钻机主要技术参数 **表4.5-1**

性能	单位	技术参数
施工最大直径 d	m	1.2
施工最大深度 L	m	30
套管动力头最大扭矩	kN·m	600
螺旋动力头最大扭矩	kN·m	360
电动机功率	kW	4×110
设备总重	t	185

（2）长螺旋钻机配置的套管采用16mm厚钢板卷制而成，一般护筒为一节，当需要多节护筒时，则采用专用节头和螺栓连接固定；为便于套管沉入，在套管底部设有专门的管靴，管靴上镶嵌的合金刀块在套管回转时切削地层有助于下沉，护壁长套管见图4.5-4，跟管套管间连接见图4.5-5。

（3）长螺旋钻机跟管钻进系统主要由长螺旋钻机的螺旋动力头、套管动力头、螺旋钻具和长套管组成。在螺旋动力头驱动螺旋钻具钻进取土的同时，套管动力头驱动长套管跟管护壁。长螺旋跟管钻进系统具体见图4.5-6。

（4）在软弱地层段施工时，由于长螺旋钻机重量大，为保证旋挖钻机和长螺旋钻机的安全，在施工前需先填筑一层50cm厚碎石或砖渣层以提高地基承载力，场地填筑见图4.5-7。

（5）施工桩位经校核后，长螺旋钻机便可开始钻进施工；施工过程中，为了保证钻孔

(a) 长套管

(b) 管靴的合金刀块

(c) 护筒连接节头

图 4.5-4　护壁长套管结构

图 4.5-5　跟管套管间连接

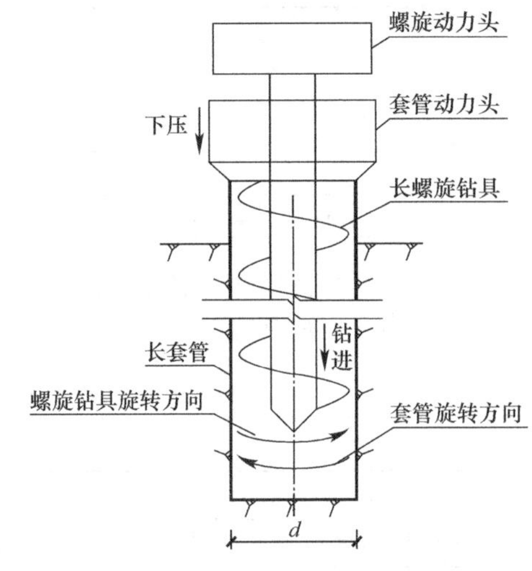

图 4.5-6　长螺旋跟管钻进系统示意图

图 4.5-7　场地填筑

的垂直度，在两个垂直方向上分别吊垂线控制套管垂直度。

(6) 长螺旋钻具向下钻进过程中，孔内的渣土随着长螺旋的螺旋通道向上排出，钻机在孔口位置设有专用的排土口，排出的渣土堆积在钻孔附近，由专人用铲车或挖机及时清理至指定位置。长螺旋钻机钻进排渣见图 4.5-8。

(7) 长螺旋钻具钻进取土的同时，套管动力头驱动长套管一边旋转一边下压，完成跟管钻进并形成对孔壁的支护；在软弱地层钻进时，钻进过程保持超前套管护壁，通过控制长螺旋钻机螺旋动力头将套管下沉超出螺旋钻头深度（S）不少于 100cm，具体见图 4.5-9。

2. 长螺旋钻具提升

(1) 当长螺旋钻进穿过软弱地层后，将套管与套管动力头分离，使长套管留在孔内继

图 4.5-8　长螺旋钻机钻进排渣

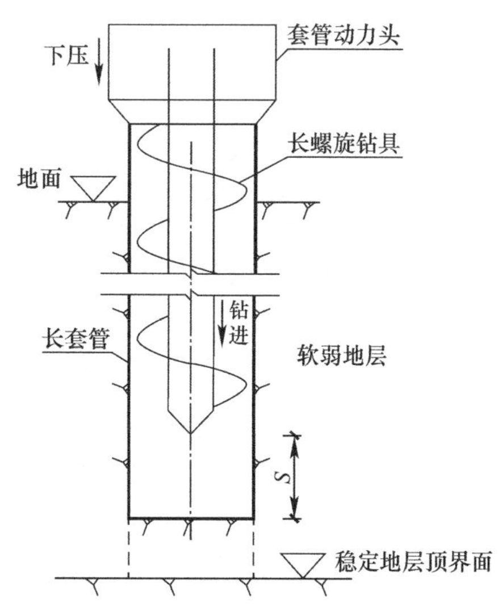

图 4.5-9　长套管超前深度示意图

续护壁。

（2）利用螺旋动力头提升长螺旋钻具，将钻具从孔内全部提出，整机移至下一桩位。

3. 旋挖钻机钻进

（1）旋挖钻机使用扭矩 360kN·m，可满足钻进要求。

（2）旋挖钻机对准桩位后，在护壁长套管的保护下继续完成软弱地层以下桩孔的钻进。

（3）旋挖钻机在一般地层中采用双开门截齿钻斗钻进，钻进硬岩则采用截齿钻筒钻进；在完成钻进至桩底标高后，更换捞渣钻头将孔底沉渣捞出，完成第一次清孔。旋挖钻机钻进见图 4.5-10。

4. 钢筋笼制安与导管安放

（1）钢筋笼按设计图纸在加工场制作，经验收合格后吊放入孔，并在孔口位置固定，防止其下沉或上浮。

（2）导管安装前，确定好配管长度，确保导管安放完毕后导管底部距离孔底 30～50cm；导管使用前，进行泌水性压力试验；入孔连接时，安放密封圈并将丝扣上紧，确保灌注时不渗漏。

5. 二次清孔

（1）在灌注混凝土前，测量孔底沉渣厚度，如超出设计要求则进行二次清孔。

（2）清孔方式采用正循环方式，通过优质泥浆循环将孔底沉渣置换清出，直至清孔验收各项指标合格。桩孔正循环二次清孔见图 4.5-11。

6. 灌注桩身混凝土

（1）为确保初灌质量，灌注混凝土采用压球法开灌，即在灌注前将隔水用的橡胶球胆放入导管内，安装好初灌料斗后盖好密封板；然后开始往斗内放混凝土，当料斗即将满时打开密封板，同时加快放料速度，确保初灌混凝土量将导管埋深 1m 以上。

（2）灌注过程中，不断测量混凝土面上升高度，控制导管埋深 2～6m 之间，防止发

图 4.5-10　旋挖钻机钻进

图 4.5-11　桩孔正循环二次清孔

生堵管或导管底拔出混凝土面的情况。

（3）为了保证桩顶混凝土强度，灌注过程中保持混凝土超灌高度 1m 左右。桩身混凝土灌注见图 4.5-12。

7. 长套管起拔

（1）灌注桩灌注完成后，在 4h 左右安排长螺旋钻机在混凝土终凝前起拔套管。

（2）待套管全部起拔完成后，长螺旋钻机移至新桩位开始施工。长套管起拔见图 4.5-13。

图 4.5-12　桩身混凝土灌注

图 4.5-13　长套管起拔

4.5.7　机械设备配置

本工艺现场施工所涉及的主要机械设备见表 4.5-2。

主要施工机械设备配置表　　表 4.5-2

名称	型号及参数	备注
长螺旋钻机	SZ80	软弱地层跟管钻进
旋挖钻机	360kN·m	稳定地层钻进
泥浆泵	3PN	泥浆循环
电焊机	ZX7-400T	焊接作业
起重机	50t	吊装作业

4.5.8　质量控制

1. **灌注桩成孔**

(1) 施工过程中，同时在两个垂直方向上分别吊垂线控制套管垂直度。

(2) 长螺旋钻机在软弱地层中跟管钻进时，为了防止砂、淤泥等流进套管，将套管下沉深度超出螺旋钻头不少于 1m。

(3) 旋挖钻机在稳定地层钻至设计终孔深度后，采用捞渣钻头将孔底沉渣捞出，完成第一次清孔。

2. **灌注桩身混凝土成桩**

(1) 在钢筋笼和灌注导管安放完毕后，测量孔底沉渣厚度，如超出设计要求则进行二次清孔。

(2) 控制混凝土坍落度在 180～220mm 范围内，同时确保导管埋深在 2～6m，防止发生堵管或导管底拔出混凝土面的情况。

(3) 为了确保桩顶混凝土强度，控制混凝土超灌高度 1.0m。

(4) 完成灌注后，在 4～6h 安排长螺旋钻机起拔套管，起拔套管时可根据起拔力大小控制起拔速度。

4.5.9　安全措施

1. **钻机安全**

(1) 在软弱地层上施工时，在施工前先填筑一层 50cm 厚碎石或砖渣层，部分坑洞或淤泥处进行换填、压实处理，防止机械下陷。

(2) 旋挖钻机在孔口钻进时，履带处铺垫钢板，确保孔口稳定。

(3) 灌注成桩后，对空孔及时回填。

2. **吊装作业**

(1) 起重机在进行起重作业时，现场由司索工指挥，闲杂人员撤至安全范围。

(2) 根据现场制作钢筋笼的重量与长度，多点起吊，平稳移动，确保起吊作业的安全。

4.6　岩溶发育区旋挖地雷形钻头溶洞挤压施工技术

4.6.1　引言

在岩溶发育区施工灌注桩，一般多采用冲击或旋挖钻机钻进成孔。冲击钻进时，利用十字锤冲击挤压、破碎地层，并通过泥浆循环将钻渣上返；当遇到溶洞时，采用先回填片石和黏土混合物，再用冲锤进行冲击挤压，将片石和黏土混合物充填至溶洞内，重新形成完整的孔壁。冲孔钻进成孔虽然在处理溶洞时有一定的优势，但在上部土层钻进时，冲击施工速度慢，泥浆使用量大，造成现场文明施工条件差。为了提升钻进效率，近年来旋挖钻机也常用于岩溶发育区溶洞桩孔的施工，充分发挥出了旋挖钻进在土层段的高效率；但对于溶洞段的钻进，旋挖钻机缺乏有效的冲击挤压功能，对溶洞处理能力就显得较弱。

为解决旋挖钻机在溶洞段钻进的不足，提出了一种旋挖地雷形钻头挤压工艺，即在岩溶发育区灌注桩施工过程中，采用旋挖钻机连接一种专用的地雷形挤压钻头，对钻孔中溶洞段回填黏土、片石进行挤压处理的方法，以保证溶洞被充填形成临时孔壁，防止塌孔和泥浆漏失，使旋挖钻机具备良好的挤压功能，有效将回填的黏土、片石挤压至溶洞内，拓宽了旋挖钻机的应用范围。

4.6.2 工艺特点

1. 溶洞充填效果好

本工艺采用地雷形钻头形状设计，在旋挖钻机回转和加压的作用下，有效对溶洞段回填黏土和片石进行挤压，通过反复回填、挤压处理，可有效地对溶洞进行充填处理，确保下一步钻进成孔。

2. 制作和使用简便

本工艺使用的地雷形钻头采用钢板焊接制作，制作简单；地雷形钻头的连接采用标准尺寸，使用时可以与任何品牌的旋挖钻机直接连接使用，插入固定即可使用，操作便利。

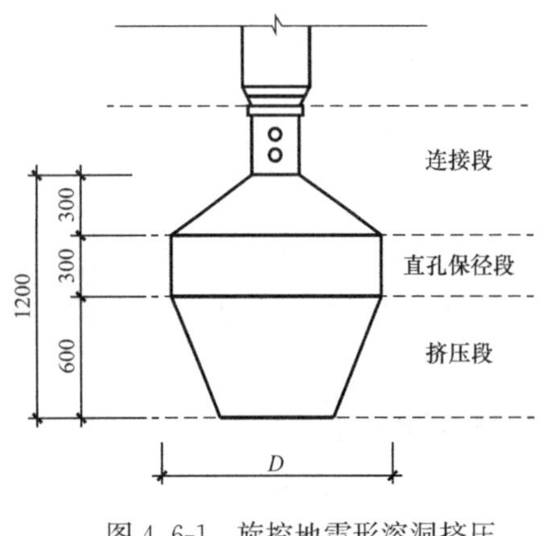

图 4.6-1 旋挖地雷形溶洞挤压钻头示意图

3. 使用成本低

本工艺制作简单、使用便捷，钻头可重复使用，制作和使用成本低，经济性好。

4.6.3 工艺原理

1. 地雷形旋挖钻头设计与结构

(1) 具体钻头结构见图 4.6-1～图 4.6-3，图中以钻孔桩直径 D=1200mm 为例。

(2) 钻头采用 2cm 厚钢板焊制，内部为空心状。

(3) 钻头的上部为连接段，呈上小、下大的圆台形，主要作为地雷形钻头与旋挖钻机钻杆的连接，连接头采用标准设计。

(4) 钻头中部为直孔保径段，采用圆柱体设计，圆柱体的直径与设计桩径（D）一致，其主要作为钻进挤压时确保钻孔段直径，并能起到钻进导向作用，使钻头不偏孔，以便后续旋挖钻头继续顺利钻进。

(5) 钻头下部为挤压段，是钻头实现溶洞处理的主要部分，采用上大、下小圆台设计，既方便钻头进入回填层，又充分发挥出挤压效果。

图 4.6-2　旋挖地雷形钻头三维示意图

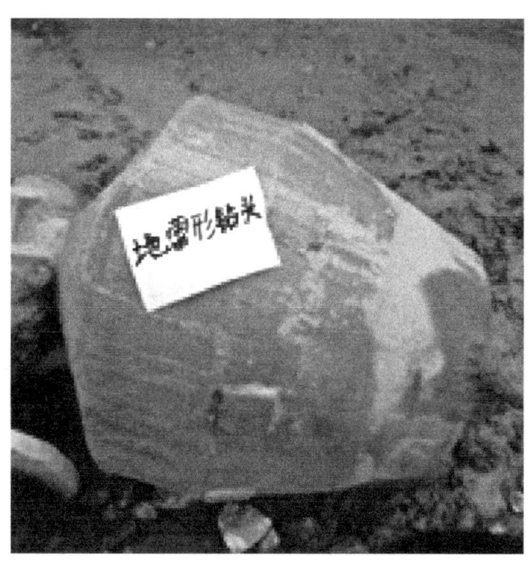

图 4.6-3　旋挖地雷形挤压钻头实物

2. **工艺原理**

采用本工艺所述旋挖地雷形挤压钻头，在完成溶洞位置之上至少 2m 的黏土、片石回填后，地雷形钻头连接旋挖钻机入孔，钻头在向下回转钻进过程中，通过旋挖钻机的向下加压装置，钻头底部对孔内的回填层进行向钻孔底部向下、侧壁横向同时进行挤压，使片石和黏土混合物充填进入溶洞内；通过反复多次的回填和挤压操作，孔内起到形成新的护壁结构，确保溶洞段被充填和稳定，具体工艺原理见图 4.6-4。

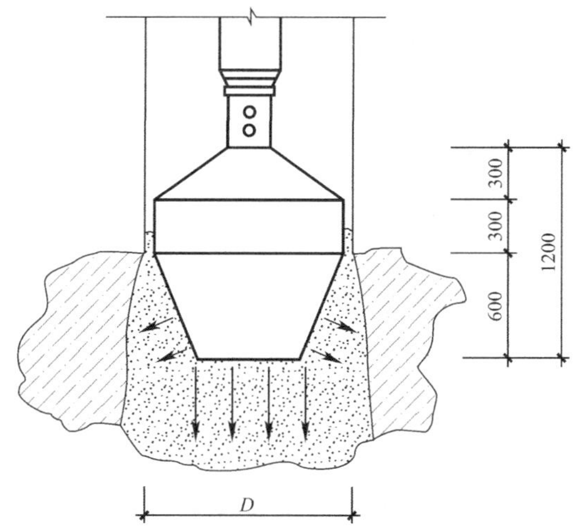

图 4.6-4　旋挖地雷形挤压钻头溶洞处理工艺原理示意图

4.6.4　施工工序流程

岩溶发育区旋挖地雷形溶洞挤压钻头钻进施工工序流程见图 4.6-5。

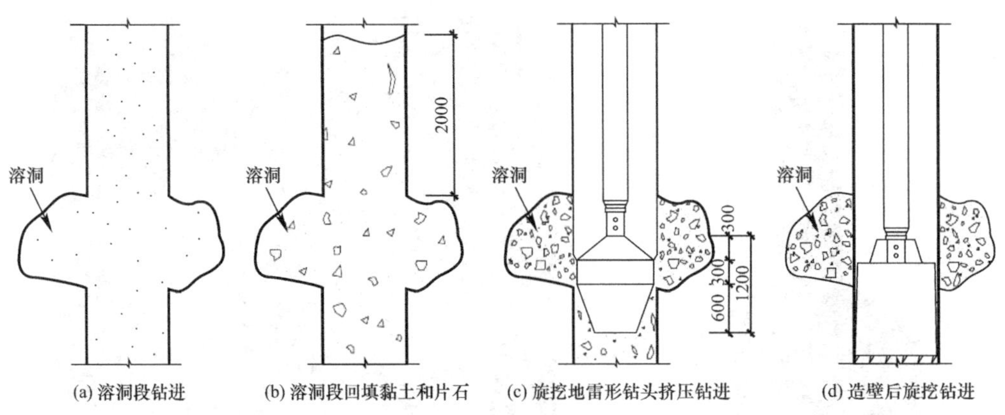

图 4.6-5　岩溶发育区旋挖地雷形溶洞挤压钻头钻进施工工序流程图

4.6.5　工序操作要点

1. **钻进**

（1）旋挖钻进至接近溶洞时，旋挖钻容易被溶洞段不规则岩体卡钻，此时改换旋挖筒钻钻进。

（2）钻进遇溶洞后，或发现坍孔或泥浆流失，及时进行停钻。

图 4.6-6　旋挖地雷形挤压钻头

2. **回填**

（1）根据溶洞分布情况，进行黏土＋片石＋水泥混合孔内回填，回填高出溶洞顶部位置约 2m。

（2）改换旋挖地雷形挤压钻头入孔，采用慢速、加压钻进，用地雷形钻头充分挤压回填层。

（3）可重复多次回填挤压，直至溶洞段形成新的孔壁为止。旋挖地雷形挤压钻头现场使用见图 4.6-6。

（4）溶洞处理完毕后，旋挖钻机换正常的旋挖钻进钻头继续进行钻进；钻进过程中，保持孔内泥浆性能，确保孔壁稳定。

4.7　深厚填石层灌注桩旋挖挡石钻头成孔技术

4.7.1　引言

旋挖灌注桩因成孔效率高、易于施工管理、施工过程中产生的泥浆废渣少等特点被广泛应用于灌注桩施工中。当旋挖钻头在深厚填石层中钻进时，受填石层块度不均一、分布散乱、结构松散等影响，旋挖钻头穿越时易发生块石掉落、塌孔、埋钻现象（图 4.7-1），常常使钻头部件受损（图 4.7-2），造成钻杆与钻头连接部位强度和钻进扭力下降；同时，块石时常掉落至钻头筒壁与孔壁之间，会加大钻头回转钻进的阻力，导致旋挖钻进摩阻加大，严重影响钻进工效。

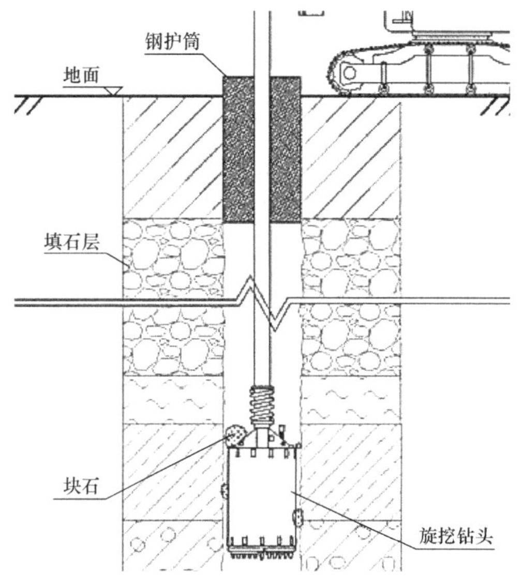

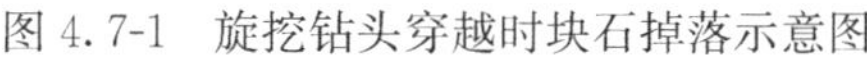
图 4.7-1　旋挖钻头穿越时块石掉落示意图

图 4.7-2　旋挖钻头连接方套被填石砸损

针对此情况，项目组与江门宝锐机械工程有限公司对基坑填石区旋挖成孔施工工艺进行了研究，设计制作一种顶部带挡板且设置加固加强筋板的旋挖挡捞块石钻头，经现场应用较好解决了填石地层旋挖钻进施工出现的问题，有效提高钻进效率。加筋挡石钻头三维模型及实物见图 4.7-3。

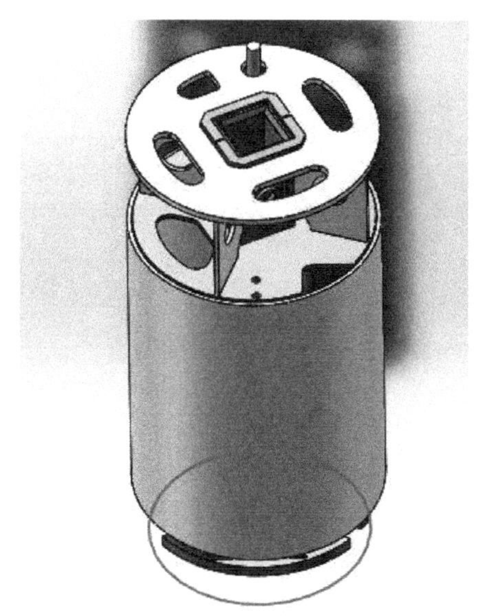

图 4.7-3　加筋挡石钻头三维模型及实物

4.7.2 工艺特点

1. 使用便捷使用

本工艺使用的加筋挡石旋挖钻头使用时无需更换其他工艺机具，遇填石层直接投入使用，保持了旋挖钻头的所有功能和优势，现场使用便捷。

2. 提高钻进工效

传统旋挖钻机在填石区成孔施工时，块石掉落往往会导致偏桩、损坏钻头结构甚至导致掉钻等问题；本工艺所述的加筋挡石钻头加固了钻头结构，利用钻头顶部设置的挡板将大块径填石承托直接捞出，减少块石掉落对钻进的影响，大大提高钻进工效。

3. 节省使用成本

本工艺使用的加筋挡石钻头直接在传统旋挖钻头的基础上进行改进，加固了钻头易损部位，钻头使用耐久，制作和使用成本低。

4.7.3 适用范围

适用于填石区灌注桩旋挖钻进成孔。

4.7.4 挡石钻头结构

1. 钻头结构

本工艺所述的加筋挡石钻头针对填石地层旋挖成孔施工，以旋挖钻机作为主体，对旋挖钻头的结构进行优化改进，将旋挖钻头加强筋板加厚加长，同时在四周加强筋板外侧焊接一块钢板保护钻头与钻杆的连接构件，再在钻头顶部设计块石挡板，挡板直径与钻孔直径一致，其目的在于填石地层旋挖钻进施工时承托住掉落的块石以保护钻头和孔壁；另外，挡板上设置若干孔洞以便施工过程中护壁泥浆的流通。旋挖挡石钻头结构和孔内钻进状态见图 4.7-4、图 4.7-5。

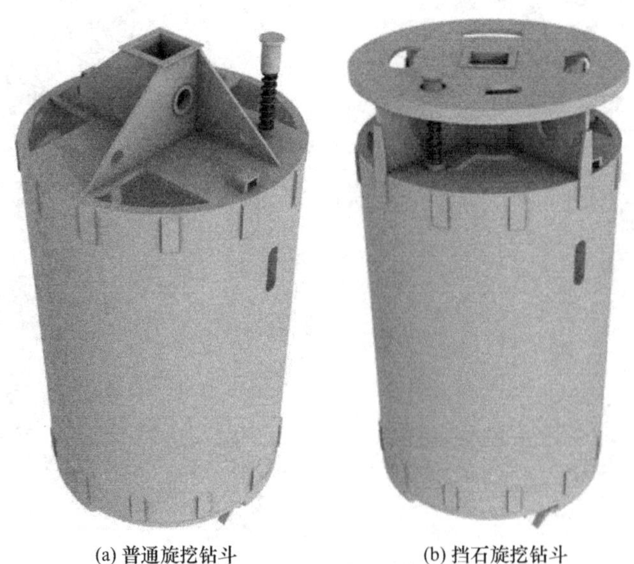

(a) 普通旋挖钻斗　　(b) 挡石旋挖钻斗

图 4.7-4　旋挖挡石钻头结构

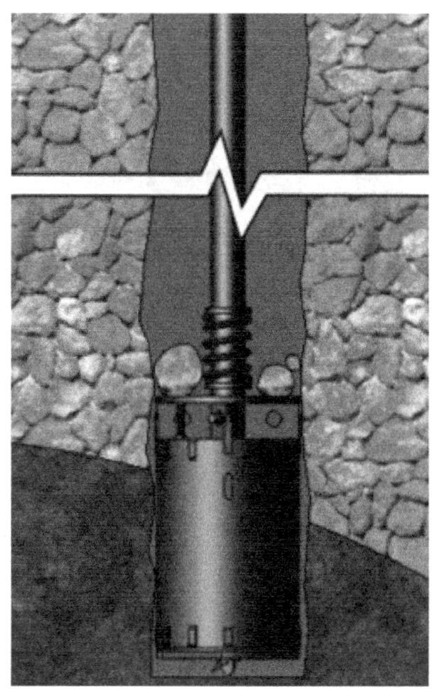

图 4.7-5　填石层旋挖挡石钻头钻进

2. 旋挖挡石钻头设计与制作

以桩径 1200mm 旋挖桩为例。

（1）钻头整体直径 1120mm，整体长度约 2m。

（2）挡石板整体厚度 300mm，挡板开设 4 个 120mm×360mm 孔洞。

（3）将 4 块加强筋板加厚的同时，均延长至挡板底部并与其焊接，在钻头四周外侧加强筋板处焊接一块 20mm 厚防护板，以减小钻进过程中块石摩擦对加强筋板的损坏。

旋挖挡石钻头设计见图 4.7-6，旋挖加筋挡石钻头钻进现场见图 4.7-7。

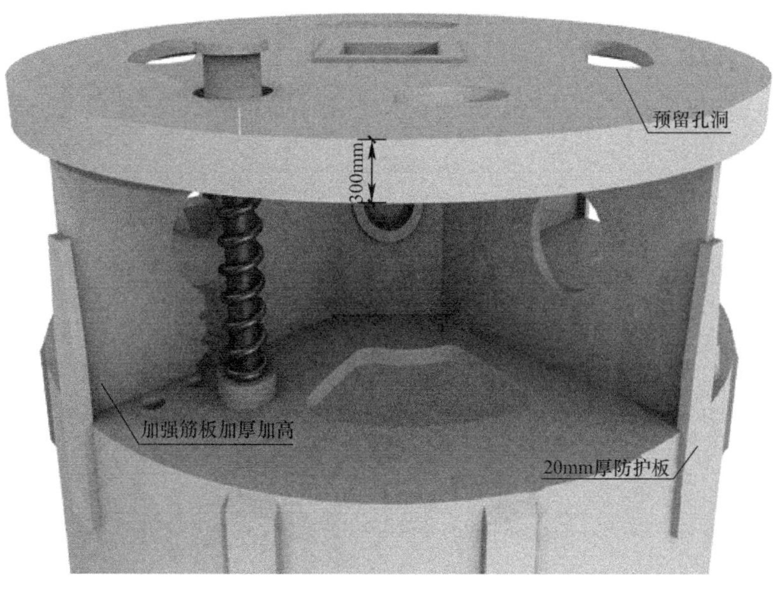

图 4.7-6　旋挖挡石钻头设计

图 4.7-7　旋挖加筋挡石钻头钻进现场

第 5 章 旋挖钻进出渣降噪施工新技术

5.1 旋挖钻筒三角锥出渣减噪施工技术

5.1.1 前言

旋挖钻机与其他传统桩机设备相比，具有自动化程度高、劳动强度低、施工工效高等优点，在工程建设中得到了广泛的应用。当旋挖钻进碎裂岩、强风化岩层时，一般采用旋挖钻筒，利用开口的筒钻截齿向下快速回转钻进，完成回次进尺后即提钻排渣。出渣时，由于碎裂岩和强风化岩呈半岩半土的碎块状，岩块、岩屑密实堆积在钻筒内，造成排渣困难，或钻遇中、微风化岩呈完整的岩芯状，亦容易造成岩芯排出不畅。当遇到以上旋挖钻筒出渣困难的情况时，旋挖钻机手通常采用反复旋转钻斗或通过急刹制动将钻筒内岩渣抖出，有时需人工结合挖掘机顶撞出渣，整个出渣过程机械间接触、碰撞产生较大的噪声影响，造成周边环境噪声严重超标，成为旋挖灌注桩施工被投诉的主要污染源，给居民正常生活带来极大的困扰。旋挖筒钻反复旋转甩渣见图 5.1-1，旋挖钻筒钻渣挖掘机辅助排渣见图 5.1-2。

图 5.1-1 旋挖筒钻反复旋转甩渣

图 5.1-2 旋挖钻筒钻渣挖掘机辅助排渣

为解决上述旋挖钻进噪声扰民的困扰，项目组在旋挖钻筒出渣时，在地面设立三角锥式辅助出渣装置，通过地面静态的三角锥贯入钻筒内挤密的钻渣，使其紧密结构疏松而顺利排渣。

本工艺经多个项目应用，有效降低了钻进出渣施工噪声，达到了绿色降噪、施工高效、环境友好的效果。

5.1.2 工艺特点

1. 装置设计及制作简单

本工艺所采用的出渣装置采用锥式设计，体积小、重量轻；装置材料由钢板焊接而成，材料容易获取，制作简单。

2. 操作安全便捷

本工艺辅助出渣时，只需将旋挖钻筒岩渣插入三角锥式出渣装置即可快速完成排渣，三角锥式结构稳定性好，现场操作简便，排渣便捷。

3. 排渣效果好

本工艺采用的排渣装置为三角锥式设计，锥体中间采用锥式镂空架构，有利于增大三角锥头与钻筒内岩渣的接触面，便于钻筒内钻渣疏松，出渣效果好。

4. 出渣噪声低

本工艺出渣时采用旋挖钻筒底与三角锥式装置贯入接触，此接触为钢性锥体与岩渣的贯入式作用，钢制锥体快速插入使钻渣松散排出，整个操作过程无噪声，大大提升现场文明施工。

5.1.3 适用范围

适用于桩径不大于 1.2m 的旋挖筒式钻头出渣，适用于旋挖钻筒钻进碎裂岩、强风化岩、硬质岩出渣。

5.1.4 工艺原理

1. 锥式出渣装置结构

锥式出渣装置整体为三角锥式设计，主要由底部支座、三角锥式结构及锥体顶部连接板组成。

(1) 底部支座为 450mm×450mm 正方形底板，由厚度 20mm 钢板制成，主要对三角锥起稳固作用。

(2) 三角锥体整体高度为 600mm，采用 10mm 钢板焊制，为镂空结构，主要用于产生锥尖力破坏钻筒内岩渣的密实性，便于顺利排渣。

(3) 锥体顶部连接板垂直高度为 333mm，其作用是加大锥体的插入破坏面积。

三角锥式出渣装置三维建模见图 5.1-3，实物见图 5.1-4。

2. 三角锥式出渣原理

本工艺所述的旋挖钻筒辅助出渣减噪技术的主要工艺原理表现为以下两个方面：

(1) 旋挖钻筒冲击锥体贯入松散钻渣

在旋挖钻进完成回次进尺后，将钻杆连同旋挖钻筒从孔内提出，移动钻筒至地面的三角锥式出渣装置上方，并将钻筒快速放下，使钻筒内的密实钻渣面冲击贯入锥体，随着插入深度加大，刚性锥体板使锥刺破坏面加大，而镂空的锥体结构便于锥体进入钻渣内，锥体的整体结构设计利于密实钻渣松散，经一次或多次反复操作后筒内全部钻渣即可顺利排出。

(2) 三角锥体对钻渣的挤压剪切扰动

在钻筒冲击三角锥体时，除发生锥体贯入钻渣外，钻筒内的钻渣同时发生挤压，钻渣受锥体冲击挤入影响会向上产生一定的位移，使钻筒内顶部积存的泥浆从钻筒顶的洞口挤出，导致钻筒内部挤压密实的钻渣结构发生破坏，钻渣松散后在其重力作用下快速排出。

旋挖钻筒三角锥出渣原理及实物图见图 5.1-5～图 5.1-7。

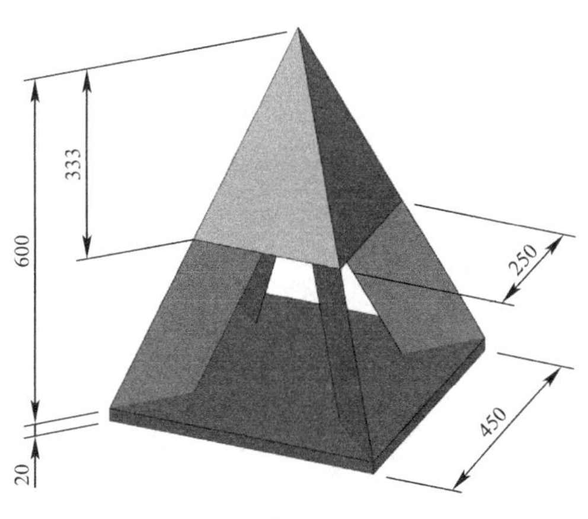

图 5.1-3　三角锥式出渣装置示意图

图 5.1-4　三角锥式辅助出渣装置实物

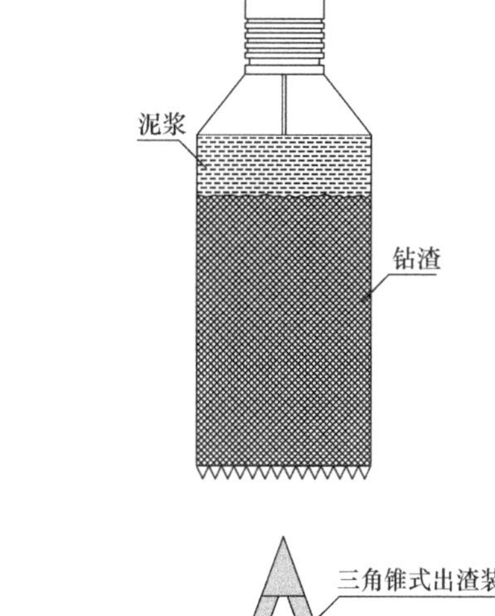

图 5.1-5　旋挖钻筒冲击贯入锥体

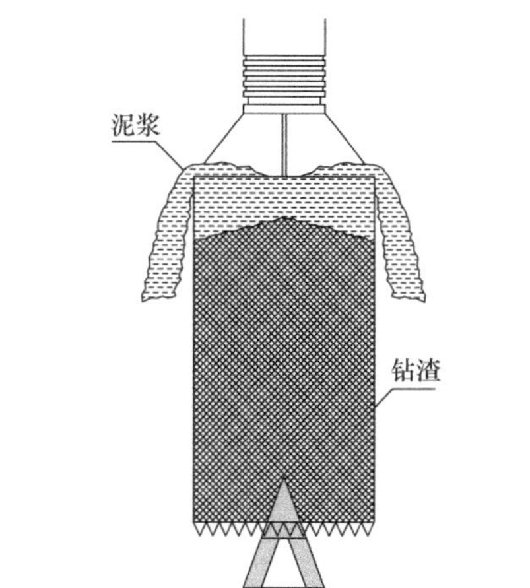

图 5.1-6　锥体贯入与钻渣产生剪切挤压后钻筒顶洞口挤出泥浆

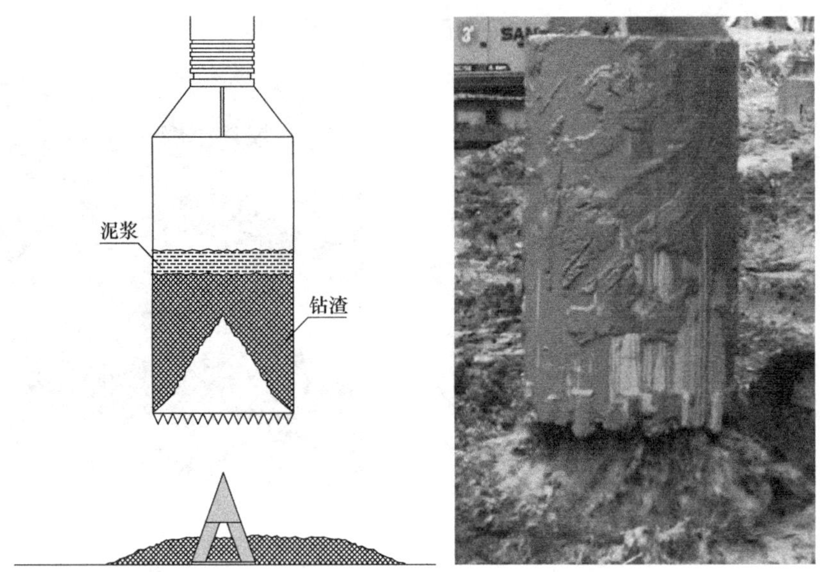

图 5.1-7　锥体贯入拔出后钻筒内渣土疏松脱落

5.1.5　施工工艺流程

旋挖钻筒三角锥出渣减噪施工工序流程见图 5.1-8。

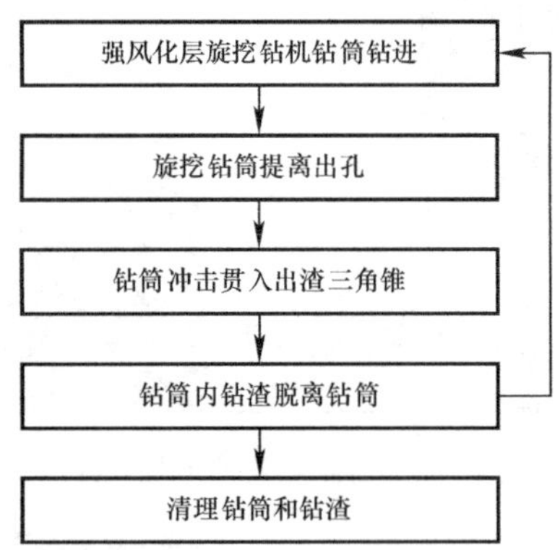

图 5.1-8　旋挖钻筒三角锥出渣减噪施工工序流程图

5.1.6　工序操作要点

1. **强风化层旋挖钻机钻筒钻进**

(1) 场地平整，定位放线，埋设孔口护筒。

(2) 强风化层采用旋挖钻筒钻进，控制回次进尺不大于 80%，保证后续提钻后钻筒内渣土经三角锥出渣装置的贯入能顺利排渣（图 5.1-9）。

(3) 钻进过程中采用优质泥浆护壁，始终保持孔壁稳定。

2. **旋挖钻筒提离出孔**

(1) 完成回次进尺后，钻筒内填充钻渣，提起钻杆连同钻斗一起出孔，见图 5.1-10。

(2) 提钻时，严格控制钻筒升降速度。

图 5.1-9 旋挖钻机钻进

图 5.1-10 旋挖钻筒提离出孔

3. 钻筒冲击贯入出渣三角锥

（1）将三角锥式出渣装置放置于钻筒卸渣点，注意放置场地提前平整清理，保证出渣装置平稳摆放，防止在排渣时出渣装置出现倾倒、位移过大等情况。

（2）移动钻筒至三角锥式出渣装置上方，并将钻筒快速放下，使钻筒冲击贯入三角锥出渣装置，多角度、多方向转动筒钻，增大筒钻与出渣装置的接触面积，使钻筒快速排净黏附于钻筒内的渣土，具体见图 5.1-11。

图 5.1-11 钻筒三角锥式出渣

4. 钻筒内钻渣脱离钻筒

（1）在三角锥式出渣装置的冲击贯入作用下，筒内上部的泥浆受挤压朝筒顶的孔洞溢出，密实钻渣松散落至地面。

（2）经一次或反复多次操作后筒内全部钻渣顺利排出，具体见图 5.1-12。

图 5.1-12　钻筒内钻渣脱离钻筒

5. **清理钻筒和钻渣**

（1）完成强风化层钻进成孔后，用清水冲洗筒钻外部及内壁。

（2）清理桩孔附近钻渣，及时外运。

5.1.7　机械设备配置

本工艺现场施工所涉及的主要机械设备见表 5.1-1。

主要机械设备配置表　　**表 5.1-1**

名称	型号	参数	备注
旋挖钻机	BG30	扭矩 294kN·m	钻进成孔
挖掘机	PC200-8	铲斗容量 0.8m^3	渣土转运、清理
泥浆泵	BW250	流量 250L/min	抽排护壁泥浆
直流电焊机	ZX7 400GT	功率 18.2kVA	制作、维修
三角锥式出渣装置	（自制）	底座 450mm×450mm、整体高度 600mm	钻筒排渣

5.1.8　质量控制

（1）严格按照三角锥式出渣装置的尺寸进行制作，各钢板焊接连接焊缝密实牢固。

（2）使用三角锥式出渣装置时，将其放置于桩孔附近的钻筒卸渣点，场地提前平整清理，保证出渣装置摆放稳固，以提高钻筒排渣效率。

（3）钻筒提离孔口向三角锥式出渣装置移动贯入时，钻筒对中对准刺入。

5.1.9　安全措施

（1）当旋挖钻机、履带起重机等大型机械移位时，施工作业面保持平整，设专人现场统一指挥，无关人员撤离现场作业区域，避免发生机械设备倾倒伤人事故。

（2）制作三角锥式出渣装置的焊接作业人员按要求佩戴专门的防护用具（如防护罩、护目镜等），并按照相关操作规程进行焊接操作。

（3）钻筒提离孔口向三角锥式出渣装置移动贯入时，钻筒内钻渣面对准贯入，避免因对中失误使钻筒直接碰撞出渣装置，导致出渣装置弹出伤人。

5.2　旋挖钻斗顶推式出渣降噪施工技术

5.2.1　前言

旋挖钻机与其他传统桩机设备相比，具有自动化程度高、劳动强度低、施工工效高等优点，在桩基工程中得到了广泛的应用。旋挖钻机采用旋挖钻斗钻进时，经常出现钻渣在钻斗内堵塞、黏附在斗身内壁而难以顺利排出的问题。当旋挖钻进遇到出渣困难的情况时，旋挖钻机手通常操作钻斗正反转交替冲击甩土作业，或通过旋转过程中急刹制动措施将钻斗内钻渣抖出。整个出渣过程产生很大的噪声，造成周边环境噪声严重超标。成为旋挖钻进施工被投诉的主要原因，严重时甚至被勒令停工整顿，极大地影响了基础工程施工进度。旋挖钻斗甩动出渣见图 5.2-1。

图 5.2-1　旋挖钻斗甩动出渣

随着政府对建筑施工企业噪声污染的监管及处罚力度逐步加强，解决旋挖钻机出渣时产生噪声的问题迫在眉睫。为此，项目组围绕降低旋挖钻斗出渣甩土作业引发噪声污染的问题开展研究，通过现场工艺试验、优化，形成了旋挖钻斗顶推式出渣降噪施工技术。本工艺在钻斗内部设置一块上部连有传力杆的排渣板，通过钻机动力头压盘向钻斗承压盘施加压力，承压盘带动传力杆下压排渣板，从而将渣土推压出钻斗。本工艺通过施工现场实践应用，达到了降低施工噪声、提高施工效率的效果，并显著提高了现场绿色文明施工水平。

5.2.2　工艺特点

1. 排渣效果好

本工艺通过钻机动力头向下顶推钻斗上部承压盘，承压盘通过传力杆推动内置于钻斗内的排渣板下移，从而将黏附在钻斗内壁的渣土完全推出，出渣效果好。

2. 出渣噪声低

本工艺通过内设的排渣板缓慢下移将钻斗内渣土推出，整个排渣操作过程由静力操控，避免了机件之间的强烈碰撞，作业噪声小，有效提高了现场绿色文明施工水平。

3. 操作安全便捷

采用顶推式钻斗出渣只需通过提升钻斗与旋挖钻机动力压盘接触产生持续的推压力即

可完成排渣，整个出渣过程安全可控，现场操作便捷。

4. **提高施工工效**

采用本工艺进行旋挖钻进施工，大大降低了出渣过程中的噪声污染，尤其是在噪声管控严格的场地，有效避免了因噪声过大引发投诉导致停工造成的工期延误损失，大大提升了现场施工工效。

5.2.3 适用范围

适用于旋挖钻进过程中直径不大于 1200mm 的旋挖钻斗出渣。

5.2.4 工艺原理

1. **技术路线**

旋挖钻斗出渣困难是由于钻渣在斗内堵塞或黏附于钻斗内壁，为此设想设计一种顶推式旋挖钻斗，通过顶推力作用方式将钻斗内部的渣土自上而下推压出斗。

2. **钻斗顶推结构设计**

根据上述技术路线，对常用的旋挖钻斗结构进行改装，增加了一套内部顶推结构，该顶推结构的思路与普通注射器原理相同。注射器结构主要由压板、活塞轴、筒耳、活塞和针筒组成，见图 5.2-2。当需要将针筒内液体排出时，保持针筒不动，推动上部压板，压板通过活塞轴推动活塞，从而将针筒内液体排出。由此，本工艺用于旋挖钻斗的顶推结构主要由承压盘（压板）、传力杆（活塞轴）、排渣板（活塞）、限位杆（筒耳）、斗体（针筒）组成（括号内为与顶推结构功能对应的注射器结构），旋挖钻斗顶推式出渣结构见图 5.2-3。

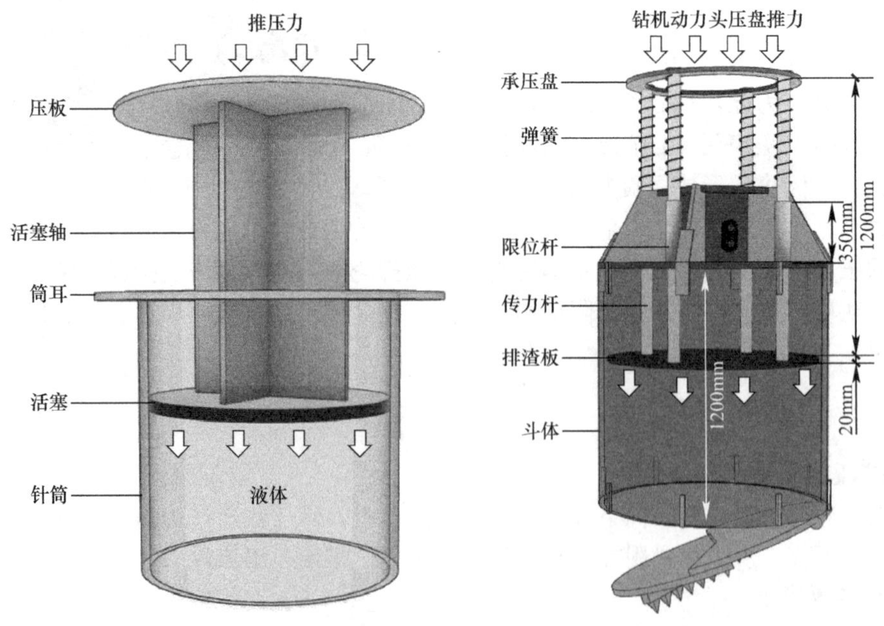

图 5.2-2 注射器结构

图 5.2-3 旋挖钻斗顶推式出渣结构

以高 1200mm、外径 1000mm 的旋挖钻斗为例，顶推结构排渣板由 20mm 厚钢板制作，外径比旋挖钻斗内径略小，排渣板上方由 4 根长 1200mm 的传力杆连接。4 根传力杆分别套于固定在钻斗顶面的 4 根长 350mm 的限位杆内，限位杆用来限制承压盘的下移距离；连接承压盘一端的传力杆外部弹簧长度为 500mm，弹簧可以使顶推结构下压后回弹。

3. **钻斗顶推出渣原理**

旋挖钻斗顶推出渣原理是在钻斗内设置一块上部带有传力杆的排渣板，通过钻机动力头压盘向钻斗的承压盘施加向下的顶推力，承压盘带动传力杆下压钻斗内的排渣板，从而将渣土推压出斗。

在实际操作过程中，完成一次旋挖回次钻进后，将装有渣土的钻斗上提出孔，在置于地面通过旋转打开钻斗底部阀门后，再继续提升钻斗并与钻机动力头压盘接触；顶推结构的承压盘持续承受来自钻机动力头压盘向下传递的推力，并通过传力杆推动钻斗内的排渣板向下将渣土推出；当渣土完全排出后，下放钻斗旋转关闭钻头底部阀门，此时顶推结构在弹簧回弹作用下回至原位，至此完成钻进、出渣操作过程。

旋挖钻斗顶推式出渣原理见图 5.2-4。

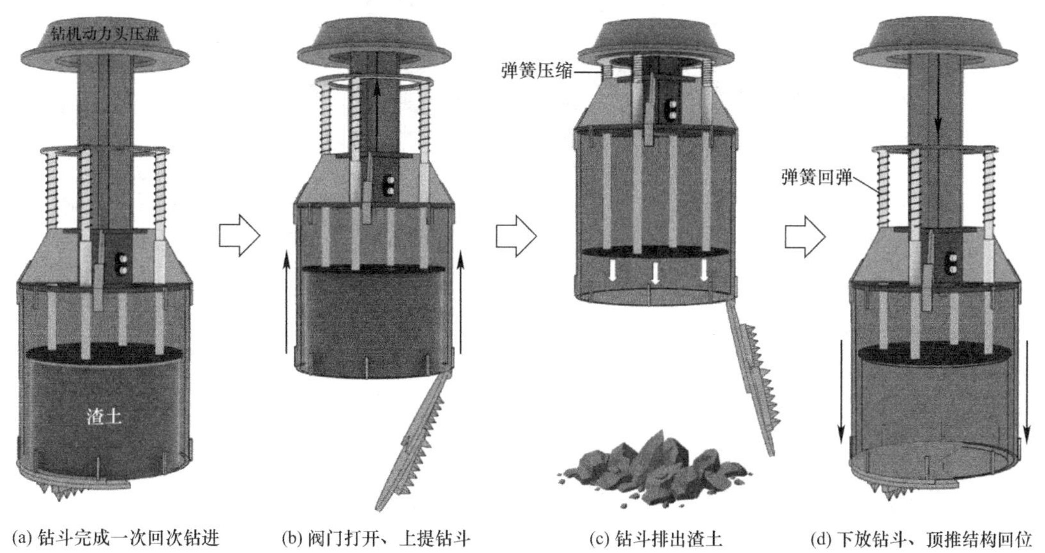

图 5.2-4 旋挖钻斗顶推式出渣原理

5.2.5 施工工艺流程

旋挖钻斗顶推式出渣施工工艺流程见图 5.2-5。

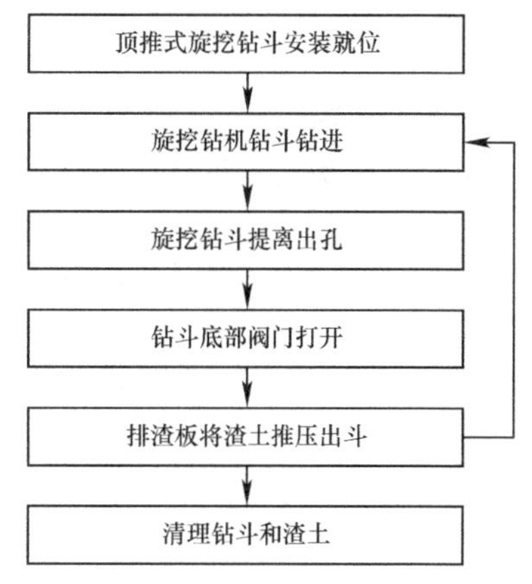

图 5.2-5 旋挖钻斗顶推式出渣施工工艺流程图

5.2.6 工序操作要点

1. **顶推式旋挖钻斗安装就位**

（1）钻进前，埋设好孔口护筒并核正护筒中心位置。

（2）安装钻斗前，检查顶推式钻斗各连接杆、阀门、弹簧的性状，确保完好后进行安装。

（3）安装钻斗时，采用起重机将顶推式旋挖钻斗吊至孔口，旋挖钻机钻杆插入顶推式旋挖钻斗的连接方套中并用连接销固定。顶推式旋挖钻斗安装见图 5.2-6。

2. **旋挖钻机钻斗钻进**

（1）钻机就位后，钻斗对准桩位，调整桅杆及钻杆垂直度。

（2）钻机缓慢将钻斗下放入护筒内，直至其底部接触孔底。

（3）开始钻进时，钻具顺时针方向旋转，钻斗底部阀门打开，钻进过程中钻渣进入钻斗，控制转速，轻压慢转。旋挖钻机钻斗钻进见图 5.2-7。

图 5.2-6　顶推式旋挖钻斗安装

图 5.2-7　旋挖钻机钻斗钻进

图 5.2-8　旋挖钻斗提离出孔

3. **旋挖钻斗提离出孔**

（1）钻进时，利用钻机自带的钻孔深度监测系统控制每个回次进尺不大于钻斗有效钻进深度的 80%，防止钻头内钻渣过于挤密。

（2）钻头完成一个回次进尺后，将钻斗置于孔底并逆时针旋转，使底部阀门关闭，并提升钻具出孔。

（3）提钻时，控制钻斗升降速度，并在孔口位置稍待停留向孔内补充泥浆，以维持孔内液面高度，确保孔壁稳定，再将钻斗提出护筒。旋挖钻斗提离出孔见图 5.2-8。

4. **钻斗底部阀门打开**

（1）将提离出孔的钻斗下放直至底部接触地面，顺时针旋转钻斗，此时底部阀门松开，具体见图 5.2-9。

（2）上提旋挖钻斗，使钻斗底部阀门通过斗底合页结构旋转打开，具体见图 5.2-10。

图 5.2-9　钻斗触地顺时针旋转

图 5.2-10　旋挖钻斗阀门打开

5. **排渣板将渣土推压出斗**

(1) 钻斗底部阀门打开后，钻斗内钻渣外卸，部分钻渣黏附于钻斗内壁；此时继续上提钻斗，使钻机动力头压盘与钻斗承压盘接触并持续加压，具体见图 5.2-11。

(2) 排渣过程中钻斗承压盘持续受到动力头压盘向下的推压力，承压盘下移使传力杆外部弹簧压缩，通过传力杆推动钻斗内的排渣板下移，将钻斗内渣土推离钻斗。

(3) 当钻渣完全排出后，下放钻斗至地面并逆时针旋转关闭钻头底部阀门，此时顶推结构在弹簧回弹作用下回至原位，至此完成回次钻进、出渣操作过程。排渣板将渣土推离钻斗见图 5.2-12。

图 5.2-11　钻机动力头压盘向钻斗承压盘加压

图 5.2-12　排渣板将渣土推离钻斗

6. **清理钻斗和渣土**

(1) 完成上部土层钻进成孔后，用清洗钻斗外部及内壁，检查各连接件间性状，并将旋挖钻机移位至下一桩孔施工。

（2）清理桩孔附近渣土并装运出场。

5.2.7 机械设备配置

本工艺现场施工所涉及的主要机械设备见表5.2-1。

主要机械设备配置表 表5.2-1

名称	型号	参数	备注
旋挖钻机	宝峨 BG30	扭矩 294kN·m	钻进成孔
顶推式旋挖钻斗	自制	直径 1000mm，高 1200mm	顶推式排渣

5.2.8 质量控制

1. **钻头改制**

（1）严格按照顶推式出渣钻斗的设计尺寸进行制作；

（2）传力杆与承压盘、排渣板之间连接焊缝密实牢固，保证制作精度。

2. **顶推出渣**

（1）使用前，检查钻斗竖直时承压盘、排渣板的水平度和传力杆的垂直度，如误差超过1%及时维修。

（2）控制回次进尺不大于钻斗容量的80%，防止钻头内钻渣过于挤密。

5.2.9 安全措施

1. **钻头改制**

（1）钻头改制在工厂由专业人员进行。

（2）电焊工持证上岗，焊接时佩戴安全防护装置。

2. **顶推出渣**

（1）排渣时控制提钻速度，避免钻机动力头压盘与钻斗承压盘猛烈撞击。

（2）注意保养顶推式钻斗，保证其连接构件功能正常，弹簧定期检查更换。

第 6 章　地下连续墙旋挖引孔新技术

6.1　地铁保护范围内地下连续墙硬岩旋挖引孔与双轮铣凿岩综合成槽施工技术

6.1.1　引言

地下连续墙作为深基坑常见的支护形式，在超深硬岩成槽过程中，传统施工工艺一般采用成槽机液压抓斗成槽至岩面，再换冲孔桩机十字锤冲击入岩、方锤修槽和采用双轮铣凿岩直接成槽两种施工工艺；当成槽入硬质中、微风化岩深度超过一定厚度时，冲击入岩易出现卡钻、斜孔，后期处理工时耗费大，冲孔偏孔需回填大量块石进行纠偏，重复破碎，耗材耗时耗力，严重影响施工进度。当成槽入硬质中、微风化岩深度较大时，采用双轮铣直接成槽，对设备损耗较大且耗时较长，成本较大。另外，由于冲孔桩机、大直径潜孔锤施工对岩层扰动较大，对地铁运营将产生安全隐患，相关规定严禁在地铁 50m 保护范围内采取冲击施工。因此，在地铁保护范围内入硬岩的地下连续墙成槽施工时，需采用对地铁运营影响小、安全可靠的成槽方法。

针对上述问题，结合现场条件及设计要求，通过实际工程的摸索、研究实践，项目组开展了“地下连续墙硬岩旋挖引孔、双轮铣凿岩综合成槽施工技术”研究，通过采用旋挖硬岩引孔、双轮铣凿岩、反循环清渣综合成槽施工方法，达到快速入岩成槽的施工效果，取得了显著成效并形成了新工法，实现了方便快捷、高效经济、质量保证、安全可靠的目标。

6.1.2　工艺特点

1. **破岩效率高**

本工艺硬岩破碎先利用旋挖钻机进尺效率高和施工硬质斜岩时垂直度好的特点，对坚硬岩体进行预先分序引孔，使双轮铣两铣轮能嵌入相邻两导孔内，降低双轮铣施工难度；再采用双轮铣顺导孔凿岩，边进尺边清理碎岩碎渣，降低了设备损耗，减少成槽清孔时间，大大提高了工作效率。

2. **成槽质量好**

本工艺通过旋挖引孔，方便控制导孔垂直度，使双轮铣顺导孔凿岩，确保双轮铣成槽垂直度。对传统铣轮进行改进，增加气举反循环装置，边成槽边清孔，确保孔底成渣满足设计要求。

3. **周边环境安全可靠**

由于旋挖钻机硬岩引孔、双轮铣凿岩均为对岩层进行硬切割，相比传统的冲孔桩机冲击破碎引孔、修槽工艺，对地层扰动小、噪声小，对地铁运营无影响、安全可靠，并完全满足对地铁保护范围内的施工要求。

4. **综合成本低**

本工艺相比传统冲孔桩机直接冲击破岩成槽和双轮铣成槽的施工工艺，大大缩短了成槽时间，进一步减少了成槽施工配套作业时间和大型起重机等机械设备的成本费用；相比双轮铣成槽的施工工艺，铣轮损耗小，施工效率大大提升，体现出显著的经济效益。

6.1.3 适用范围

适用于成槽入硬岩（单轴饱和抗压强度大于 40MPa）地下连续墙成槽施工；适用于工期紧的地下连续墙硬岩成槽施工项目；适用于地铁保护范围内入硬岩的地下连续墙的施工项目。

6.1.4 工艺原理

本工艺采用液压抓斗先进行槽段上部土层部分成槽，再利用旋挖钻机分序对槽段硬岩部分进行引孔至设计槽底标高，然后采用双轮铣对已引孔硬岩部分进行分序凿岩并清渣，最后利用液压抓斗进行刷壁、清孔的综合成槽施工。

以下以幅宽 6.0m，墙厚 1.2m 为例。

1. **液压抓斗机上部土层成槽**

（1）采用 GB46 液压抓斗机施工，选用 1.2m 厚、2.8m 宽标准液压抓斗，分三序抓槽，先抓两边、再抓中间。

（2）为保证成槽质量及钢筋网片顺利安装，槽段两端各超挖 0.6m 宽，实际成槽宽度 7.2m，具体见图 6.1-1。

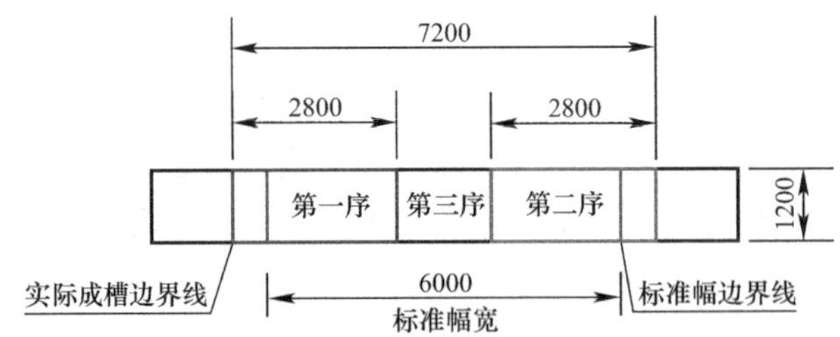

图 6.1-1 液压抓斗机抓槽分序平面布置图

2. **旋挖钻机硬岩分序引孔**

（1）槽段硬岩以上部分完成成槽后，采用旋挖钻机对槽段基岩进行双轮铣导孔引孔。

（2）相邻间的两引孔最外边间距为铣轮机的外边距（2.8m），以确保双轮铣高效凿岩，具体布孔见图 6.1-2。

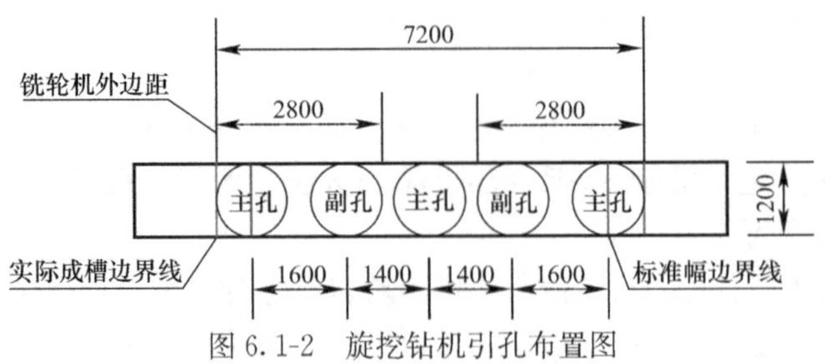

图 6.1-2 旋挖钻机引孔布置图

3. 双轮铣凿岩、反循环清渣

(1) 旋挖钻机引孔完成后，采用双轮铣对槽段岩层进行凿岩破碎、成槽。

(2) 双轮铣凿岩施工流程同样分三序成槽，先铣两边、再铣中间，实际成槽宽度7.2m。

双轮铣施工流程见图6.1-3，双轮铣分序凿岩施工见图6.1-4，气举反循环清渣原理见图6.1-5。

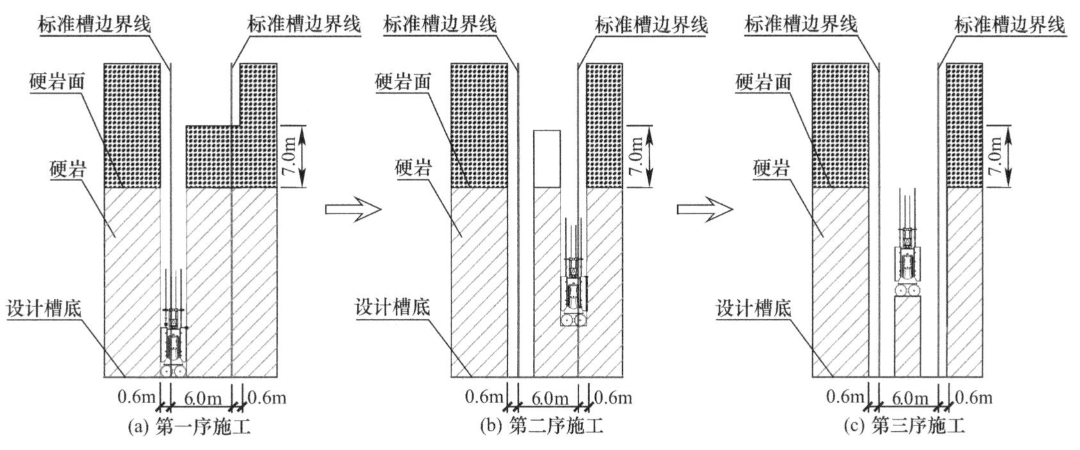

图6.1-3 双轮铣施工流程图

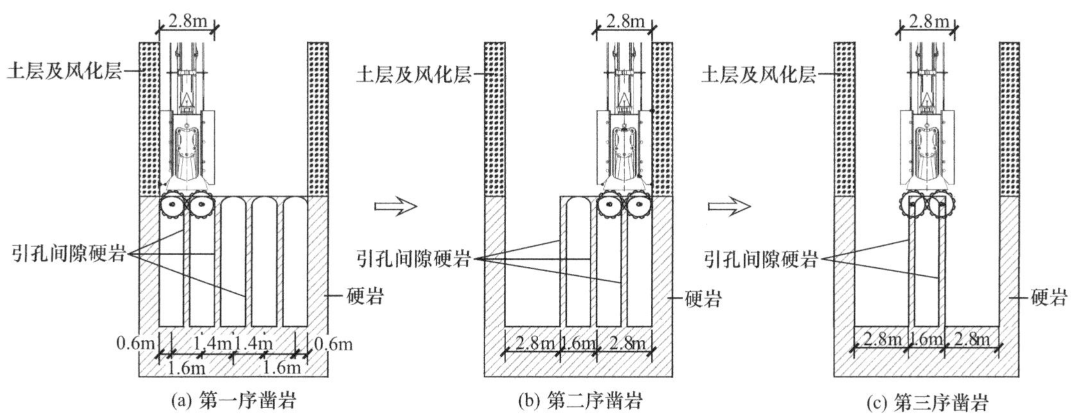

图6.1-4 双轮铣分序凿岩施工图

6.1.5 施工工艺流程

地铁保护范围内地下连续墙硬岩旋挖引孔、双轮铣凿岩综合成槽施工工艺流程见图6.1-6。

6.1.6 工序操作要点

1. 液压抓斗机上部土层成槽

(1) 采用宝峨BG46成槽抓斗，分三序抓槽，先抓两边、再抓中间，为保证成槽质量及钢筋网片顺利安装，槽段两端各超挖0.6m宽度，实际成槽宽度7.2m。具体分序抓槽剖面见图6.1-7。

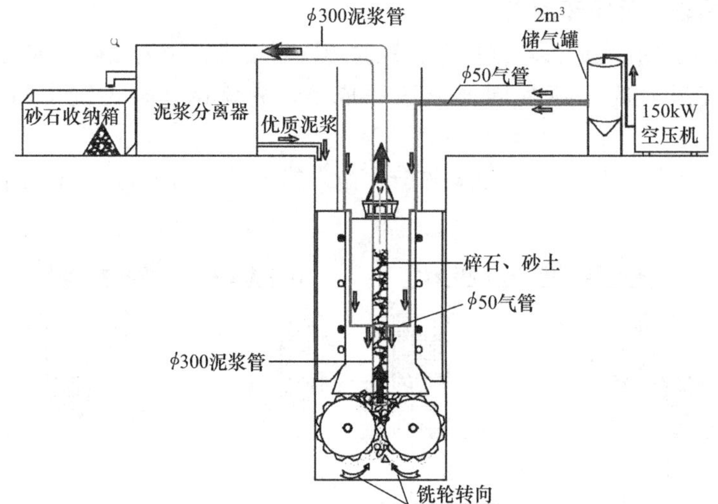

图 6.1-5　气举反循环清渣原理示意图

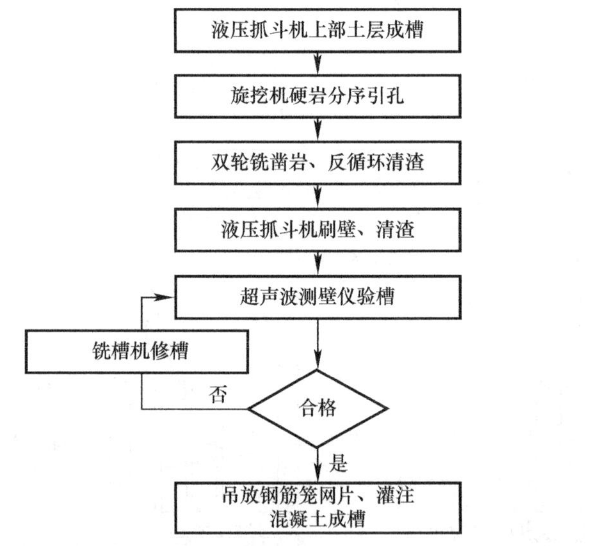

图 6.1-6　地铁保护范围内地下连续墙硬岩旋挖引孔、双轮铣凿岩综合成槽工艺流程图

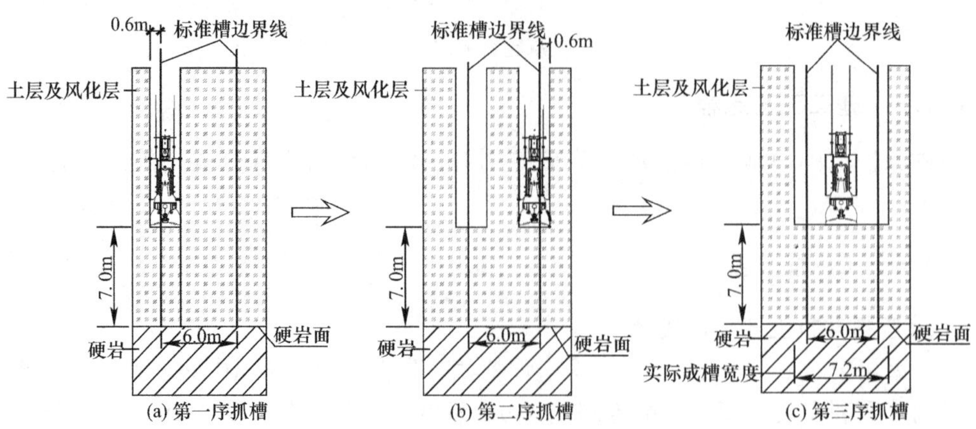

图 6.1-7　液压抓斗机抓槽分序剖面示意图

（2）为确保下一步旋挖钻机引孔的垂直度，在上部土层抓槽时，在槽段内保留7.0m左右土层或风化层，现场抓槽施工见图6.1-8；抓槽时严格控制成槽垂直度，确保垂直度控制在0.5%。

2. 旋挖钻机硬岩分序引孔

（1）旋挖钻机选择BG38大扭矩的前趴杆钻机施工，可确保引孔垂直度及施工效率。

（2）钻具选用直径1.2m、长度2.5m以上截齿钻筒或牙轮钻筒，配备直径1.2m、长度1.8m以上捞砂斗。

（3）旋挖钻硬岩采取取芯钻进、捞渣交替作业，加快引孔效率。

（4）旋挖钻机在引孔施工时，先施工主孔至设计槽底标高，再施工副孔至设计槽底标高；相邻主副两引孔最外边间距为铣轮机的外边距（2.8m），确保双轮铣高效凿岩。

（5）旋挖钻进过程中，观察钻孔侧斜仪，及时纠正垂直偏差，以确保引孔垂直精度。

旋挖钻机引孔施工见图6.1-9。

图6.1-8　宝峨GB46液压抓斗机抓槽施工

图6.1-9　宝峨BG38旋挖钻机引孔施工

3. 双轮铣凿岩、反循环清渣

（1）旋挖钻机引孔完成后，采用金泰SX40双轮铣对槽段岩层进行切割破碎成槽，其施工流程同样分三序成槽，先铣两边、再铣中间，实际成槽宽度7.2m。双轮铣成槽施工见图6.1-10。

（2）双轮铣施工时，准确定位，确保铣轮处于所引的导向孔内，并实时观察垂直度，确保成槽垂直度。

（3）施工时采用空压机形成反循环清渣系统，边泥浆循环清渣、边成槽进尺，确保施工效率。气举反循环空压机及储气罐见图6.1-11、泥浆分离器见图6.1-12。

图 6.1-10　金泰 SX40 双轮铣成槽施工

图 6.1-11　气举反循环空压机及储气罐

图 6.1-12　泥浆分离器

(4) 反循环抽吸的泥浆经过泥浆净化器分离，废渣采用泥头车集中外运，具体见图 6.1-13。

图 6.1-13　废渣装车外运

4. 液压抓斗机修槽、清渣

(1) 双轮铣完成施工后，采用液压抓斗下入槽内对槽壁进行修槽。

(2) 修槽时注意观察侧斜仪，及时纠正垂直偏差，以确保成槽垂直精度。

(3) 液压抓斗反复对槽底沉渣进行清理，确保槽底成渣少于 50cm，并满足设计及规范要求。

5. 超声波测壁仪验槽

(1) 修槽完成后，采用超声波测壁仪对槽壁进行检验，确保成槽尺寸、垂直度满足设计要求。超声波侧壁仪现场检测及结果见图 6.1-14、图 6.1-15。

（2）检验结果如不满足设计要求，则采用铣槽机修槽，直至符合要求。

图 6.1-14　超声波测壁仪

图 6.1-15　超声波测壁仪结果

6. 吊放钢筋笼网片、灌注混凝土成槽

（1）在吊放钢筋笼时，对准槽段中心，不碰撞槽壁，不强行插入，以免钢筋网片变形或导致槽壁坍塌；钢筋网片入孔后，控制顶部标高位置，确保满足设计要求。

（2）钢筋网片安放后，及时下入灌注导管；灌注导管下入 2 套同时灌注，以满足水下混凝土扩散要求，保证灌注质量。吊放钢筋笼网片见图 6.1-16、图 6.1-17。

图 6.1-16　钢筋网片 2 台起重机起吊

图 6.1-17　钢筋网片入槽

（3）灌注导管下放前，对其进行泌水性试验，确保导管不发生渗漏；导管安装下入密封圈，严格控制底部位置，并设置好灌注平台。灌注导管安放见图 6.1-18。

（4）在灌注混凝土前，再次测量槽底沉渣，沉渣厚度超标则利用导管进行二次清槽。

（5）在混凝土灌注过程中，定期测量导管埋深及管外混凝土面高度，并适时提升和拆卸导管；导管底端埋入混凝土面以下一般保持 2～4m，不大于 6m，严禁把导管底端提出混凝土面。

（6）混凝土在终凝前灌注完毕，混凝土灌注标高高于设计标高 0.8m。

6.1.7 机械设备配置

本工艺现场施工所涉及的主要机械设备见表 6.1-1。

图 6.1-18 灌注导管安放

主要机械设备配置表 表 6.1-1

名称	型号	备注
成槽机	宝峨 GB46	成槽取土及清孔
旋挖钻机	宝峨 BG38	旋挖硬岩引孔
截齿/牙轮钻头	直径 1.2m	旋挖硬岩引孔
捞砂斗	直径 1.2m	清渣
双轮铣	金泰 SX40	成槽凿岩
空压机	150kW	气举反循环清渣
储气罐	$2m^3$	气举反循环清渣
超声波测壁仪	DM-604R	成槽检验

6.1.8 质量控制

1. 旋挖引孔

（1）严格控制成槽宽度，划分好实际幅宽线，确保成槽宽度为 7.2m，并确保上部土层及风化层厚不少于 7m，使旋挖引孔时起到导向作用。

（2）严格控制旋挖引孔的质量，严格控制垂直度，确保施工时无较大偏移；钻进过程中，在钻进至软硬岩层接触面时，适当减小钻压，若发现偏差则及时采取相应措施进行纠偏。

2. 双轮铣凿岩

（1）双轮铣凿岩时，确保双轮铣铣轮定位准确，并开启气举反循环装置，吸出碎岩、沉渣，保证铣轮凿岩的效率。

（2）双轮铣成槽过程中，控制槽内泥浆液面高度不低于导墙高度以下 1m，并确保泥浆质量符合相关标准。

（3）成槽完成后，对槽段进行超声波侧壁检验成槽质量。

6.1.9 安全措施

1. 成槽

（1）地下连续墙导墙上部地层稳定性差时，可预先进行搅拌桩加固处理，防止施工过程中上部坍塌。

（2）导墙施工完毕后，及时回填素土夯实，并在导墙侧边设置安全防护围栏。

（3）由于 BG38 旋挖钻机自重大，导孔旋挖引孔时在钻机履带下铺设钢板，防止钻进时地下连续墙导墙的变形。

（4）成槽或引孔过程中，始终保持槽段内泥浆液面的高度。

2. 吊装

（1）现场起吊钢筋网片时，指派司索工指挥吊装作业；吊装期间，吊装影响区域内设置警戒区域，并安排专人负责看守及管理，同时禁止无关人员进入吊装区。

（2）当起重机作业移动时，确保临时道路的安全稳固、顺畅。

（3）吊装点的布置合理、适当，保证钢筋网片起吊后受力均匀。

6.2　地下防空洞区地下连续墙堵、填、钻、铣综合成槽技术

6.2.1　引言

在二十世纪六七十年代为备战和防御需要，我国各大中城市普遍开展了群众性的挖防空洞活动，在那个特殊时期地下防空洞用来保护人身、财产安全起到了积极作用。但随着城市现代化建设高速发展，建设项目如雨后春笋一样拔地而起，在基础工程施工中经常遇到以前遗留的废弃地下防空洞，给施工带来极大的困难。

当深基坑支护的地下连续墙施工遇地下防空洞时，面临墙身段需要穿越地下洞室和巷道的问题，防空洞贯通分布使得成槽泥浆发生漏失，造成无法护壁成槽；同时，防空洞段的钢筋混凝土结构坚硬，成槽时混凝土结构破碎难；另外，即便将防空洞灌满泥浆，但在灌注槽段混凝土时将发生巨量的超灌等。因此，在地下防空洞区地下连续墙施工时，需要采用快速有效、质量可靠、安全可控的成槽方法。

6.2.2　工程实例

2019 年 6 月，我司在广州承接了白鹅潭国际金融中心基坑支护与土方开挖工程项目，在基坑南侧导墙开挖过程中，发现地下分布钢筋混凝土构筑物，经现场查勘后，确认此构筑物为早年废弃的地下防空洞，直接影响 37 号、38 号、41 号、42 号共 4 幅地下连续墙的正常施工。经现场探测，测得防空洞主体洞口为一个自上而下的带楼梯的竖井，处于 37 号、38 号墙体段，竖井深度 22m；本洞室在垂向分布两条水平巷道，第一层巷道顶板距离地面 1.3m，巷道宽 1.8m、高 2.1m，沿楼梯下入，自西向东侧延伸，穿越 41 号、42 号墙身；第二巷道处于深度 20.0～22.0m，自西向东侧延伸，在主洞室底部向东延伸 8.89m，宽度 1.87m；洞内积水深度 8m 左右，底层 2m 为堆积物，主要为淤泥、砂及混凝土石块。经对竖井侧壁钢筋混凝土结构进行钻芯取样，测得壁厚 300mm，混凝土结构强度等级在 C35～C40。防空洞平面位置分布见图 6.2-1，竖向分布剖面见图 6.2-2。

在施工过程中，结合现场条件及设计要求，项目组开展了“地下防空洞区地下连续墙堵、填、钻、铣综合成槽施工方法”研究，通过采用巷道砌砖封堵、防空洞回填混凝土、旋挖钻机引孔、双轮铣钻凿综合成槽施工方法，取得了显著成效，并形成了施工新技术，达到预期效果。

6.2.3　工艺特点

1. 安全有效

本工艺采用砌砖封堵巷道和低强度等级素混凝土回填主洞竖井，使防空洞成为有效的整体，避免了成槽施工过程中泥浆和混凝土的漏失，施工安全可靠。

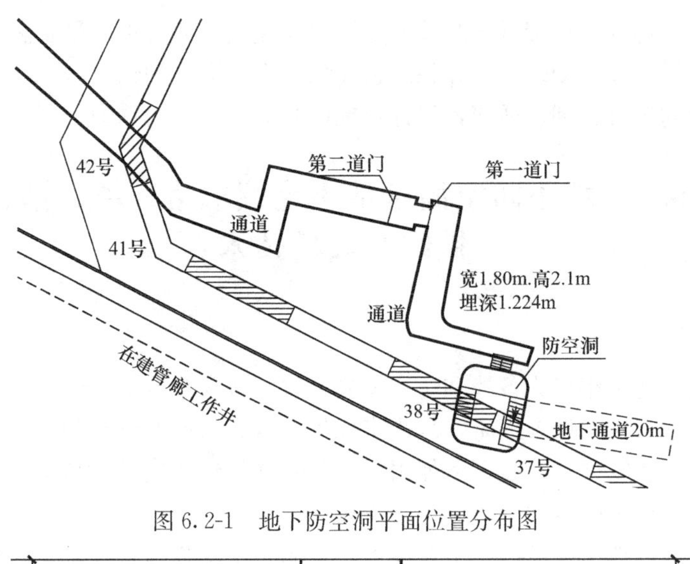

图 6.2-1　地下防空洞平面位置分布图

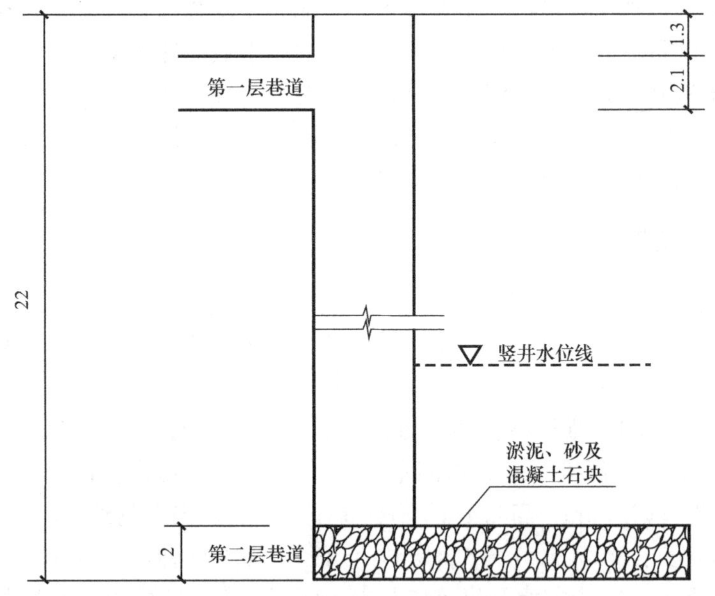

图 6.2-2　防空洞 37 号、38 号墙体剖面分布图

2. 施工高效

本工艺对防空洞段和回填的混凝土采用旋挖钻机进行引孔，消除了防空洞钢筋混凝土对成槽的影响；同时，采用双轮铣槽机从槽顶开始钻凿，配合反循环清渣，大大提升成槽施工进度。

3. 质量可靠

本工艺采用堵、填、钻、铣综合成槽方法，堵、填技术消除了泥浆和混凝土流失，钻、铣技术采用旋挖钻机和双轮铣配合钻凿，确保了成槽垂直度，使成槽质量得以保障。

4. 降低施工成本

本工艺采用人工砌砖封堵经济有效，采用低强度等级素混凝土回填洞体造价相对低廉，采用双轮铣成孔高效工期短，节省时间成本，总体降低了施工成本。

6.2.4　适用范围

适用于地下防空洞范围内的地下连续墙成槽施工；适用于废弃地下钢筋混凝土建（构）筑物范围内地下连续墙的成槽施工。

6.2.5　工艺原理

本工艺关键技术主要是防空洞巷道封堵、防空洞回填混凝土、旋挖钻机对槽段混凝土及防空洞进行引孔至设计槽底标高，再采用双轮铣对已引孔部分进行凿岩并清渣的综合成槽施工。

以白鹅潭国际金融中心基坑支护工程及土方开挖项目为例。

1. **堵——防空洞巷道砌砖封堵**

堵，即为封堵，根据地下防空洞的分布和走向，采用人工将洞体的第一层巷道用砖砌封堵，将主洞与巷道阻断，以解决抓槽时泥浆的渗漏和灌注时混凝土的漏失。

对受影响的 37 号、38 号和 41 号、42 号地下连续墙的第一层浅层巷道进行封堵，封堵采用砌筑三七砖墙方式；为确保封堵墙的稳定性，在砌筑墙体前，在巷道内墙的内侧堆砌砂袋，增强墙体在成槽时所承受的泥浆和灌注混凝土时的抵抗力。封堵施工见图 6.2-3。

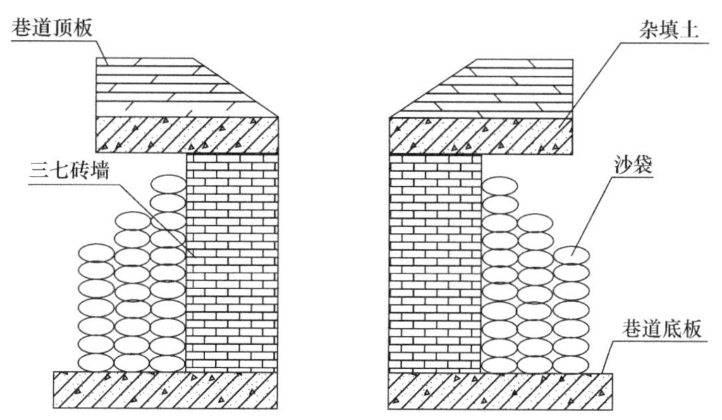

图 6.2-3　第一层浅层巷道砌砖封堵示意图

2. **填——防空洞回填混凝土**

填，即为回填，采用低强度等级素混凝土对防空洞体进行回填，使主洞空间形成实体，既可对底部第二层巷道进行封堵，低强度混凝土也便于下一步引孔和钻凿成槽。

回填时由于竖井底部含水，采用灌注导管水下混凝土灌注方法回填；由于竖井底部分布第二道巷道，其充填淤泥物，初灌时采用慢速灌注，使部分混凝土充填进第二层巷道内，同时又避免过量的混凝土扩散造成浪费。第二层深部巷道和主洞竖井混凝土回填示意见图 6.2-4。

3. **钻——旋挖钻机混凝土和防空洞体钻进引孔**

钻，即为钻进引孔，采用大扭矩旋挖钻机对槽段回填混凝土和防空洞的钢筋混凝土体进行引孔，引孔深度至地下连续墙槽底标高位置，既作为对回填的混凝土和防空洞体钢筋混凝土的预先清除，也作为下一步双轮铣的导向孔，提高双轮铣钻槽效率。

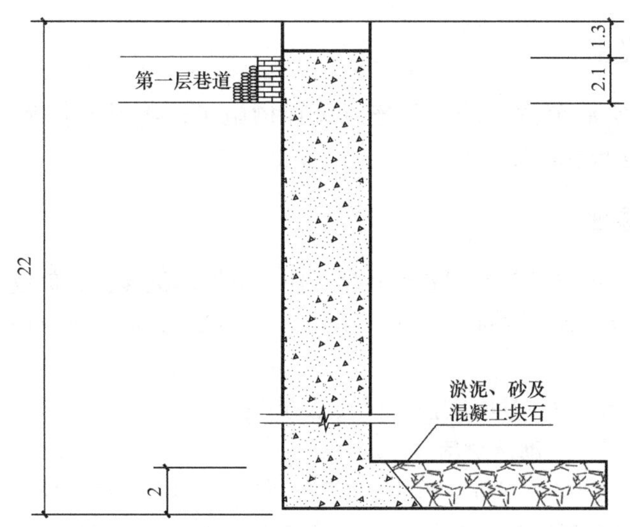

图 6.2-4　第二层深部巷道和主洞竖井混凝土回填示意图

为消除钢筋对后续双轮铣及钢筋网片下放产生的影响，竖井段选用直径 1200mm，布置孔数 4 个，具体见图 6.2-5；37 号、38 号槽段混凝土部分，旋挖钻孔选用直径 1000mm，具体见图 6.2-6、图 6.2-7。

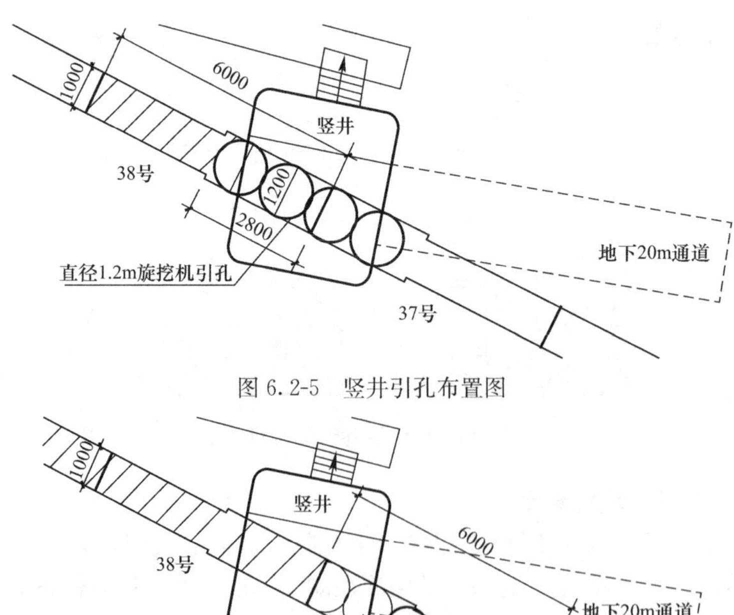

图 6.2-5　竖井引孔布置图

图 6.2-6　37 号地下连续墙旋挖钻引孔示意图

4. **铣——双轮铣凿岩清渣成槽**

铣，即为铣槽。双轮铣设备主要由三部分组成：起重设备、铣槽机、泥浆制备及筛分系统等，双轮铣设备的成槽原理是通过液压系统驱动下部两个轮轴转动，水平切削、破碎地层，采用反循环出渣。

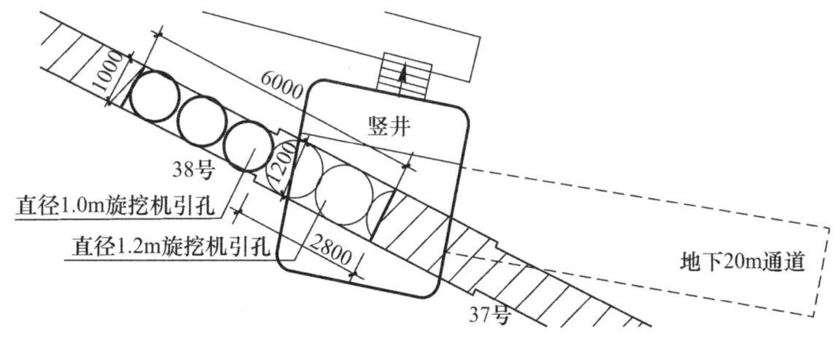

图 6.2-7　38 号地下连续墙旋挖钻引孔示意图

双轮铣槽机的主要工作部件为铣刀架，为高 12m、重 36t 带有液压和电气控制系统的钢制框架，下部安装 3 个液压马达，水平向排列，两边马达分别驱动两个装有铣齿的铣轮；铣槽时，两个铣轮低速转动，方向相反，其铣齿将地层围岩铣削破碎，中间液压马达驱动泥浆泵，通过铣轮中间的吸砂口将钻掘出的岩渣与泥浆混合物排到地面泥浆站进行集中除砂处理，然后将净化后的泥浆返回槽段内，如此往复循环，直至成槽至设计标高。

本项目为克服地下防空洞钢筋混凝土结构和主洞竖井混凝土回填的影响，采用双轮铣成槽机对已引孔部分进行分三段、三序凿岩成槽，在下入钢筋笼、灌注导管和反循环清渣后，灌注混凝土成槽。

双轮铣槽三段三序成槽顺序具体见图 6.2-8，铣槽反循环清渣见图 6.2-9。

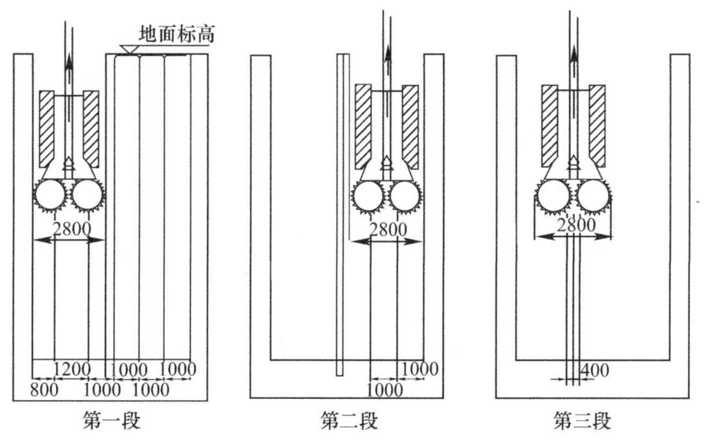

图 6.2-8　双轮铣三段三序成槽施工示意图

6.2.6　施工工艺流程

地下防空洞区地下连续墙堵、填、钻、铣综合成槽施工工序流程见图 6.2-10。

6.2.7　工序操作要点

1. 探明地下防空洞

（1）采用开挖揭露、物探、尺量等手段对地下防空洞进行详细探测。

（2）查明地下防空洞主洞及巷道的位置、埋深、断面规格、走向等，并绘制平面、剖面图。

（3）地下防空洞的处理前向辖区管委会、消防、人防、街道等政府部门报告。

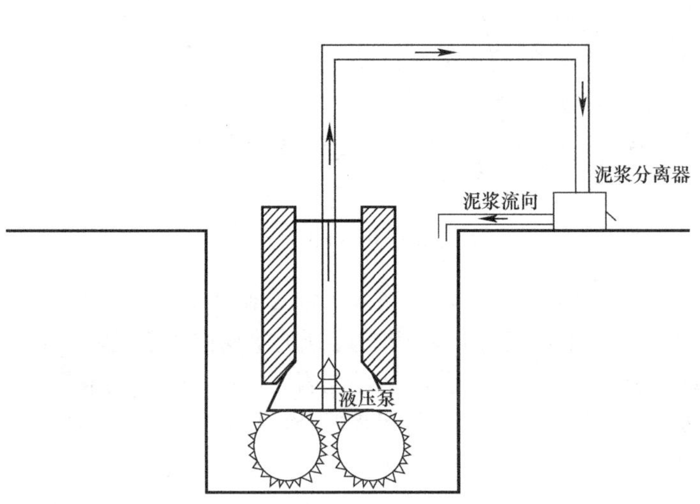

图 6.2-9　双轮铣槽机铣槽、反循环清渣原理图

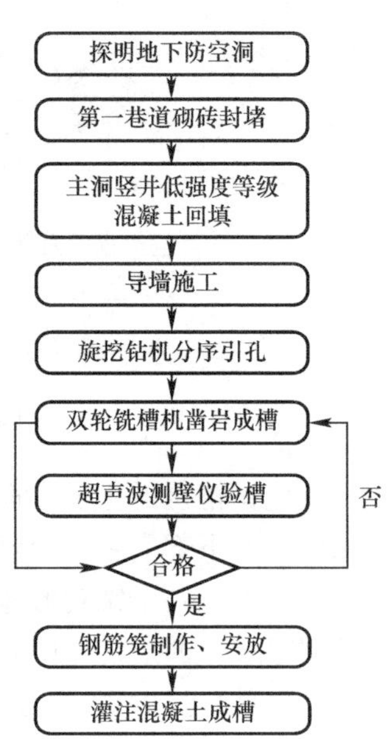

图 6.2-10　地下防空洞区连续墙堵、填、钻、铣综合成槽施工工序流程图

地下防空洞探测见图 6.2-11～图 6.2-15。

图 6.2-11　地下防空洞洞口清理

图 6.2-12　地下防空洞洞口维护与通风

图 6.2-13　探测洞深

图 6.2-14　主洞竖井

图 6.2-15　主洞底部积水

2. 第一巷道砌砖封堵

（1）根据查明的主洞竖井和巷道的分布（图 6.2-16），对 37 号、38 号和 41 号、42 号的第一层巷道进行砌砖封堵。

（2）封堵采用人工砌筑，在砌筑墙体前，在巷道内墙的内侧人工装填砂袋码砌，以增强墙体稳定性。

（3）砌筑采用泥水工操作，开始砌筑前对基层进行清理、清除杂物，按图放线；砌筑采用三七墙，沿水平线砌砖，保持墙面平整；灰缝横平竖直，砂浆饱满度不小于 80%，水平竖向灰缝宽度控制在 12～15mm，防止出现渗漏。砖砌筑见图 6.2-17、图 6.2-18。

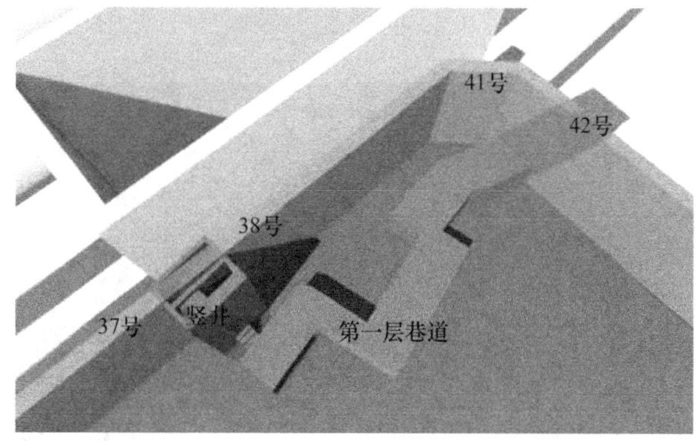

图 6.2-16　主洞第一层巷道封堵分布图

图 6.2-17　37 号、38 号墙第一层巷道封堵

图 6.2-18　砌筑砖封堵第一层巷道

3. 主洞竖井低强度等级混凝土回填

（1）主洞竖井 37 号、38 号地下连续墙第一道巷道在地下 1.3m 处、宽度 1.8m、高度 2.1m，不影响地下连续墙的施工，将其封堵可消除对施工的影响。

（2）混凝土选择 C15 混凝土，以利于后序施工。

（3）混凝土灌注采用水下导管回顶法施工，分两次灌注；第一次灌注至第二道巷道位置高出 2m 位置，采用慢速灌注，待混凝土面稳定后进行第二次灌注直至洞顶。

（4）灌注过程中，每灌注一罐车混凝土测量一次混凝土面，观察是否发生漏浆，直至浇筑到地面以下 1m 处。主洞竖井回填混凝土见图 6.2-19。

4. 导墙施工

（1）受地下防空洞影响，考虑后续 1.2m 旋挖钻机引孔，37 号、38 号地下连续墙从距分幅线 2.8m 以内部分，导墙改为 1.2m 宽，其余部分按 1.0m 制作。

(2) 导墙开挖至混凝土时，采用炮机凿除。

(3) 墙开挖过程中，注意开挖深度避免超挖；开挖完成后，再次放样复核，绑扎钢筋，支模并浇筑 C25 混凝土。导墙施工见图 6.2-20、图 6.2-21。

图 6.2-19　主洞竖井灌注低强度等级混凝土回填

图 6.2-20　防空洞段导墙开挖

图 6.2-21　防空洞段导墙浇筑

5. **旋挖钻机分序引孔**

(1) 37 号、38 号槽段回填混凝土和主洞部分，采用宝峨 BG30 型旋挖钻机对槽段进行引孔；宝峨 BG30 型旋挖钻机扭矩大、垂直精度高、施工效率高，在消除钢筋对后续双轮铣施工影响外，同时保障其成孔质量。

(2) 旋挖钻机引孔时，先对竖井部分进行引孔 ϕ1.2m、孔数 4 个，钻进至设计槽底标高；对于 38 号地下连续墙，从靠近 39 号地连墙部分（ϕ1.0m）往竖井方向施工至设计槽底标高；对于 37 号地下连续墙，从靠近 36 号往竖井方向施工至设计槽底标高。

(3) 根据地层，考虑到防空洞钢筋分布采用筒钻以及捞砂斗配合施工。

(4) 在施工过程中，观察操作室测斜仪变化，及时纠偏，以确保引孔垂直精度。

旋挖钻机引孔及钢筋混凝土芯样见图 6.2-22、图 6.2-23。

6. **双轮铣槽机凿岩成槽**

（1）旋挖钻机引孔完成后，采用宝峨 BCS40 双轮铣对槽段岩层进行切割破碎、成槽。

（2）德国宝峨 BCS40 双轮铣适用于岩层较硬的地下连续墙施工，双轮铣系统主要由 BC 32 铣槽机、HSS 同步卷管系统、MT120 主机和 BE500 除砂机组成，机身带 B-Tronic 控制系统，可实时准确显示槽壁垂直度，便于纠偏，适用于岩层较硬的地下连续墙施工，德国宝峨 BCS40 双轮铣槽机见图 6.2-24。

（3）双轮铣施工流程分三序成槽，先铣两边、再铣中间，实际成槽宽度 6.0m。

（4）双轮铣在施工时，铣轮中心平面与导墙中心平面相吻合，悬吊铣轮的钢索呈垂直张紧状态，操作时及时纠正垂直偏差，以确保槽垂直精度。

图 6.2-22　宝峨 BG30 旋挖钻机引孔

（5）双轮铣施工至槽底时，用测绳测量实际槽深，避免少挖、超挖，双轮铣成槽具体见图 6.2-25。

图 6.2-23　旋挖钻机引孔取出钢筋混凝土芯

（6）双轮铣在施工过程中边凿岩、边反循环清渣，确保凿岩时堆积的碎岩及时清理，提高凿岩的效率；反循环抽吸出的泥浆经泥浆净化器处理，保障泥浆优质性能。双轮铣成槽泥浆净化具体见图 6.2-26。

（7）双轮铣凿岩施工完成后，使用成槽机对槽段进行刷壁、清槽，施工顺序及操作要点与成槽机成槽相同，确保槽段尺寸及槽底沉渣符合设计要求，刷壁器见图 6.2-27。

图 6.2-24　宝峨 BCS40 双轮铣槽机

图 6.2-25　宝峨 BCS40 双轮铣槽

图 6.2-26　双轮铣成槽泥浆净化

7. **超声波测壁仪验槽**

（1）槽段刷壁及清孔完成后，使用超深波测壁仪对槽段检验，检测槽段厚度、宽度、深度、垂直度是否满足设计要求，具体见图 6.2-28。

（2）超声波测壁仪由专业人员操作，检验结果直接打印，见图 6.2-29。

（3）如检验合格，则完成成槽施工，进行下一步钢筋笼网片吊装、混凝土浇灌等工序；如检验不合格，则再使用双轮铣槽机对槽段进行处理，直至槽段符合设计要求为止。

8. **钢筋笼制作、安放**

（1）钢筋笼制作按如下流程进行，即：铺设下层水平筋→焊制桁架和架力筋→铺设纵向钢筋并焊接→焊接下层保护垫块→桁架定位焊接→焊接上层纵向钢筋→铺设并焊接上层水平筋→焊接上下层闭合段的钢筋。

图 6.2-27　刷壁器

图 6.2-28　超声波测壁仪成槽检验

超声波物探报告

工程名称	白鹅潭国际金融中心项目			桩孔编号	37#		
设备名称	TS-K100			检测方法	Ultrasonic Method		
设计孔径	1000mm	设计孔深	30.30m	施工孔深	30.82m	顶部标高	0.00m

检测孔深	30.82m	沉渣厚度	0.05m	垂直度	0.016%	平均孔径	1083mm	最小孔径	1052mm
检测单位									
检测人员						检测日期	2019-12-11		

图 6.2-29　超声波测壁仪成槽结果

（2）钢筋笼网片起吊根据网片长度、重量，选择与之相匹配的履带起重机，采用双机台吊的方法，在空中完成 90°转身，后由主吊竖直吊立，再完成钢筋笼网片下放。

（3）吊装过程中，提前清除路障，钢筋笼网片下放时缓慢下放，钢筋笼制作见图 6.2-30，钢筋笼网片吊放见图 6.2-31。

9. 灌注混凝土成槽

（1）灌注混凝土前，测量槽底沉渣厚度，如超标则进行二次清孔。

（2）由于槽幅宽、混凝土方量大，混凝土灌注采用双导管法灌注施工，导管直径 300mm，用起重机将导管吊入槽段位置，导管顶部安装混凝土料斗。

（3）混凝土灌注过程中，定期测量混凝土面上升高度，及时拆卸导管，控制埋管深度 2～4m。

图 6.2-30　钢筋笼制作

图 6.2-31　钢筋笼网片吊放

图 6.2-32　灌注混凝土成槽

(4) 当灌注至第一巷道位置附近时，控制灌注速度，减缓灌注混凝土对巷道砌筑墙体的压力。灌注混凝土成槽见图 6.2-32。

6.2.8　机械设备配置

本工艺现场施工涉及的主要机械设备见表 6.2-1。

6.2.9　质量控制

1. 旋挖钻机引孔

(1) 开孔和换层时，采取轻压慢转；发现有地下障碍物时，立即采取措施处理，不盲目强行钻进。

(2) 发现钻孔偏斜时，采取纠斜措施。

主要机械设备配置表　　　　**表 6.2-1**

名称	型号	备注
旋挖钻机	宝峨 BG30	旋挖硬岩引孔
截齿/牙轮钻头	直径 1.0m、1.2m	旋挖硬岩引孔
捞砂斗	直径 1.2m	捞渣
双轮铣槽机	宝峨 BCS40	成槽凿岩及清渣
泥浆净化系统	BE500	泥浆分离净化处理
超声波测壁仪	TS-K100QC	成孔检验
履带起重机	SCC1800c	配合吊装钢筋笼
履带起重机	SCC1250	配合吊装钢筋笼

2. 双轮铣钻凿

(1) 双轮铣凿岩时，确保双轮铣铣轮定位准确，并启动气举反循环，吸出碎岩、沉渣，保证凿岩效率。

(2) 双轮铣成槽过程中，控制槽内泥浆液面高度不低于导墙高度以下 1m。并确保泥浆质量符合相关标准，预防塌孔。

(3) 双轮铣垂直度控制通过驾驶室中的显示屏进行实时监控，若出现偏差，通过 *X-X* 轴纠偏、*Y-Y* 轴纠偏和控制成槽速度等方法进行调整。

(4) 成槽结束后，利用超声波监测仪检测垂直度，如发现垂直度没有达到设计和规范要求，及时进行修正。

3. 钢筋笼制作与吊放

(1) 钢筋网片在钢筋加工平台上制作，制作平台确保足够的刚度。

(2) 钢筋网片底端在 0.5m 范围内的厚度方向上作收口处理，以便钢筋网片入槽。

(3) 钢筋网片设定位垫块，确保钢筋网片保护层厚度满足要求。

(4) 钢筋网片采用整幅成型起吊入槽，起吊点采用 ϕ28mm 圆钢加固，转角槽段增加 ϕ32mm 钢筋支撑，并每隔 4m 设置一根。

(5) 吊放时发现刮碰槽壁或发生塌方现象时，则立即停止吊放，重新清槽后再吊放。

4. 灌注混凝土成槽

(1) 安放双导管灌注，导管密封不漏水，导管下口离槽底距离控制在 0.3～0.5m。

(2) 混凝土初灌量保证导管底部一次性埋入混凝土内 1.0m 以上。

(3) 为了保证混凝土在导管内的流动性，防止出现混凝土夹泥，槽段混凝土面保持均匀上升且连续灌注，灌注上升速度不小于 2m/h，两根导管间混凝土面高差不大于 30cm。

(4) 灌注混凝土保持连续进行，及时测量孔内混凝土面高度，以指导导管的提升和拆除。

6.2.10 安全措施

1. 防空洞巷道封堵、回填

(1) 对竖井及第一层巷道通风处理，气体检测无害后，人员入内进行封堵工作，并持续保持通风。

(2) 人员下井搭设安全梯，经全面检查确认安全后下井施工。

(3) 主洞竖井回填混凝土时，搭设作业平台、导管及提升设备，经检查确认安全后作业。

2. 旋挖钻机引孔

(1) 在钻机履带下铺设钢板，以防止旋挖桩机发生倾倒。

(2) 钻机成孔时如遇卡钻，立即停钻，未查明原因前，不得强行启动。

3. 双轮铣钻凿

(1) 在设备使用前，对设备、操作、安全系统进行验收。

(2) 双轮铣机械操作人员持证上岗，并严格遵守安全操作规程。

(3) 铣槽过程中，定期检查截齿磨损程度，及时更换损坏的截齿。

4. 钢筋笼制作与吊放

(1) 吊装前，对工人进行安全技术交底。

(2) 吊装时，仔细检查钢筋网片各吊点，检查钢筋笼的焊接质量是否可靠，吊索具是否符合规范，严禁使用非标、不合格吊索具。

(3) 起重机作业时无关人员撤离影响半径范围，钢筋网片起吊时设专人指挥。

(4) 起吊时，采用两台起重机同时起吊，统一指挥，使两台起重机动作协调相互配合。

(5) 钢筋笼入槽时，严禁起重臂摆动而使钢筋网片产生横向摆动，造成槽壁坍塌。如不能顺利入槽，则吊出钢筋网片，严禁强行插放。

第7章　灌注桩孔内事故处理新技术

7.1　旋挖桩孔内掉钻螺杆机械手打捞技术

7.1.1　引言

旋挖钻机钻进时，利用连接钻杆的钻头在孔内循环取土、卸土，直至钻至符合设计深度。旋挖钻头与钻杆多采用钻头顶部的方套与钻杆下部方头连接，只需将钻杆的方头插入钻头的方套内，再插上两根连接销轴及保险销便可完成钻头安装。钻头方套、旋挖钻杆方头及连接销轴具体见图7.1-1～图7.1-3。

图7.1-1　钻头方套示意图

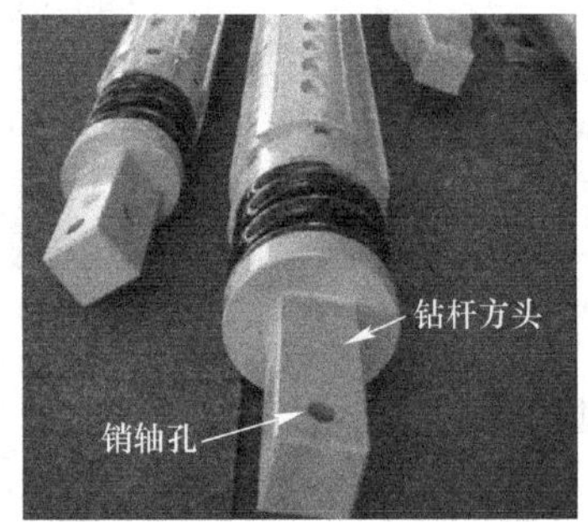

图7.1-2　旋挖钻杆方头示意图

图7.1-3　连接销轴示意图

在旋挖桩成孔过程中，由于持续的旋转钻进，钻杆承受一定的扭矩，容易造成连接销轴疲劳，使固定连接销轴的保险销断开，或由于钻头入孔前销轴固定操作不规范而导致松动脱落问题，使得钻杆方头与钻头方套脱落，造成钻头孔内掉落事故。

旋挖钻头孔内掉落的事故时有发生，由于掉落的钻头处于孔底，最深达数十米的孔中，打捞难度较大。遇到旋挖掉钻时，最常用的处理方式有以下三种，一是派潜水员潜入孔内打捞，利用钢丝绳将钻头固定后吊起；此种打捞方法危险性较大，尤其当钻孔深度超过50m时，潜水员在孔内承受超限水压力，难以实施下潜打捞。二是借助钢丝绳下打捞钩沉入孔底，进行盲式打捞；这种打捞方式由于钢丝绳和打捞钩之间是软连接，而且钻头位于几十米深的泥浆中，往往难以钩牢，耗费时间长，打捞成功率低。三是在各种打捞办法无效时，对掉落钻头的孔桩进行设计变更，对原桩孔报废回填，并在桩位附近重新进行补桩（用2根桩代替），加大施工承台；该方法大大增加了施工成本，拖延工期，掉落的钻头经济损失大。

针对目前旋挖打捞方式的主要弊端，项目组根据旋挖钻头的结构特性，通过旋挖钻机钻杆与钻头连接的特性，特制专用的打捞机械手（爪），只要将机械手下放至孔底钻头脱落位置，通过旋挖钻机旋转操控机械手的开合，使其牢固抓住钻头顶部的方套凸出部位，从而使机械手与掉落的钻头建立新的连接，再通过旋挖钻机提升钻杆将掉落的钻头打捞出孔。通过数个项目的打捞应用，达到了快捷、准确、安全、经济的效果。

7.1.2　工艺特点

1. 打捞快捷

本工艺打捞机械手与旋挖钻机钻头连接方式相同，实现快速安装，采用旋挖钻机打捞无需另外使用其他机械进行辅助施工；采用螺杆原理通过旋转螺杆控制机械手的开合，机械手采用仿生设计，可精准打捞掉落钻头，成功率高。

2. 安全可靠

本工艺利用旋挖钻机自身的钻杆以及特制打捞机械手便可实施打捞工作，无需潜水员潜入泥浆打捞钻头，机械手采用机械联动组合设计，捕抓掉落物能力强，提升能力大，打捞过程安全可靠。

3. 经济效益显著

本工艺使用的机械手快速将掉落的旋挖钻头打捞出孔，其制作成本费约 1.3 万元，而且能够循环使用，免除了潜水员入孔打捞的高额费用和安全风险，更是节省了报废该桩孔的巨额费用和重新补桩的时间成本，整体经济效益显著。

7.1.3　适用范围

适用于打捞各种掉落孔内的旋挖钻头、旋挖钻头底板及其他物件；适用于打捞直径不大于 2500mm、钻头重量小于 10t 的旋挖钻头；适用于抓取部位尺寸大于 260mm、小于 800mm 的掉落物。

7.1.4　工艺原理

1. 打捞设计技术路线

（1）打捞装置选择

目前，莲花抓手（斗）在煤矿、矿石以及废钢等抓取松散碎料市场中应用已经十分广泛，是一种能在各种恶劣环境下取代人力从事废钢、生铁、矿石等装卸的有效工具，常用莲花抓手见图 7.1-4。由此考虑到设计一款类似的机械抓手放入深孔中抓取掉落钻头，再将钻头提升出孔。

图 7.1-4　莲花抓手抓取废钢渣

（2）打捞机械手动力设计

旋挖钻机是通过钻杆旋转带动钻头旋转进行工作，如果能够利用钻杆旋转作为打捞机械手的动力，便可以解决打捞机械手的动力问题。考虑到旋转螺杆同样可以使螺母进行上下运动，如果将螺杆安装在旋挖钻机的钻杆上，通过旋转钻杆带动螺杆转动，然后驱动机械手的开合，便可实现机械手抓取掉落钻头。

（3）打捞机械手连接结构设计

旋挖钻头种类繁多，但通常钻头与钻杆连接方式都采用方套与钻杆方头连接，方套外缘尺寸一般为标准360mm或420mm，钻杆方头插入方套内，再插上连接销轴及保险销便可完成钻头安装。由旋挖钻头与钻杆的连接方式考虑，设想设计一款机械手能直接通过连接钻杆下放至孔底，将掉落钻头夹起，便可实现钻头快速便捷打捞出孔。根据旋挖钻头与钻杆的连接方式，本工艺提出设计一种打捞机械手，可直接安装在旋挖钻机钻杆上。

2. 打捞机械手结构设计

基于上述技术路线设想和综合分析，设计一种打捞机械手。打捞机械手由连接方套、螺杆、组合螺母、连接杆、定位法兰、打捞钩等组成，其模型图、结构示意图、实物图见图7.1-5～图7.1-7。

图7.1-5　机械手模型图

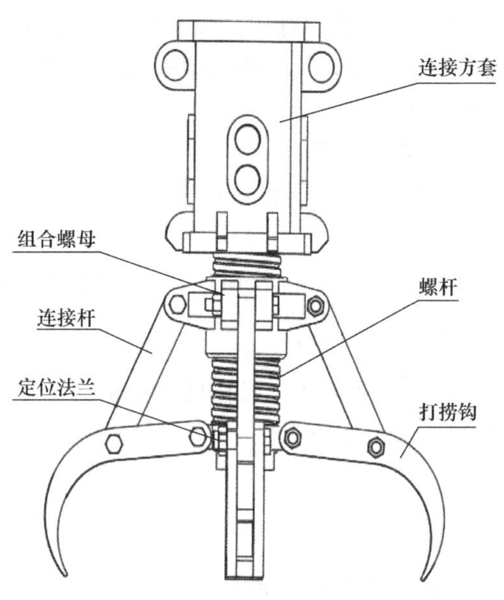

图7.1-6　机械手结构示意图

图7.1-7　机械手实物

（1）连接方套、螺杆

打捞机械手顶部设计一个连接方套，与旋挖钻头方套相同，用于与旋挖钻机钻杆安装相连，使打捞机械手可以借助钻机的钻杆下放至桩孔内部进行打捞作业。连接方套外缘尺寸为420mm×420mm。

螺杆外径为200mm，通过焊接与连接方套形成一个整体，主要功能为连接打捞钩，使组合螺母、定位法兰可沿其顺、逆时针方向旋转。螺杆末端定位法兰位置处仅设置卡槽，不设丝扣，使得定位法兰可旋转，但不能上下运动。连接方套与螺杆实物见图7.1-8。

（2）组合螺母、连接杆、定位法兰

组合螺母与螺杆采用螺纹连接，外侧设有连接耳与连接杆通过螺栓连接，可在螺杆中通过顺、逆时针方向旋转进行上下活动。组合螺母的上下活动作用于连接杆，从而实现打捞钩的开合。

连接杆的两头分别通过螺栓连接组合螺母的连接耳以及打捞钩中部。组合螺母在上下运动的过程中通过连接杆作用于打捞钩，使得打捞钩可以内外开合，实现抓取钻头。

图 7.1-8　连接方套与螺杆实物图

定位法兰固定于螺杆最底部，螺杆此外仅设卡槽，不设丝扣，所以定位法兰可沿螺杆轴心旋转，但不能上下运动。定位法兰外侧设连接耳与打捞钩通过螺栓连接，使得打捞钩可以在定位法兰处合拢或张开。定位法兰、组合螺母、连接杆实物见图 7.1-9。

图 7.1-9　定位法兰、组合螺母、连接杆实物图

图 7.1-10　打捞钩实物

（3）打捞钩

通过打捞钩的合拢与张开来实现抓取、松开钻头。考虑到连接方套为正四边形，因此对称设计共 4 个打捞钩套。打捞钩张开最大尺寸为 1000mm，合拢最小尺寸为 260mm。因此，可以牢靠夹取的尺寸为 360～420mm 的钻头方套或其他尺寸适合的物件。打捞钩实物见图 7.1-10。

3. 机械手打捞原理

在打捞钩张开至最大状态下，将打捞机械手安装到旋挖钻机的钻杆上。利用旋挖钻机钻杆的伸缩功能把机械手缓慢下放至孔内掉钻位置。下放过程中，不旋转钻杆；当机械手触碰到掉落钻头时，钻杆停止下放，开始控制钻杆沿逆时针方向转动；钻杆转动带动连接方套和螺杆同时转动，打捞钩也随之转动。当打捞钩旋转碰到掉落钻头方套固定板时，转动受阻，停止转动。此时连接方套和螺杆仍然继续转动，使得组合螺母沿着螺杆向下运动，而定位法兰只沿螺杆旋转不能上下活动，所以组合螺母与定位法兰之间的距离被压缩，通过连接杆作用于打捞钩，使得打捞钩向内收缩，完成打捞钩的合拢；当钻杆逆时针旋转受阻时，则显示机械手与钻头方头完全夹紧，打捞钩紧紧捕捉住掉落钻头。此时，通过提升钻杆将掉落钻头打捞出孔。

机械手随旋挖逆时针旋转合拢工作原理示意见图 7.1-11，机械手在三个不同项目打捞掉落钻头实例见图 7.1-12。

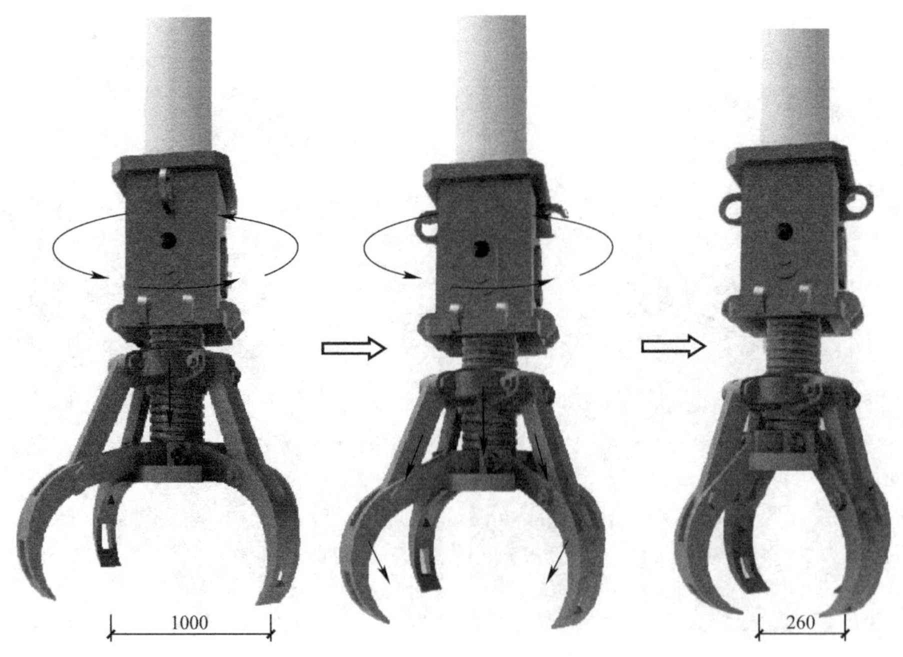

图 7.1-11　机械手随旋挖逆时针旋转合拢工作原理示意图

图 7.1-12　机械手在三个项目打捞钻头实例

7.1.5　施工工艺流程

旋挖桩孔内掉钻螺杆机械手打捞施工工艺流程见图 7.1-13。

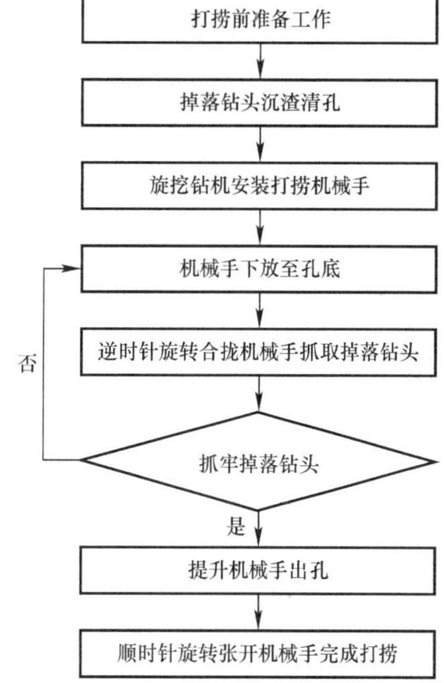

图 7.1-13　旋挖桩孔内掉钻螺杆机械手打捞施工工艺流程图

7.1.6　工序操作要点

1. 打捞前准备工作

（1）掌握孔内掉落钻头的详细情况，包括事故经过、钻头型号、大小、掉落位置等。

（2）测量孔内实际深度，与掉落钻头的位置进行比对，摸清孔内沉渣厚度。

（3）检查机械手完好情况，备好清孔泥浆，以及准备其他辅助打捞工具。

2. 掉落钻头沉渣清孔

（1）调配好清孔泥浆，采用空压机形成气举反循环清孔，将孔内覆盖掉落钻头的渣土清除干净，防止沉渣过厚覆盖掉落钻头方套。

（2）清孔至掉落钻头全部露出为宜，并尽可能向下清理孔内沉渣，为掉落钻头提升出孔减少阻力。

3. 旋挖钻机安装打捞机械手

（1）按照旋挖钻头安装方式安装机械手，并确保连接销轴安插到位，以及保险销固定牢靠。

（2）安装完成后，检查、确认机械手安装牢固，旋挖钻机打捞机械手安装见图 7.1-14。

4. 机械手下放至孔底

（1）将旋挖钻机就位，并对准桩位。

（2）机械手时缓慢下入，当下放受阻时则停止，并核对钻杆下放深度与掉落钻头方头套内位置是否一致。机械手孔内下放见图 7.1-15。

图 7.1-14　机械手安装完成

图 7.1-15　机械手孔内下放模拟图

图 7.1-16　机械手打捞钩触碰至方套固定板示意图

5. 逆时针旋转合拢机械手抓取掉落钻头

(1) 当确认入孔的机械手下放触碰到掉落钻头时，停止下放钻杆，此时开始逆时针方向缓慢旋转钻杆，当机械手的打捞钩触碰掉落钻头方套固定板后则停止转动，具体见图 7.1-16。

(2) 此时持续旋转钻杆，使得组合螺母沿螺杆向下运动，通过连接杆作用于打捞钩，打捞钩收缩合拢；当钻杆无法再旋转时，则表明打捞钩收缩至最小状态，显示打捞钩已牢固捕捉住掉落钻头方套。

(3) 当打捞钩捕抓住掉落钻头方套后，缓慢提升钻杆，直至打捞钩钩住方套凸出部位，具体见图 7.1-17。

6. 提升机械手出孔

(1) 确认机械手已经牢靠抓住掉落钻头后，开始缓慢提升钻杆，提升钻头示意图见图 7.1-18、图 7.1-19。

(2) 提升时避免掉落钻头再次掉落，缓慢、匀速提升钻杆，直至将掉落钻头打捞出孔，并放至平地。

(3) 提升机械手出孔前，及时向孔内注入泥浆，维持孔内液面高度，防止钻头打捞出孔后造成液面下降而引发塌孔。

7. 顺时针旋转张开机械手完成打捞

(1) 掉落钻头平稳落地，对掉落钻头进行支撑固定后，开始顺时针旋转钻杆，此时机械手张开，移开机械手，完成打捞工作。

(2) 清洗机械手，检查机械手是否有损坏，如有及时修复。机械手张开完成打捞见图 7.1-20。

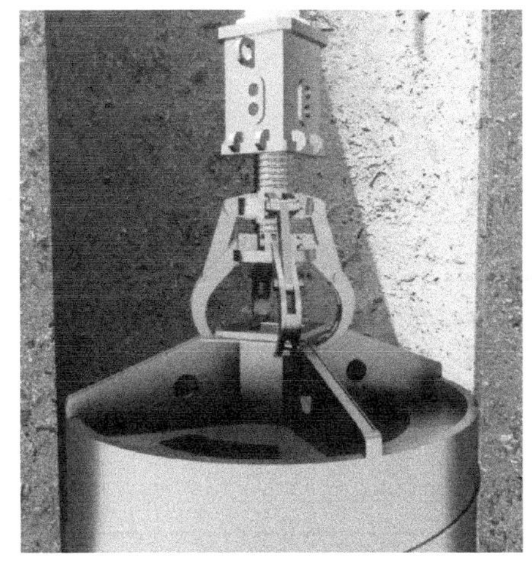

图7.1-17　机械手抓取掉落钻头示意图

图7.1-18　提升掉落钻头模拟图

图7.1-19　提升掉落钻头至孔口

图7.1-20　机械手张开完成打捞

7.1.7 机械设备配置

本工艺现场施工所涉及的主要机械设备配置见表 7.1-1。

主要机械设备配置表　　表 7.1-1

名称	型号	技术参数	备注
旋挖钻机	BG30	钻孔最大深度 135m、总功率 300kW	提升打捞钻头
机械打捞手	自制	开合尺寸：260～1000mm	提升打捞钻头
空气压缩机	W-2.8/5	排气量 2.8m^3/min、排气压力 0.5MPa、功率 14.7kW	气举反循环清孔

7.1.8 质量控制

1. 孔内清淤

（1）打捞前，了解孔内掉落钻头的具体情况，掌握孔径、孔深、钻头位置等，为下一步打捞提供依据。

（2）清除孔内掉落钻头沉渣时，注意随时补充足量的优质泥浆，以防泥浆补给量不足导致泥浆面下降，造成孔口坍塌事故。

（3）机械手下入桩孔前，充分清除掉落钻头上覆盖的沉渣，不得急于开始打捞，否则容易出现机械手难以卡住掉落钻头凸起部位的情况，影响处理效率。

2. 机械手打捞

（1）旋挖钻机就位后始终保持平稳，确保在掉落钻头打捞过程中不发生倾斜和偏移，保证机械手下放与提升时不破坏孔壁。

（2）打捞入孔时，缓慢下放机械手，避免对泥浆造成过大扰动；提升机械手时，要缓慢、匀速，防止钻头再次掉落。

（3）掉落钻头提出桩孔前，控制孔内泥浆水头高度，并保持性能良好，防止掉落钻头在脱离孔位时出现塌孔情况，以确保孔壁稳定。

7.1.9 安全措施

1. 孔内清淤

（1）采用气举反循环清孔时，空气压缩机管路中的接头采用专门的连接装置，并将所要连接的气管（或设备）用细钢丝相连，以防加压后气管冲脱摆动伤人。

（2）机械手安装使用前，检查机械手的完好状态，确保所有焊缝牢靠；安装完成后，检查确保连接销轴安插到位，以及保险销固定牢靠。

2. 机械手打捞

（1）打捞时，专职安全员全程旁站，无关人员严禁进入施工区域。

（2）提升机械手时，操作缓慢、匀速，防止钻头再次掉落对桩孔造成破坏。

（3）掉落钻头吊出孔口后，及时对钻头进行支撑或平放，防止倾覆伤人。

7.2　旋挖筒钻双向反钩孔内掉钻打捞技术

7.2.1　引言

钻孔灌注桩近年来已发展成为应用最广泛的桩型之一，当采用旋挖钻进成孔时，柴油发动机提供液压动力，驱动旋挖钻头旋转切削地层，随着钻杆加压，在钻头顶板开设的卸力孔作用下，将钻渣装入钻头内并被提出孔外，如此循环钻取和卸渣，直至钻进至设计持力层深度，旋挖钻头钻进见图 7.2-1。在旋挖钻孔过程中，时有发生由于方套或方头断裂、连接钻头的保险销脱落、方头与方套不适配等导致的孔内钻头掉落事故，导致工期延长、工效下降，造成较大的经济损失。如何高效便捷地处理掉钻事故，在旋挖钻进施工中变得尤为重要。

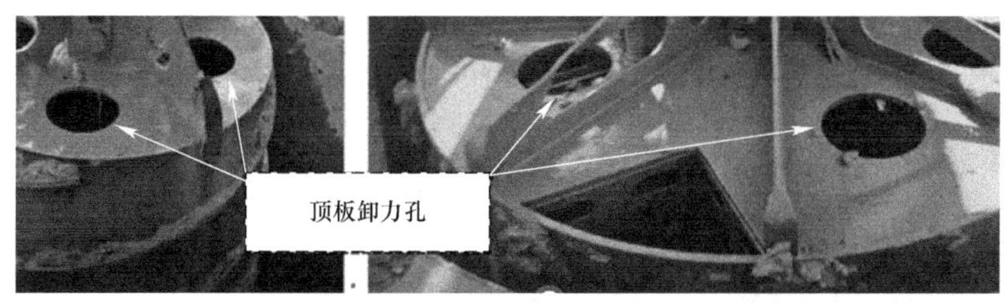

图 7.2-1　旋挖钻头钻进

目前，常用的掉钻处理方式有连接钢丝绳下沉打捞钩入孔盲捞、采用特制打捞机械手（爪）夹抓打捞、潜水员入孔将钢丝绳固定钻头后起吊等，但上述方法存在难以建立打捞钩与掉钻有效连接、耗时长、成功率低、安全隐患大等弊端。由此，从掉落旋挖钻头的结构、尺寸等入手，针对性研制出一种新型的配置双向打捞反钩的钻筒，该打捞钻筒半径与掉落钻头顶板卸力孔中心至钻杆中心距离一致，并在钻筒壁上焊接两个反向布置的打捞钩，通过下放钻杆将打捞钩伸入掉钻顶板卸力孔中，旋转钻杆使打捞钩将卸力孔壁卡住，此时打捞钩与掉落钻头在顶板处形成有效连接，上提钻杆后可顺利实现掉钻打捞出孔，达到精准快速、安全可靠、降低事故处理成本的效果。

7.2.2　工艺特点

1. **掉钻打捞精准快速**

采用双向反钩进行掉钻处理时，只需将打捞钻筒轻缓下放入孔，将打捞钩伸入掉落钻头顶部卸力孔中，即可精准快速实现掉钻提升打捞，成功率高，确保了项目的正常施工。

2. **安全可靠**

本工艺利用旋挖钻机和现场制作的双向反钩打捞钻筒即可实施打捞作业，避免了潜孔员下潜打捞的安全风险，打捞作业无需额外投入其他的机械设备，操作便捷、可靠、安全。

3. **经济效益显著**

双向反钩打捞钻筒整体制作成本低，顺利打捞后减少了价格昂贵的旋挖钻头的损失，同时节省了报废该桩孔的巨额处理费用和重新补桩的时间成本，整体经济效益显著。

7.2.3 适用范围

（1）适用于直径不小于 1200mm 的旋挖灌注桩钻头掉落打捞处理。

（2）适用于钻头方套与钻杆方头脱落、1m 内钻杆断裂留于方套上的情况。

（3）适用于钻头底板掉落情况的打捞处理。

7.2.4 工艺原理

1. **打捞装置设计技术路线**

（1）由于掉落的旋挖钻头方套可能已经损坏，在孔内暴露的只有钻头顶板，而顶板上设有多个卸力孔，设想将打捞钩伸入卸力孔中，并建立打捞钩与掉钻之间的有效连接，即可实现掉钻打捞出孔，打捞钩起吊见图 7.2-2。

（2）考虑到起吊钻头时的平衡问题，应设置 2 个对称分布的打捞钩，见图 7.2-3，但当 2 个打捞钩同时伸入卸力孔时，对应的起吊点均分布于钻头中心线同侧位置，则钻头起吊时偏心受力，提升过程会出现不平衡情况，在桩孔内可能破坏孔壁导致塌孔，则 2 个起吊点应设置于以钻头中心对称分布的位置，由此打捞钩设计为双向反钩结构，具体见图 7.2-3。

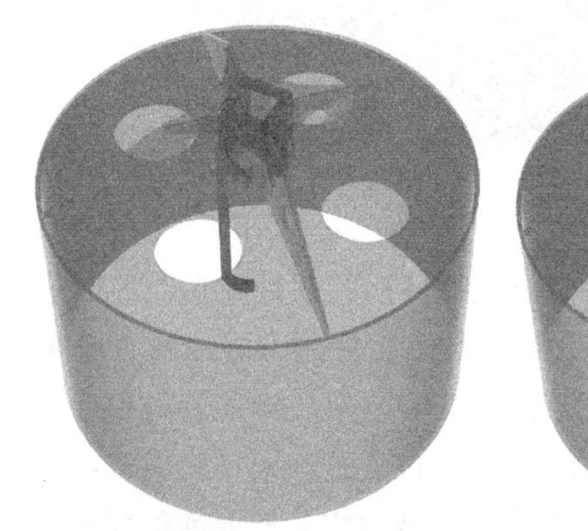

图 7.2-2 打捞钩起吊

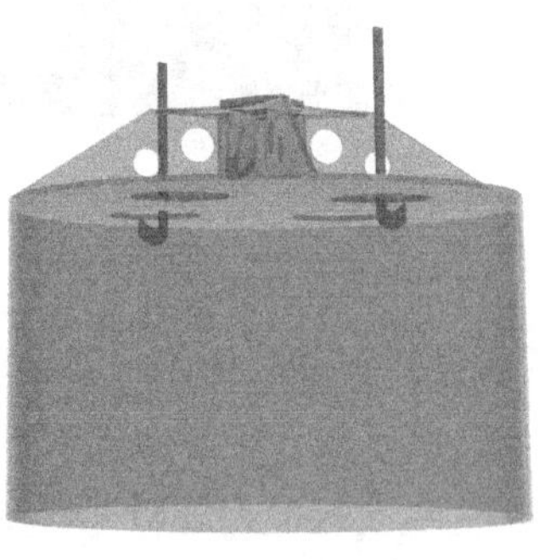

图 7.2-3 打捞钩双反向结构设计

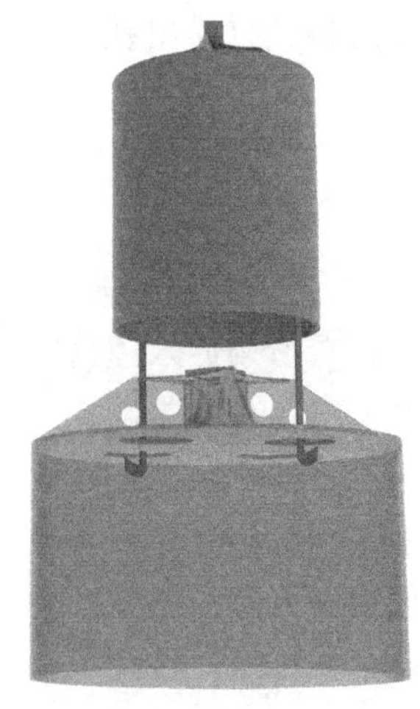

图 7.2-4 钻筒反向打捞钩

（3）打捞钩下放入桩孔与掉钻建立有效连接，设想通过现场已有的旋挖钻机进行操作，通过钻杆将打捞钩快速便捷地送入孔内，并在成功钩挂掉落钻头后提升打捞出孔，见图 7.2-4。

2. **双向反钩打捞钻筒尺寸分析**

根据以上分析的打捞装置设计技术路线，提出一种双向反钩打捞钻筒。

以深圳博今商务广场“B107-0009 地块”项目为例分析，PA-13 号钻孔灌注桩钻进施工至 17.4m 深度时发生掉钻事故，该桩直径 2600mm，现场采用直径 2600mm、长度 1500mm、重量 2.9t 旋挖钻筒进行钻孔作业。

（1）掉落钻头结构分析

由分析掉落钻头的制作图纸可知，该钻头顶部开设有 4 个对称分布的卸力孔，各卸力孔中心距离钻头中心 700mm，卸力孔直径为 525mm，见图 7.2-5。

（2）双向反钩打捞钻筒直径确定

由于对称布置的打捞钩需伸入卸力孔内方可与掉落钻头建立有效连接，因此，打捞钩与掉落钻头的位置关系见图 7.2-6；而打捞钩通过焊接于打捞钻筒壁实现下放入孔，则打捞钻筒直径为“2×700mm（卸力孔中心与钻头中心距离）=1400mm”，具体见图 7.2-7。由此，选用直径 1400mm 旋挖钻筒作为打捞钩的依托结构，在其对称的筒壁上分别焊接钢板形成双向反钩起吊结构。

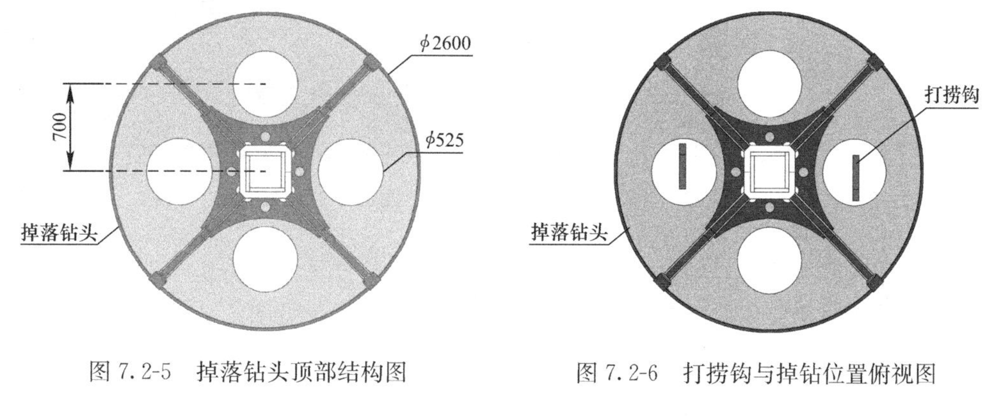

图 7.2-5　掉落钻头顶部结构图

图 7.2-6　打捞钩与掉钻位置俯视图

打捞钻筒

掉落钻头

ϕ1400

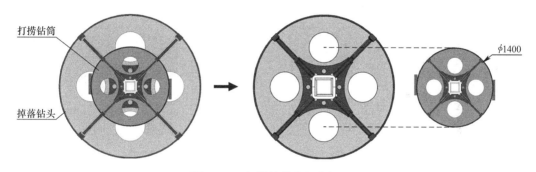

图 7.2-7　打捞钻筒直径分析图

3. 双向反钩结构设计

打捞钩采用单块厚度 50mm 的优质碳素结构钢切割制成，使其具备足够刚度。打捞钩连接杆长度以高出掉落钻头断脱的钻杆为准，不宜超过 1.2m，以提高抗扭矩能力，避免起吊过程中由于打捞钩过长发生变形，从而影响打捞效果。

在该项目中，打捞钩连接杆长度为 1.2m，其中外露钻筒长度 90cm，重叠焊接于钻筒壁 30cm，连接杆可选择焊接于打捞钻筒外侧壁或内侧壁；连接杆宽度 150mm。打捞钩头部长 30cm、宽 15cm，该横截面尺寸需保证其能快速并完全伸入掉钻顶部卸力孔中。双向反钩三维设计见图 7.2-8，现场实物见图 7.2-9。

4. 双向反钩打捞原理

将带有打捞钩的打捞钻筒下放入孔，当下放至记录的掉落钻头顶板位置附近时，缓慢旋转钻筒并施以一个较小的下压力，在旋转下压过程中不断调试打捞钩与卸力孔之间的位置关系，当钻杆可明显向下移动时，则打捞钩已伸入卸力孔中，见图 7.2-10。

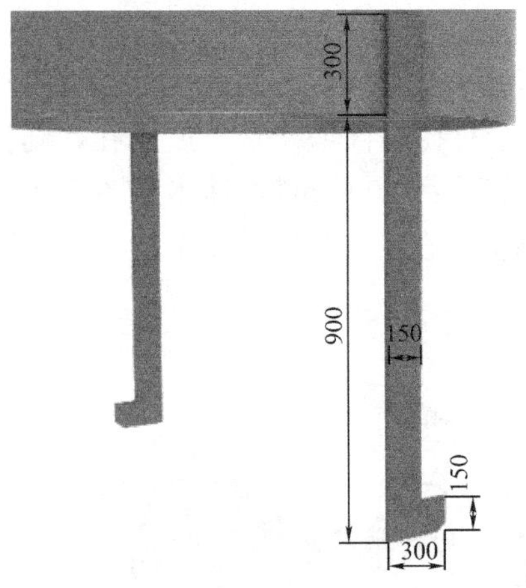

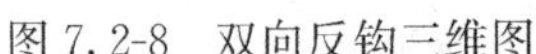

图 7.2-8　双向反钩三维图

图 7.2-9　双向反钩实物

打捞钩伸入卸力孔后，朝打捞钩弯钩方向缓慢转动打捞钻筒，待机手明显感到存在阻力作用时停止旋转操作，此时打捞钩连接杆已触碰卸力孔边，见图 7.2-11；然后向上提升钻杆，使打捞钩牢牢钩挂住卸力孔边下方的顶板部位，此时打捞钩与掉落钻头建立有效连接，见图 7.2-12；再继续上提打捞钻筒，即可实现钻头打捞出孔。

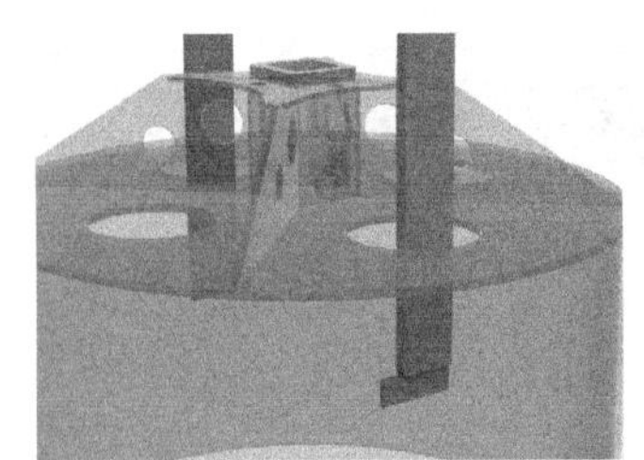

图 7.2-10　打捞钩伸入卸力孔

图 7.2-11　旋转打捞钩触碰卸力孔

图 7.2-12　打捞钩提升钩挂钻头

7.2.5　施工工艺流程

旋挖筒钻双向反钩孔内掉钻打捞施工工艺流程见图 7.2-13，工序流程见图 7.2-14。

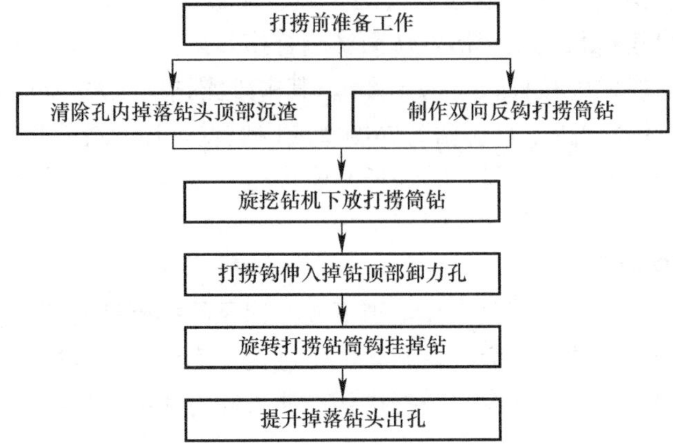

图 7.2-13　旋挖筒钻双向反钩孔内掉钻打捞施工工艺流程图

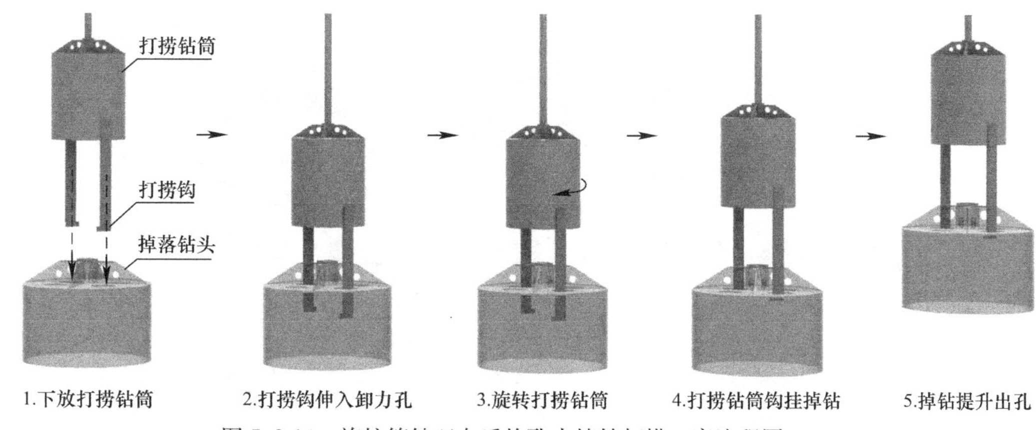
打捞钻筒
打捞钩
掉落钻头
1.下放打捞钻筒
2.打捞钩伸入卸力孔
3.旋转打捞钻筒
4.打捞钻筒钩挂掉钻
5.掉钻提升出孔

图7.2-14　旋挖筒钻双向反钩孔内掉钻打捞工序流程图

7.2.6　工序操作要点

1. 打捞前准备工作

（1）掌握孔内掉钻事故发生的详细经过情况；

（2）查阅掉落旋挖钻头的制作图纸和相关参数记录文件，明确钻头整体构造、尺寸、重量等关键信息；

（3）准备双向反钩打捞钻筒制作的相关材料及设备，包括钢板、尺寸适配的旋挖钻筒、焊条、焊机等。

2. 清除孔内掉落钻头顶部沉渣

（1）测量孔内实际深度，与掉落钻头的位置进行比对，摸清孔内沉渣厚度。

（2）根据桩孔地层情况，配制优质泥浆，采用3PN泥浆泵正循环清孔，或采用空压机形成气举反循环清孔，将孔内覆盖钻头的沉渣淤泥清除干净，为掉钻打捞减少阻力。

（3）清孔过程中始终保持孔内原有水头高度，以防塌孔。

3. 制作双向反钩打捞筒钻

（1）根据掉落钻头参数，按照上述技术路线与装置结构制作相应规格的双向反钩打捞钻筒。

（2）根据打捞钩的制作尺寸，在优质碳素结构钢板上画线形成打捞钩整体轮廓，然后平稳摆放钢板，采用切割机进行切割操作，形成两块相同的打捞钩。

（3）将打捞钻筒平放于地面，采用电焊将打捞钩焊接在打捞钻筒侧壁上。

（4）完成一侧打捞钩焊接后，在地面转动钻筒，并固定，防止其发生滚动导致影响另一侧打捞钩焊接。

（5）在另一侧对称位置，将第二块打捞钩焊接在打捞钻筒侧壁上。

（6）打捞钩焊接牢固后，注意对整体打捞钻筒进行保护，以免发生碰撞造成损坏。

（7）当无法取得优质碳素结构钢作为制作原材料时，可选用普通碳素钢板通过多块叠加形成一定厚度的打捞钩，使其成为稳定牢固的打捞装置，确保起吊过程中能承受掉落钻头的整体重量，见图7.2-15。

（8）除工艺原理中所述L形打捞钩结构外，还可以根据掉落钻头顶部不同的卸力孔结

图 7.2-15　3 块普通碳素钢板拼接形成的打捞钩

构，按实际情况进行不同结构的打捞钩设计，如 J 形、丁字形、带弯弧形等结构，具体见图 7.2-16～图 7.2-18。

图 7.2-16　J 形打捞钩结构

图 7.2-17　丁字形打捞钩结构

图 7.2-18　带弯弧形打捞钩结构

4. 旋挖钻机下放打捞钻筒

（1）将打捞钻筒安装于旋挖钻机钻杆上，调整与桩孔中心对齐，并调整钻杆垂直度；

（2）移动旋挖钻机至桩孔附近，完成就位；

（3）将打捞钻筒缓慢下放入孔，见图7.2-19。

图7.2-19　打捞筒钻下放入孔

5. 打捞钩伸入掉钻顶部卸力孔

（1）在打捞钩即将触碰到掉钻顶板前，提前减缓钻杆下放速度。

（2）当打捞钩触碰到孔内掉钻顶板，稍微提起钻杆，使打捞钩底部距离掉落钻头顶板约10cm。

（3）一边缓慢旋转钻杆带动打捞钻筒转动，一边对打捞钻筒施以较小的下压力，不断调试打捞钩与掉落顶板卸力孔之间的接触位置，该过程需旋挖钻机手轻慢处理，以免破坏打捞钩结构。

（4）当2个打捞钩正对掉落钻头一组对称布置的卸力孔上方时，对打捞钻筒施以下压力使钻杆出现明显下移，此时打捞钩成功伸入掉钻顶部卸力孔内。

6. 旋转打捞筒钻钩挂掉钻

（1）朝打捞钩弯钩方向缓慢旋转钻杆带动打捞钩转动，至机手明显感到阻力作用时停止操作，此时打捞钩连接杆触碰卸力孔边沿。

（2）向上提升打捞钻筒，当机手明显感到阻力作用时立即停止操作，此时打捞钩钩挂住卸力孔边下方的顶板部位，打捞钩与掉落钻头建立有效连接。

（3）向上慢速轻提钻杆，避免速度过快或力度过大导致打捞钩碰撞掉钻顶板发生破坏。

7. 提升掉落钻头出孔

（1）逐步加大提升力，将掉落钻头提离孔底，并沿孔壁提升出孔，注意全程缓慢操作，避免起吊钻头剐蹭碰撞孔壁导致塌孔。

（2）打捞全程控制孔内水头高度，保持孔内泥浆良好性能，以确保孔壁稳定，防止塌孔。

（3）旋挖钻机提升过程无异常情况发生时，则持续提升，直至将钻头提出。双向反钩打捞钻筒出孔见图7.2-20、图7.2-21。

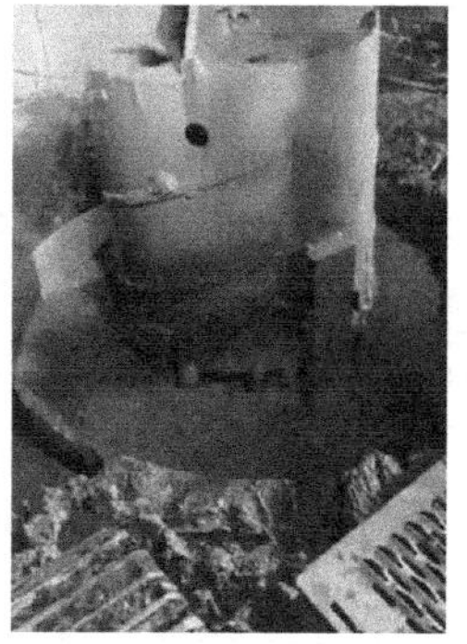

图7.2-20　采用双向反钩打捞钻筒缓慢提升掉钻出孔

图 7.2-21　掉落钻头打捞出孔

7.2.7　机械设备配置

本工艺现场施工所涉及的主要机械设备配置见表 7.2-1。

主要机械设备配置表　　表 7.2-1

名称	型号	参数	备注
泥浆泵	3PN	流量 151m³/h，扬程 15m	清除掉钻顶部沉渣
挖掘机	PC200-8	铲斗容量 0.8m³，功率 110kW	沉渣清运
型材切割机	J1G-FF03-355	额定输入功率 2100W	切割制作打捞钩
CO_2 气体保护焊机	NBC-350A	额定电流 35A，额定电压 31.5V	焊接打捞钩
旋挖钻机	SR365R-W10	最大输出扭矩 365kN·m	下放打捞钻筒

7.2.8　质量控制

1. **清孔**

（1）双向反钩打捞钻筒下入桩孔前，充分清除掉落钻头上部覆盖的沉渣，不得急于开始打捞，否则打捞钩难以对中伸入卸力孔，影响打捞工效。

（2）清除孔内掉落钻头沉渣时，随时补充足量的优质泥浆，以防泥浆补给量不足导致桩孔泥浆面下降，造成孔口坍塌。

（3）清孔方式可根据具体地层条件选择正循环或气举反循环工艺。

2. **钻头打捞**

（1）双向反钩打捞钻筒严格按照孔内掉落钻头的结构、尺寸等技术参数进行制作，否则可能出现打捞钩难以对中伸入卸力孔的情况，加长打捞事故处理时间。

（2）打捞钩与打捞钻筒之间采用满焊的连接方式，焊接前清除焊缝两边 30～50mm 范围内的铁锈、油污、水气等杂物，焊接密实牢固，如发现存在缺陷的地方，及时补焊开焊漏焊部分，避免因焊接不牢固使打捞钩在打捞过程中出现脱落情况。

(3) 打捞钻筒制作完成后放置于平整场地上，并设置防滚动措施，避免因碰撞等产生压曲变形，影响打捞效果。

(4) 旋挖钻机底座尺寸较大，就位后始终保持固定、平稳，确保在钻头打捞过程中不发生倾斜和偏移，保证打捞钻筒下放与提起时不破坏孔壁。

(5) 打捞过程中加强孔内泥浆水头高度控制，并保持良好性能，防止掉落钻头在脱离孔底地层时出现塌孔情况，以确保孔壁稳定。

7.2.9　安全措施

1. **反钩打捞钻筒制作**

(1) 打捞钻向制作时，要求焊接牢靠，避免打捞时脱焊造成打捞失效。

(2) 焊接作业人员按要求佩戴专门的防护罩、护目镜等，并按照相关操作规程进行焊接操作。

(3) 打捞钻筒下孔前，在地面进行预打捞试验，检验打捞钻筒的性能。

2. **钻头打捞**

(1) 打捞作业现场设专人统一指挥，无关人员撤离作业区域。

(2) 当打捞钩下至钻头附近时，控制下降速度；当打捞钩触碰钻头顶板时，慢速旋转并适当加压，直至打捞钩进入钻头卸力孔内。

(3) 当打捞钩钩挂住卸力孔边下方的顶板部位后，慢速提升钻杆，切忌强行提拉。

7.3　孔内旋挖掉钻机械手打捞技术

7.3.1　引言

旋挖钻机钻进时，动力头向钻杆提供扭矩和加压力，钻杆将扭矩和加压力传递至钻头，使钻头实现对地层的切削破碎。旋挖钻头在与钻杆连接时，大多采用钻头方套与钻杆方头连接的方式，即将钻杆方头插入钻头方套的对接口内，再将销轴插入销孔将二者连接，连接完成后再用保险销将销轴固定。

在旋挖成孔过程中，连接销轴长时间使用会被磨细，销孔由于磨损扩孔变大，由于二者未能紧密贴合，容易导致销轴被剪断；或者由于保险销损坏，造成销轴松动，使钻头与钻杆脱开，造成孔内掉钻事故。

针对目前旋挖钻头打捞采用潜孔员、螺杆机械手等方式的弊端，项目组根据旋挖钻头的结构特性，采用旋挖钻杆与钻头的连接方式，在旋挖钻杆底部安装特制的机械手，利用旋挖钻杆将机械手下放至掉落钻头位置，机械手借助 4 个可活动的锥形滑面和倒钩与孔底掉落的钻头进行钩挂连接，再通过提升钻杆将钻头打捞出孔。本工艺通过施工现场的实践应用，达到了打捞快捷、安全可靠、降低成本的效果。

7.3.2　工艺特点

1. **操作安全便捷**

本工艺无需潜水员潜入泥浆中打捞，只需在旋挖钻杆底部安装机械手，下放和提升钻杆即可完成打捞，打捞过程安全，操作便捷。

2. **打捞效率高**

本工艺使用的机械手借助4个锥形滑面可快速与钻头连接，倒钩可保证与钻头连接牢固，因此打捞过程耗时短，成功率高。

3. **经济效益显著**

本工艺使用的机械手制作成本经济，可重复使用，免除了潜水员潜入泥浆中打捞的高额费用或钻头废弃、报废桩孔重新补桩而带来的巨额费用支出。

7.3.3 适用范围

适合打捞各种旋挖钻头、旋挖钻头底板及其他物件，适合打捞钻头重量不大于6t的旋挖钻头，适合钩挂掉落物尺寸在215～435mm之间的抓取部位。

7.3.4 工艺原理

以钻头方套外边缘宽度为265mm的旋挖钻头打捞为例，该型号方套适配200mm宽钻杆方头。

1. **机械手装置结构设计**

本工艺所述的打捞机械手由旋挖方套、连接板、定位板、打捞钩四部分组成，整体采用钢结构设计，机械手拆分具体见图7.3-1，机械手结构见图7.3-2，机械手实物见图7.3-3。

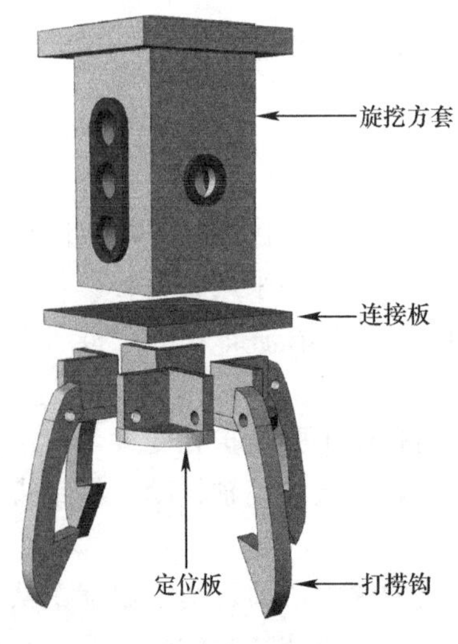

图7.3-1 机械手拆分图

图7.3-2 机械手结构图

图7.3-3 机械手实物

（1）旋挖方套

旋挖方套与掉落钻头方套规格相同。方套用于连接钻杆，将旋挖钻机钻杆插入方套的连接口，再将销轴插入销孔，最后插入保险销固定销轴即可将二者连接，因此采用旋挖钻机钻杆连接机械手即可进行打捞作业。

方套高500mm，主体部分外缘宽265mm，内缘宽205mm，销孔直径72mm；方套顶部宽370mm，顶部凸出部分高50mm、宽52mm。旋挖方套结构见图7.3-4，方套与钻杆的连接见图7.3-5。

（2）连接板

连接板焊接在方套底部，呈正方形，下方与定位板焊接相连，连接板的作用是将打捞钩和定位板与上部旋挖方套形成整体连接。正方形连接板宽度为 370mm，板厚 30mm。

（3）定位板

定位板对称布置 4 个，焊接在连接板下方，其作用在于固定打捞钩。

定位板由一块扇形底板和两块互相垂直的侧板组成，定位板高 125mm，侧板宽 135mm，扇形底板和侧板厚度均为 25mm；相邻两个定位板之间安装打捞钩，并用螺栓连接，相邻定位板间距 42mm，打捞钩厚度为 40mm，定位板间距大于打捞钩厚度，使打捞钩可绕螺栓轴自由转动。定位板及其与打捞钩连接具体见图 7.3-6～图 7.3-8。

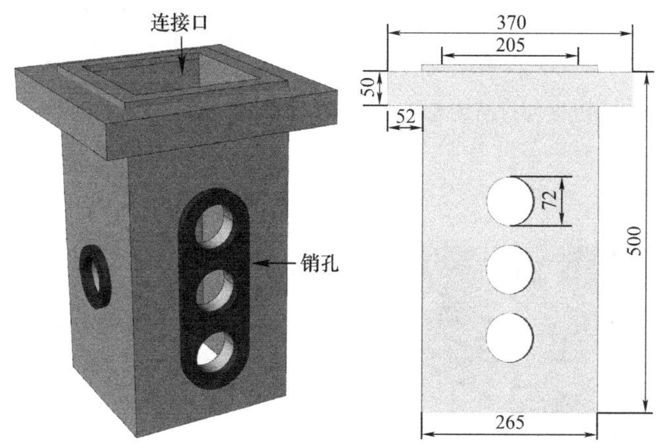

图 7.3-4　旋挖方套结构图

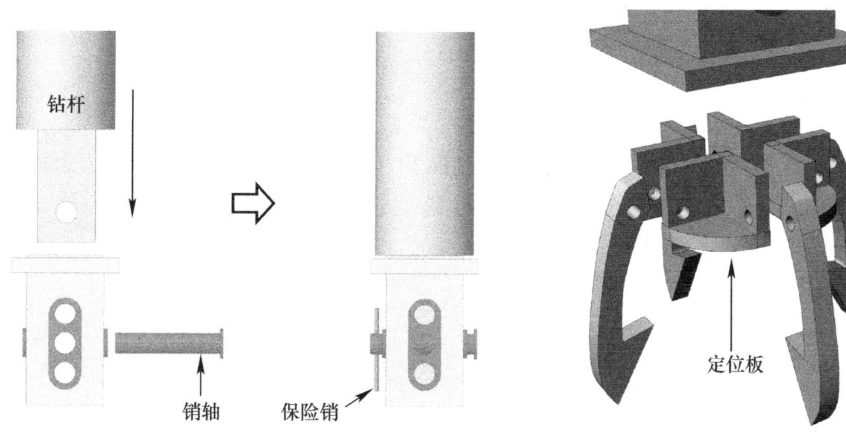

图 7.3-5　方套与钻杆连接示意图

图 7.3-6　定位板

（4）打捞钩

打捞钩底部呈倒钩状，倒钩内侧为可滑动的锥面，具体见图 7.3-9。打捞钩利用倒钩钩住钻头某部位，使机械手与钻头间形成牢固的连接。钩体开始接触钻头时，锥形滑面受力，打捞钩可绕螺栓轴自由张开；当锥形滑面与钻头脱离接触时，打捞钩会收拢，具体见图 7.3-10，此时提升打捞钩，即可钩住钻头。

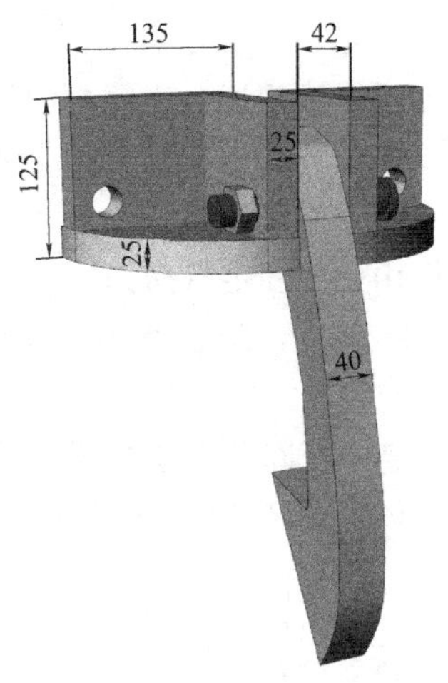

图 7.3-7　定位板与打捞钩连接

图 7.3-8　定位板实物

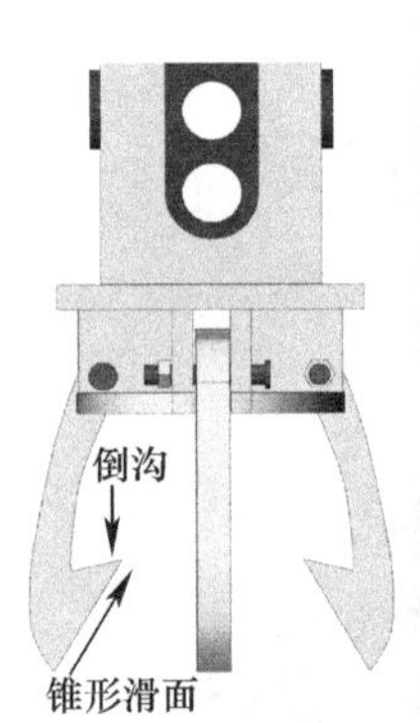

图 7.3-9　打捞钩结构及实物

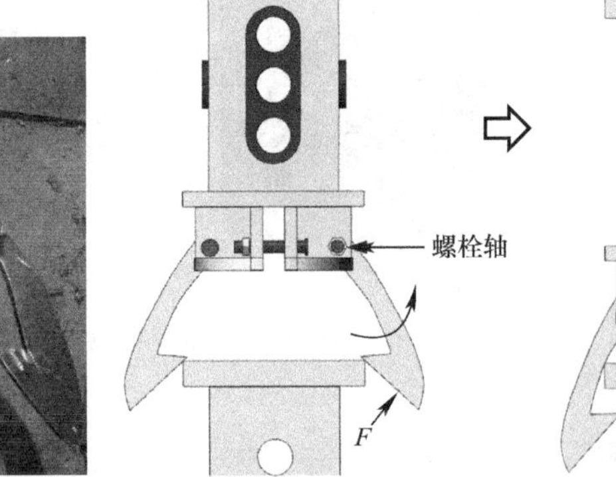

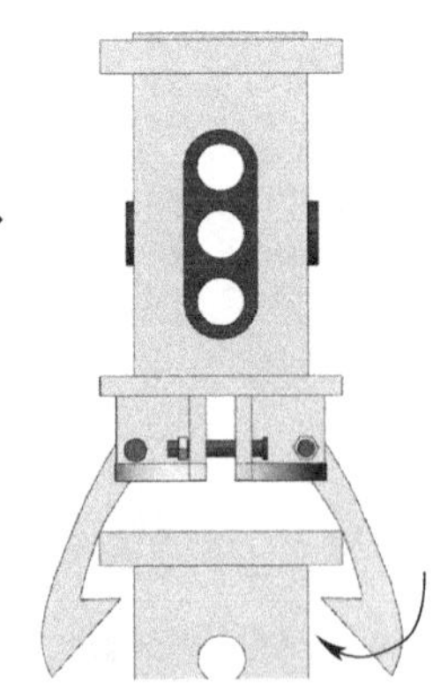

图 7.3-10　打捞钩转动示意图

打捞钩采用 40mm 厚钢板制成，锥形滑面长 160mm，打捞钩未张开状态时锥形滑面顶部间距 215mm；打捞钩张开时，为确保可稳定钩住掉落物，掉落物可抓取部位尺寸不超过 435mm，具体尺寸见图 7.3-11。

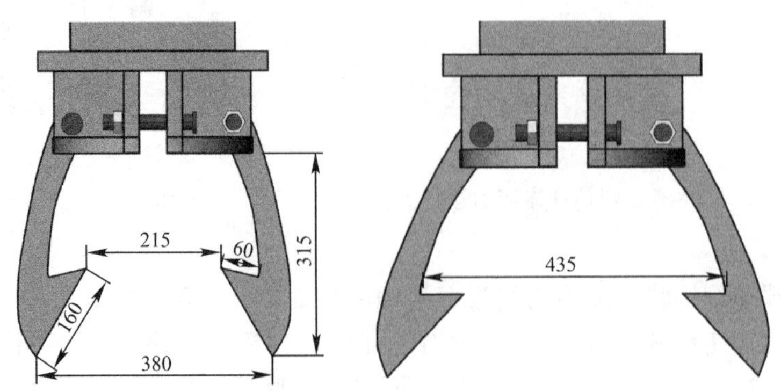

图 7.3-11　打捞钩尺寸及打捞技术参数

2. **机械手打捞原理**

机械手打捞钻头原理是直接利用旋挖钻机进行打捞，其将钻杆插入机械手的旋挖方套，用销轴将机械手与钻杆牢固连接后，机械手利用钻杆下放至孔内掉钻位置；当打捞钩接触孔内钻头后，借助 4 个对称可旋转的打捞钩钩住钻头方套凸出部分，使机械手与钻头间形成牢固的连接，再通过旋挖钻机提升钻杆将钻头提离出孔。

在实际操作中，下放机械手直至锥形滑面与钻头方套顶部凸出部分接触，见图 7.3-12(a)；继续下放机械手，锥形滑面在方套表面滑动，打捞钩受力后张开，见图 7.3-12(b)；继续下放，锥形滑面与方套顶部脱离接触后打捞钩收拢，见图 7.3-12(c)；提升机械手时，打捞钩会通过倒钩钩住凸出部分，从而将钻头提升出孔，见图 7.3-12(d)。机械手将掉落钻头打捞出孔具体见图 7.3-13。

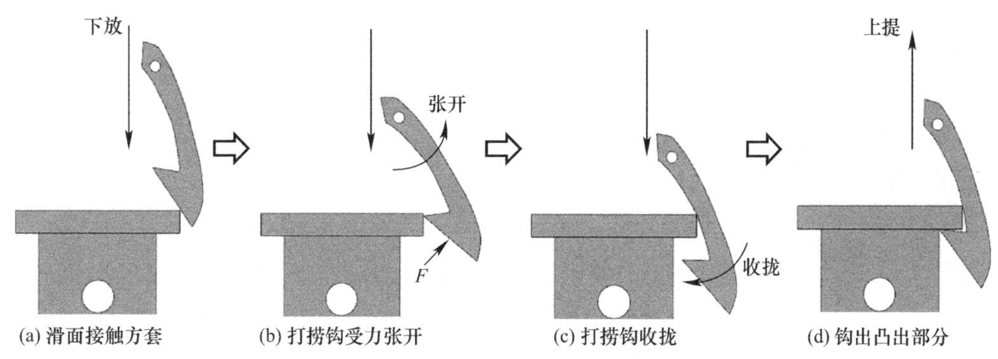

图 7.3-12　机械手与钻头连接过程示意图

7.3.5　施工工艺流程

孔内旋挖掉钻机械手打捞施工工艺流程见图 7.3-14。

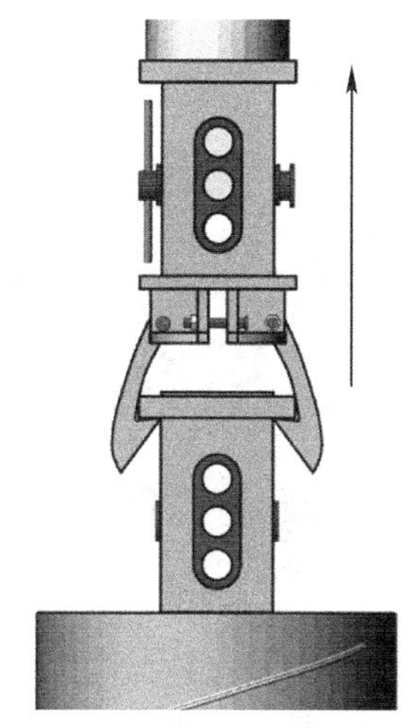

图 7.3-13　机械手打捞掉钻工况示意图

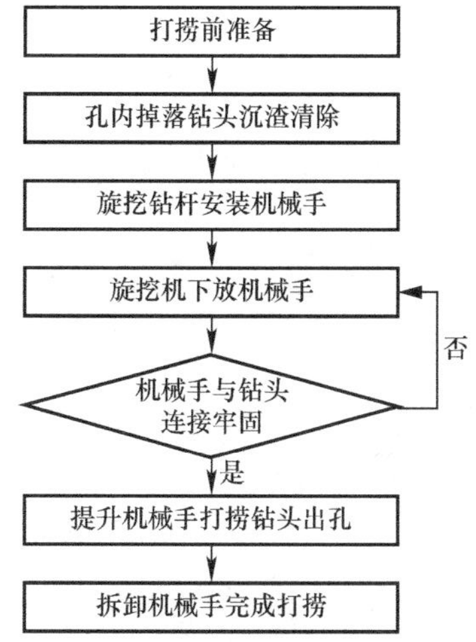

图 7.3-14　孔内旋挖掉钻机械手打捞施工工艺流程图

7.3.6 工序操作要点

1. **打捞前准备**

（1）详细调查孔内掉钻事故发生的经过，明确事故发生原因。

（2）查阅钻孔记录表和钻头设计图纸，明确钻头类型、尺寸、整体构造、重量、掉钻深度等关键信息。

图 7.3-15　机械手模拟打捞

（3）根据掉落钻头的重量和尺寸信息，制作规格合适的机械手；出厂前准备一个与掉落钻头相同规格的旋挖钻头，在室内进行模拟打捞试验，检验其打捞效果，具体见图 7.3-15。

2. **孔内掉落钻头沉渣清除**

（1）测量钻孔的实际深度，与掉钻深度作对比，计算孔内沉渣厚度。

（2）如果沉渣覆盖住钻头，根据桩孔地层情况，配制优质泥浆，采用正循环或反循环清孔，将孔内覆盖钻头的泥渣清除干净，以便于机械手钩挂钻头和提升出孔。

3. **旋挖钻杆安装机械手**

（1）准备销轴、铁锤、保险销等安装工具。

（2）扳动机械手的打捞钩，将打捞钩张开，随后将机械手平稳放置于地面上；移动旋挖钻机，将钻杆方头插入机械手的连接口内。

（3）旋挖钻杆完全插入后，将销轴插入连接销孔，用铁锤击打销轴直至连接紧固，再插入保险销固定销轴，现场安装机械手具体见图 7.3-16。

4. **旋挖钻机下放机械手**

（1）移动旋挖钻机，将机械手移至钻孔正上方，使机械手中心与钻孔中心点对齐；缓慢下放钻杆，将机械手下放至孔内，具体见图 7.3-17。

图 7.3-16　现场安装机械手

图 7.3-17　孔内下放机械手

（2）当机械手接近掉落钻头时，降低钻杆下放速度，继续下放钻杆直至下放受阻；随后，缓慢提升钻杆，提升过程中观察钻杆负荷是否增大，如果负荷无明显变化，或者负荷数值一直不稳定，说明机械手未将钻头抓住；此时，旋转钻杆，适当调节机械手位置后再次下放机械手，重复上述过程，直至提升钻杆时负荷显著增大，此时机械手已牢固钩住钻头某部位。

5. 提升机械手打捞钻头出孔

（1）确认机械手与钻头牢固连接后，缓慢、匀速提升钻杆，防止钻头再次掉落。

（2）提升钻头出孔前，在孔口位置稍作停留向孔内补浆，以维持孔内液面高度，确保孔壁稳定，再将钻头提升出孔，提升钻头见图7.3-18，钻头提升出孔见图7.3-19。

图7.3-18　提升钻头

图7.3-19　钻头提升出孔

6. 拆卸机械手完成打捞

（1）机械手将掉落钻头提升出孔后，移动旋挖钻杆，将打捞出的钻头平稳放置在孔外地面上，下放钻杆使机械手与钻头脱离接触，扳动打捞钩将打捞钩张开，同时移动钻杆将机械手移位，钻头移至孔外见图7.3-20。

（2）将机械手与钻杆的连接销轴拆下，清洗机械手；检查机械手是否有损坏，如有损坏及时修复，见图7.3-21。

7.3.7　机械设备配置

本工艺现场施工所涉及的主要机械设备见表7.3-1。

7.3.8　质量控制

1. 机械手制作

（1）根据掉落钻头的重量和钻孔直径，确定机械手的尺寸和技术参数，并选择适宜的

图 7.3-20　钻头移至孔外

图 7.3-21　机械手损坏

主要机械设备配置表　　**表 7.3-1**

名称	型号	参数	备注
旋挖钻机	宝峨 BG36	扭矩 365kN・m，最大提升力 320kN	连接打捞机械手
打捞机械手	自制	钩挂尺寸在 215～435mm 之间的掉落物件	钩挂钻头
泥浆泵	3PN	流量 $108m^3/h$，扬程 21m	正循环清孔

材料制作，确保机械手强度足以承受钻头重量。

（2）制作机械手时，各组件的制作精度满足设计要求，保证组件可以正常连接。

2. **孔内打捞掉落钻头**

（1）打捞前，先清除孔内掉落钻头沉渣，直至掉落钻头底部，以减轻提升钻头时机械手受到的阻力；清渣时，注意控制孔内泥浆的液面高度，随时补充优质泥浆护壁，防止泥浆补给量不足，造成液面下降导致孔口塌孔。

（2）在孔内下放机械手时不可过于贴近孔壁，防止刮碰渣土导致埋钻，从而增加打捞难度。

（3）机械手缓慢、匀速提升，避免钻头再次掉落；不可强行提拉，防止打捞钩损坏。

（4）打捞完成后，对打捞机械手进行全面检查，如机械手发生显著变形则进行修复，以确保后续正常使用。

7.3.9　安全措施

1. **机械手制作**

（1）制作机械手时，按要求佩戴专门的防护用具（如防护罩、护目镜等），并按照相关操作规程进行焊接操作。

（2）机械手使用前，用一个与掉落钻头相同规格的钻头进行模拟试验，观察机械手强度是否足以提升钻头。

2. 孔内打捞掉落钻头

（1）打捞过程中，全程派专职安全员旁站，无关人员禁止进入施工区域。

（2）提升钻头出孔后，在未将钻头平稳放置于地面前，工作人员远离钻头，防止钻头倒落伤人。

（3）机械手将钻头打捞出孔后，对钻头进行临时支撑固定，再将机械手移位，防止钻头不稳而倾倒。

第 8 章　常见型号旋挖钻机技术参数详表

8.1　德国宝峨

主要参数名称		单位	BG15H（BT50 主机）		BG26（BT70 主机）		备注
钻孔	最大钻孔直径	mm	1500		2500		
	最大钻孔深度	m	44.0		77.0		
发动机	型号	—	CAT C 7.1		CAT C 9	CAT C 9.3	
	额定输出功率	kW/rpm	186/1800		261/1800	280/1800	
动力头	型号	—	KDK 150 KL	KDK 150SL	KDK260 K	KDK260 S	
	扭矩	kN·m	145（标称）	150（标称）	264（理论）	264（理论）	
	最大转速	rpm	32	52	24	54	
加压油缸	加压力	kN	250/275（有效值/标称值）		200/260（有效值/护筒驱动器接头处测量值）		
	起拔力	kN			270/210（有效值/护筒驱动器接头处测量值）		
	速度（下/上）	m/min	5/5		4/5		
	快速（下/上）	m/min	20/15		20/20		
主卷扬	卷扬等级	—	M6/L3/T5		M6/L3/T5		
	单绳拉力	kN	140/175（有效值/标称值）		225/295（有效值/理论值）		第 1 层
	钢丝绳直径	mm	22		28		
	最大绳速	m/min	80		80		
副卷扬	卷扬等级	—	M5/L2/T5		M6/L3/T5		
	单绳拉力	kN	43/54（有效值/标称值）		80/100（有效值/理论值）		第 1 层
	钢丝绳直径	mm	16		20		
	最大绳速	m/min	28		55		
钻桅倾角	向后/向前/侧向	°			15/5/5		
底盘	底盘型号	—	UW 50		UW 65	UW 80	
	履带型号	—	B 60		B 6	B 7	
	牵引力	kN	340/400（有效值/标称值）		450/530（有效值/理论值）	520/440（有效值/理论值）	
整机	最大工作高度	m	18.2		25.1		
	工作重量	t	45		81		

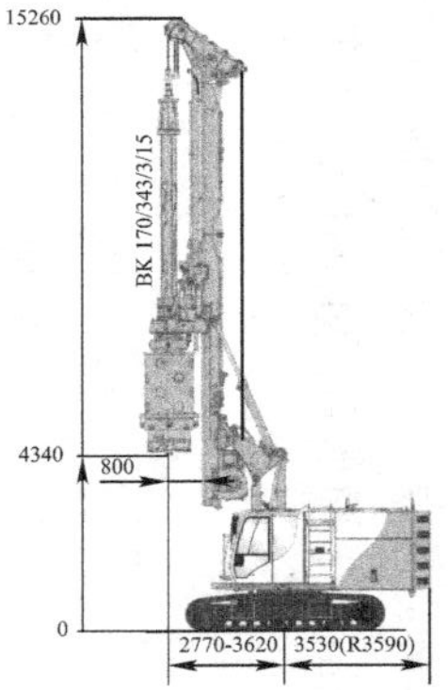

BG15H 旋挖钻机

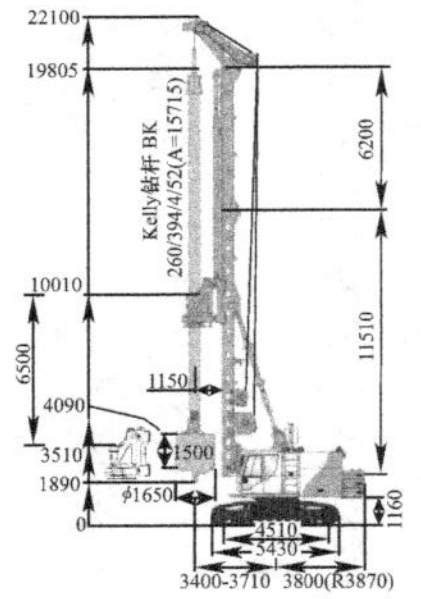

BG26 旋挖钻机

续表

主要参数名称		单位	BG28H（BT85 主机）		BG30（BT80 主机）		备注
钻孔	最大钻孔直径	mm	2500		2500		
	最大钻孔深度	m	65.7		87.0		
发动机	型号 额定输出功率	— kW/rpm	CAT C 13 354/1850		CAT C 9 280/1800	CAT C 9.3 310/1800	
动力头	型号 （理论）扭矩 最大转速	— kN·m rpm	KDK 280 K 套管 277， 钻进 250 30	KDK 280 S 套管 276， 钻进 250 55	KDK 300 K 294 30	KDK 300 S 300 49	
挤压卷扬/加压油缸	加压力	kN	330/423 （有效值/理论值）		200/260 （有效值/护筒驱动器接头处测量值）		BG28H 为挤压卷扬，BG30 为标准加压油缸
	起拔力	kN			350/290 （有效值/护筒驱动器接头处测量值）		
	速度（下/上）	m/min	6.5		4.5/7.0		
	快速（下/上）	m/min	25		20/20		
	动力头行程	mm			6500		
主卷扬	卷扬等级	—	M6/L3/T5		M6/L3/T5		
	单绳拉力 （有效值/理论值）	kN	200/250（第 1 层）		265/340		
	钢丝绳直径	mm	28		32		
	最大绳速	m/min	85		80		
副卷扬	卷扬等级	—	M6/L3/T5		M6/L3/T5		
	单绳拉力 （有效值/理论值）	kN	80/100	100/125	80/100		第 1 层
	钢丝绳直径	mm	20		20		
	最大绳速	m/min	55		55		
钻桅倾角	向后/向前/侧向	°	15/5/8		15/5/5		
底盘	底盘型号 履带型号 牵引力 （有效值/理论值）	— — kN	UW 65 B 6 450/530	UW 80 B 7 520/610	UW 95、UW 100 B 7 730/860		
整机	最大工作高度	m	24.9		26.9		
	工作重量	t	83.7		102		

BG28H 旋挖钻机

BG30 旋挖钻机

续表

主要参数名称		单位	BG33（BT85 主机）			BG38（BS80 主机）	备注
钻孔	最大钻孔直径	mm	2500			3000	
	最大钻孔深度	m	72.4			105.0	
发动机	型号	—	CAT C 13			CAT C 15	
	额定输出功率	kW/rpm	354/1850			354/1800	
动力头	型号 （理论）扭矩 最大转速	— kN·m rpm	KDK 300 K 套管 294，钻进 281 30	KDK 300 S 套管 301，钻进 280 53	KDK 340 K 套管 342，钻进 280 40	KDK380 S 380 46	
挤压卷扬/挤压油缸	加压力	kN	330/423 （有效值/理论值）			250/350 （有效值/护筒驱动器接头处测量值）	BG33 为挤压卷扬，BG38 为挤压油缸
	起拔力	kN				400/320 （有效值/护筒驱动器接头处测量值）	
	钢丝绳直径	mm	24				
	速度（下/上）	m/min	9.0			7.0/3.5	
	快速（下/上）	m/min	32.5			20/20	
主卷扬（单层）	卷扬等级	—	M6/L3/T5			M6/L3/T5	
	单绳拉力（有效值/理论值）	kN	265/335			355/450	第 1 层
	钢丝绳直径	mm	32			36	
	最大绳速	m/min	80			80	
副卷扬	卷扬等级	—	M6/L3/T5			M6/L3/T5	
	单绳拉力（有效值/理论值）	kN	单层 80/100			100/125	第 1 层
	钢丝绳直径	mm	20			20	
	最大绳速	m/min	55			55	
钻桅倾角	向后/向前/侧向	°	15/5/5			15/5/5	
底盘	底盘型号 履带型号 牵引力（有效值/理论值）	— — kN	UW 80 B 7 530/630	UW 100 B 7 730/860		UW 115 B 7 730/860	
整机	最大高度	m	30.3			32.6	
	工作重量	t	102.0			135	

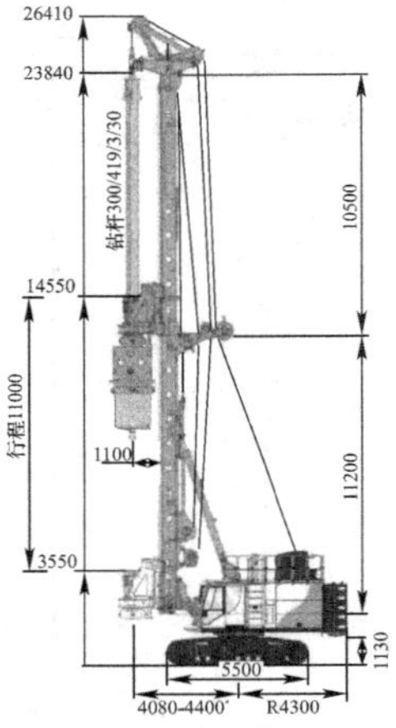

BG33 旋挖钻机

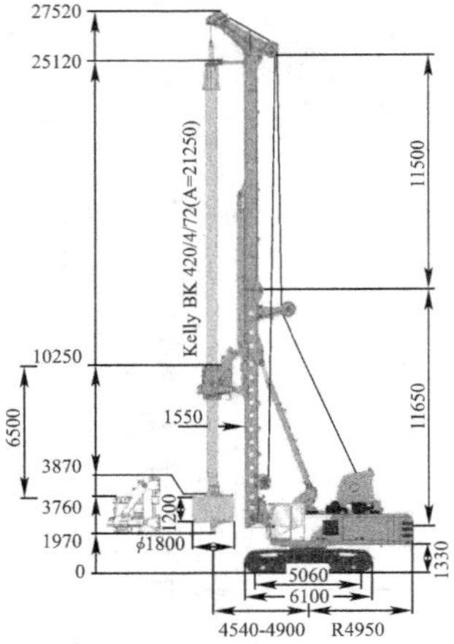

BG38 旋挖钻机

续表

主要参数名称		单位	BG42（BT110 主机）	BG55（BS115 主机）	备注
钻孔	最大钻孔直径	mm	3000	3700	
	最大钻孔深度	m	115.0	126.0	
发动机	型号	—	Volvo TAD 13	CAT C 18	
	额定输出功率	kW/rpm	345/1900 405/1900	570/1850 597/1850	
动力头	型号	—	KDK 420 K	KDK 550 S	
	（理论）扭矩	kN·m	420	套管 553，钻进 460	
	最大转速	rpm	30	42	
加压油缸/挤压卷扬	进给力	kN	加压 345/起拔 505 （有效值）	530/680 （有效值/理论值）	BG42 为加压油缸，BG55 为挤压卷扬
	给进行程	mm	8500		
	钢丝绳直径	mm		30	
	速度（下/上）	m/min		8.5/8.5	
	快速（下/上）	m/min		31.0/31.0	
主卷扬（单层）	卷扬等级	—	M6/L3/T5	M6/L3/T5	
	单绳拉力	kN	410（有效值）	500/633 （有效值/理论值）	第 1 层
	钢丝绳直径	mm	38	40	
	最大绳速	m/min	57	62	
副卷扬	卷扬等级	—		M6/L3/T5	
	单绳拉力	kN	100（有效值）	140/177 （有效值/理论值）	第 1 层
	钢丝绳直径	mm	20	22	
	最大绳速	m/min	55	55	
钻桅倾角	向后/向前/侧向	°	15/5/5	15/5/5	
底盘	底盘型号	—	UW 125	UW 195	
	履带型号	—	B 7	B9S	
	牵引力	kN	780（有效值）	1100/1300 （有效值/理论值）	
整机	最大高度	m	33.3	36.3	
	工作重量	t	140（不含钻柱）	179.5	

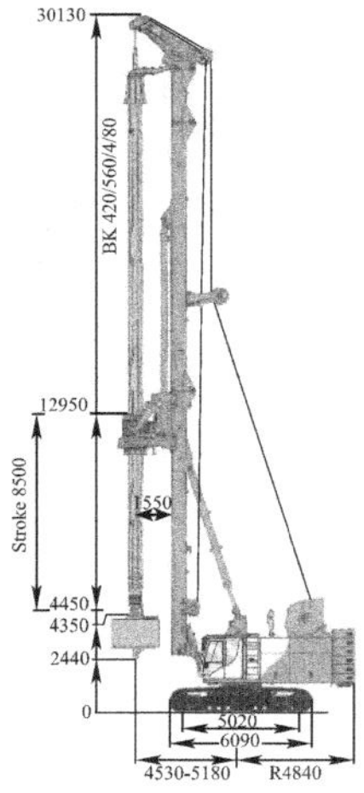

BG42 旋挖钻机

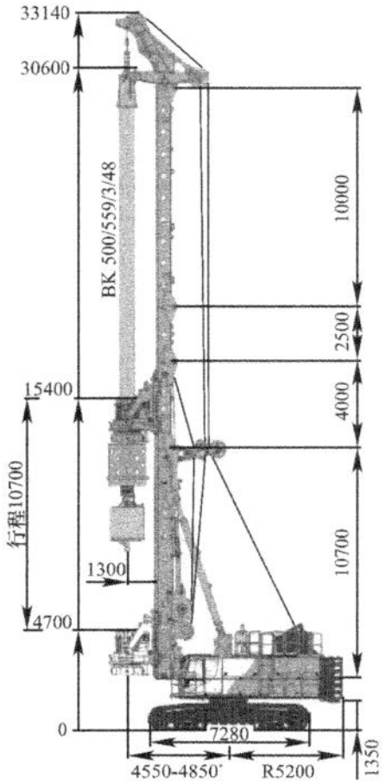

BG55 旋挖钻机

8.2 三一重工

主要参数名称		单位	SR155	SR360R
钻孔	最大钻孔直径	mm	1500	2500
	最大钻孔深度（摩阻杆/机锁杆）	m	56/44	100/65
动力头	额定输出扭矩	kN·m	155	360
	转速	rpm	5～35	5～25
加压系统	加压力	kN	155	290
	起拔力	kN	160	335
	行程	mm	4200	6000
主卷扬	提升力	kN	160	360
	钢丝绳直径	mm	26	36
	最大速度	m/min	80	75
副卷扬	提升力	kN	60	90
	钢丝绳直径	mm	14	20
	最大速度	m/min	75	70
桅杆倾角	前/后/左右	°	5/90/±3	5/90/±4
底盘	发动机型号	—	Mitsubishi D06FRC-TAA	ISUZU 6WG1
	发动机功率	kW/rpm	147/2100	300/1800
	排放	—	COM III	COM III
	排量	L	6.373	15.68
	底盘展开宽度	mm	4100	4860
	履带宽度	mm	700	800
	尾部回转半径	mm	3715	4705
主机	整机高度	mm	18590	26365
	工作重量	t	48	120
	运输宽度	mm	3100	3530
	运输高度	mm	3265	3745
	运输长度	mm	13085	19910

SR155 旋挖钻机

SR360R 旋挖钻机

续表

主要参数名称		单位	SR405R	SR415R
钻孔	最大钻孔直径	mm	2800	3000
	最大钻孔深度（摩阻杆/机锁杆）	m	106/85	110/90
动力头	额定输出扭矩	kN·m	405	415
	转速	rpm	5～25	7～21
加压系统	加压力	kN	340	360
	起拔力	kN	380	360
	行程	mm	6000	6000
主卷扬	提升力	kN	400	520
	钢丝绳直径	mm	36	40
	最大速度	m/min	75	63
副卷扬	提升力	kN	105	90
	钢丝绳直径	mm	20	20
	最大速度	m/min	70	70
桅杆倾角	前/后/左右	°	4/90/±4	90/15/±3
底盘	发动机型号	—	ISUZU 6WG1	ISUZU 6WG1
	发动机功率	kW/rpm	377/1800	377/1800
	排放	—	COM III	COM III
	排量	L	15.68	15.68
	底盘展开宽度	mm	4900	4900
	履带宽度	mm	800	800
	尾部回转半径	mm	4700	4750
主机	整机高度	mm	27700	29700
	工作重量	t	131	145
	运输宽度	mm	3550	3600
	运输高度	mm	3745	3800
	运输长度	mm	20295	19450

SR405R 旋挖钻机

SR415R 旋挖钻机

续表

主要参数名称		单位	SR445R	SR485R	
钻孔	最大钻孔直径	mm	3000	3200	
	最大钻孔深度（摩阻杆/机锁杆）	m	116/95	120/100	
动力头	额定输出扭矩	kN·m	445	485	
	转速	rpm	4～22	5～18	
加压系统	加压力	kN	400	475	
	起拔力	kN	400	475	
	行程	mm	10000/21000	10000	
主卷扬	提升力	kN	560	600	
	钢丝绳直径	mm	40	46	
	最大速度	m/min	60	50	
副卷扬	提升力	kN	90	90	
	钢丝绳直径	mm	20	20	
	最大速度	m/min	70	70	
桅杆倾角	前/后/左右	°	90/15/±3	90/15/±3	
底盘	发动机型号 发动机功率	— kW/rpm	ISUZU 6WG1 377/1800	VOLVO TAD 1650 405/1800	CAT C 15 403/1800
	排放	—	COM III	COM III	
	排量	L	15.68	15.2	
	底盘展开宽度	mm	4900	4900	
	履带宽度	mm	800	900	
	尾部回转半径	mm	4800	5350	
主机	整机高度	mm	30730	32320	
	工作重量	t	162	180	
	运输宽度	mm	3600	3600	
	运输高度	mm	3685	3730	
	运输长度	mm	20355	21220	

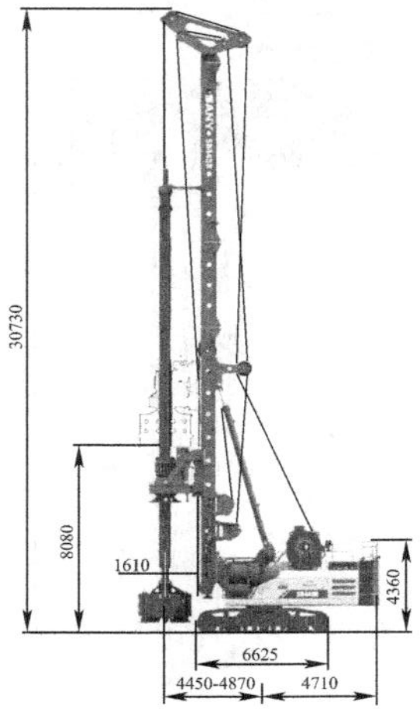

30730 8080 1610 4360 6625 4450-4870 4710

SR445R 旋挖钻机

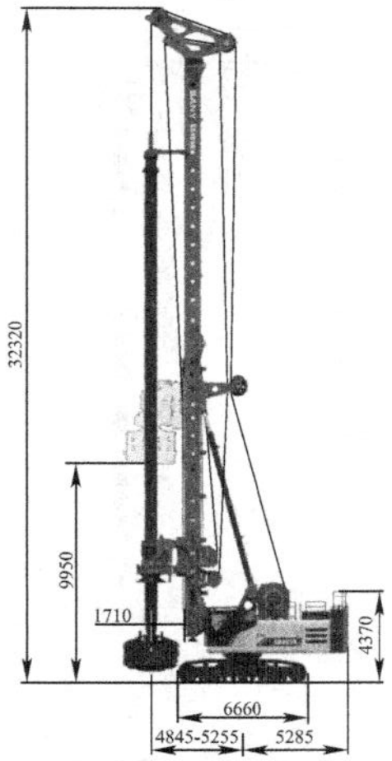

32320 9950 1710 4370 6660 4845-5255 5285

SR485R 旋挖钻机

续表

主要参数名称		单位	SR625P	备注
钻孔	最大钻孔直径	mm	3500/4000	
	最大钻孔深度	m	150/125/100	摩阻杆/机锁杆（5 层）/机锁杆（4 层）
动力头	额定输出扭矩	kN・m	625	
	转速	rpm	6～38	
加压系统	加压力	kN	480	
	起拔力	kN	560	
	行程	mm	11500	
主卷扬	提升力	kN	820	
	钢丝绳直径	mm	50	
	最大速度	m/min	50	
副卷扬	提升力	kN	168	
	钢丝绳直径	mm	26	
	最大速度	m/min	70	
桅杆倾角	前/后/左右	°	90/15/±3	
底盘	发动机型号	—	CAT C18	
	发动机功率	kW/rpm	470/1800	
	排放	—	COM III	
	排量	L	18.2	
	底盘展开宽度	mm	5500	
	履带宽度	mm	960	
	尾部回转半径	mm	5640	
主机	整机高度	mm	37860	
	工作重量	t	240	
	运输宽度	mm	3900	
	运输高度	mm	3900	
	运输长度	mm	9180	底盘单独运输

SR625P 旋挖钻机

8.3 山河智能

主要参数名称		单位	SWDM150	SWDM260
钻孔	最大钻孔直径	mm	1500	2200
	最大钻孔深度	m	52/40	74/59
发动机	品牌	—	Cummins	Cummins
	型号	—	QSB7-C201	QSL9-C325
	额定功率	kW/rpm	150/2050	242/2100
动力头	最大扭矩	kN·m	150	260
	转速	rpm	6～32	6～28
	高速抛土（选配）	rpm	70	70
加压系统	最大加压力	kN	150	230
	最大提升力	kN	160	240
	最大行程	mm	4000	5000
主卷扬	最大提升力	kN	160	280
	最大提升速度	m/min	80	60
副卷扬	最大提升力	kN	50	80
	最大提升速度	m/min	50	58
钻桅	左右倾角	°	±4	±5
	前倾角	°	4	5
底盘	履带宽度	mm	600	800
	履带伸缩宽度	mm	2980～3980	3000～4500
	底盘长度	mm	4645	5755
整机	工作高度	mm	17686	23175
	工作重量	t	47	78

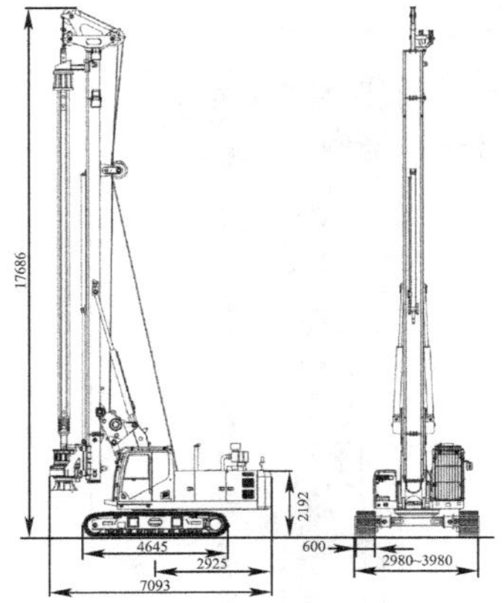

SWDM150 旋挖钻机

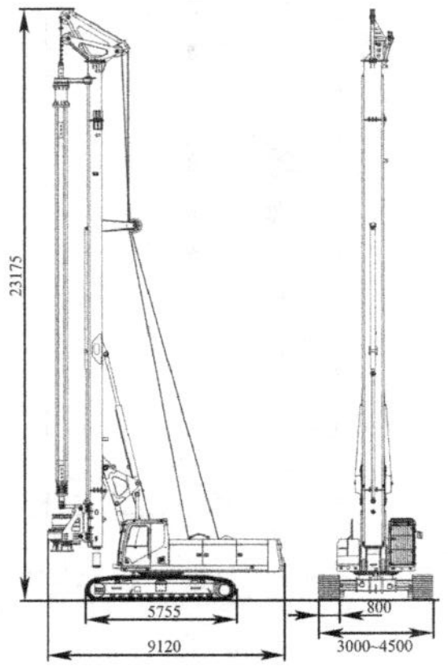

SWDM260 旋挖钻机

续表

主要参数名称		单位	SWDM280 II	SWDM300H
钻孔	最大钻孔直径	mm	2500	2500
	最大钻孔深度	m	86/56	95/62
发动机	品牌	—	Cummins	Cummins
	型号	—	QSM11-C335	QSM11-C400
	额定功率	kW/rpm	250/2100	298/2100
动力头	最大扭矩	kN·m	300	320
	转速	rpm	6～28	6～32
	高速抛土（选配）	rpm	70	70
加压系统	最大加压力	kN	260	260
	最大提升力	kN	280	280
	最大行程	mm	6000	6000
主卷扬	最大提升力	kN	320	320
	最大提升速度	m/min	62	80
副卷扬	最大提升力	kN	110	110
	最大提升速度	m/min	65	65
钻桅	左右倾角	°	±4	±4
	前倾角	°	5	5
底盘	履带宽度	mm	900	900
	履带伸缩宽度	mm	3000～4500	3000～4500
	底盘长度	mm	5700	5700
整机	工作高度	mm	23330	25130
	工作重量	t	101	105

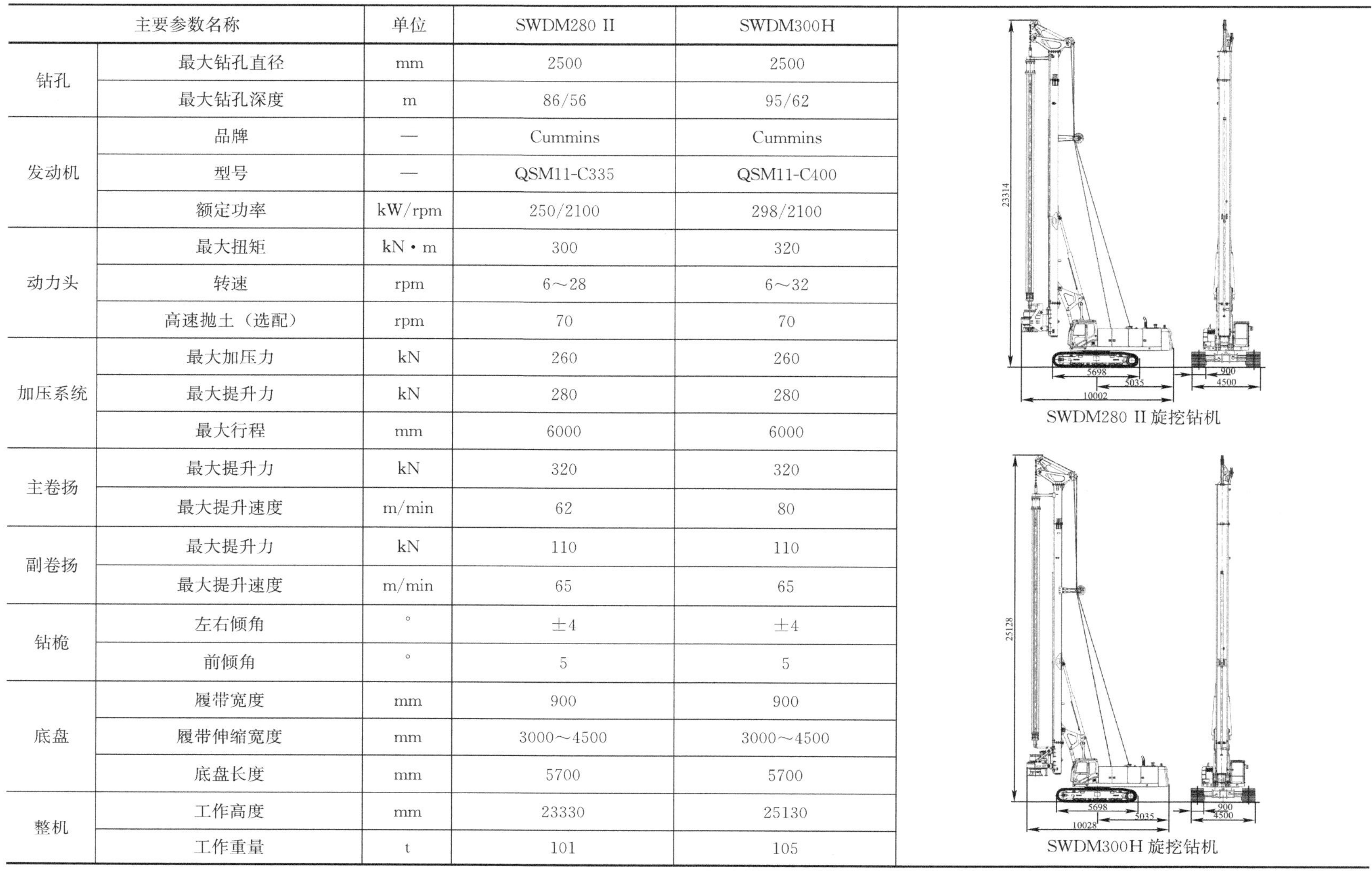

SWDM280 II 旋挖钻机

SWDM300H 旋挖钻机

续表

主要参数名称		单位	SWDM360HⅢ	SWDM400
钻孔	最大钻孔直径	mm	2500（3000）	2800
	最大钻孔深度	m	102/66	106/70
发动机	品牌	—	Cummins	Cummins
	型号	—	QSX15-C535	QSX15-C535
	额定功率	kW/rpm	399/2100	399/2100
动力头	最大扭矩	kN·m	418	418
	转速	rpm	6～25	6～25
	高速抛土（选配）	rpm	—	—
加压系统	最大加压力	kN	340	340
	最大提升力	kN	380	380
	最大行程	mm	13000	8000
主卷扬	最大提升力	kN	370	450
	最大提升速度	m/min	80	70
副卷扬	最大提升力	kN	110	110
	最大提升速度	m/min	65	65
钻桅	左右倾角	°	±4	±4
	前倾角	°	5	5
底盘	履带宽度	mm	900	900
	履带伸缩宽度	mm	3300～4800	3400～5000
	底盘长度	mm	6120	6560
整机	工作高度	mm	27190	28145
	工作重量	t	132	138

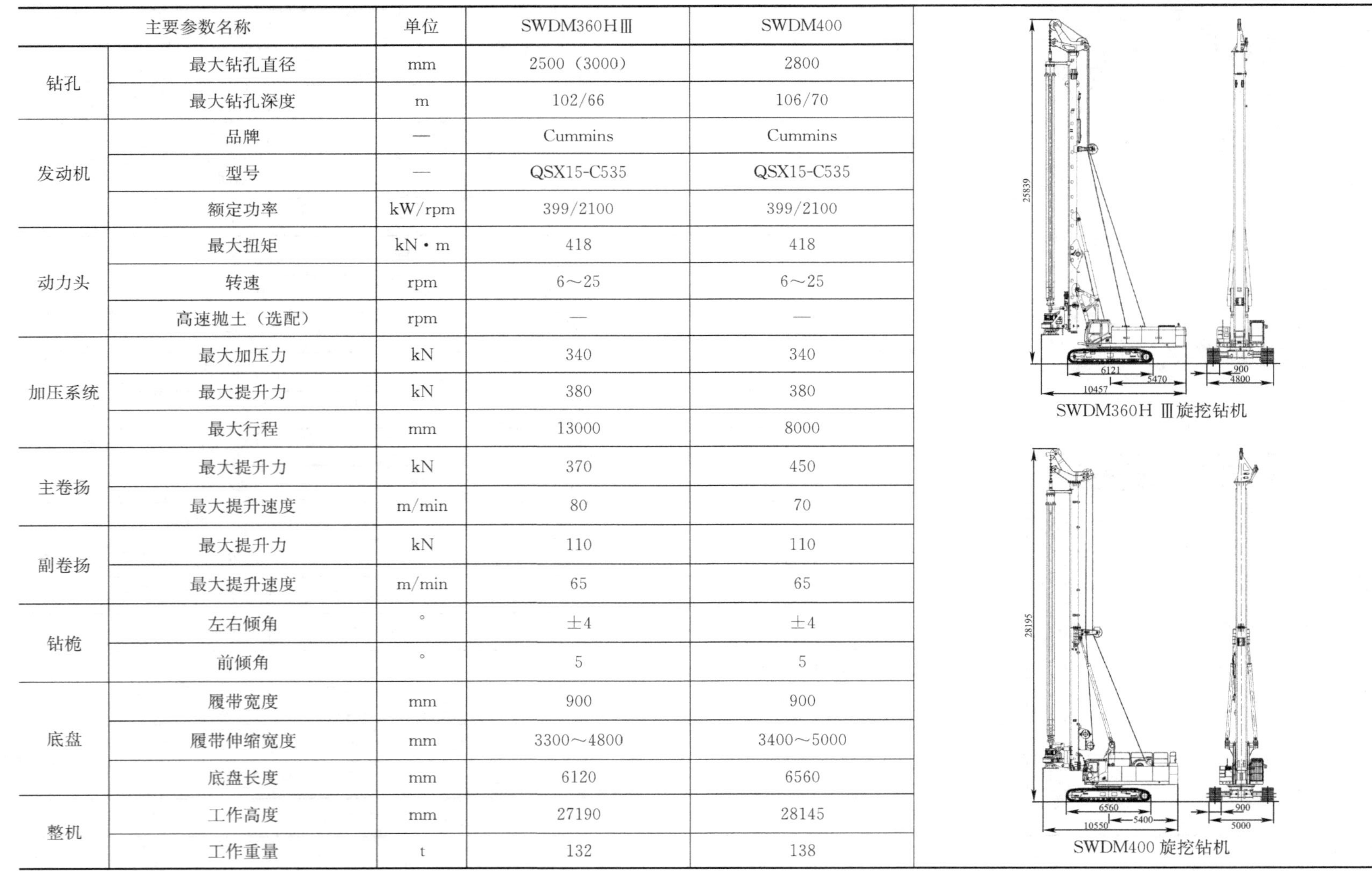

SWDM360H Ⅲ旋挖钻机

SWDM400 旋挖钻机

续表

主要参数名称		单位	SWDM450	SWDM550	
钻孔	最大钻孔直径	mm	3000	3500	SWDM450 旋挖钻机
	最大钻孔深度	m	121/78	135/88	
发动机	品牌	—	Cummins	Cummins	
	型号	—	QSX15-C600	QSX15-C600	
	额定功率	kW/rpm	447/2100	447/2100	
动力头	最大扭矩	kN·m	450	550	
	转速	rpm	6～25	5～24	
	高速抛土（选配）	rpm	—	—	
加压系统	最大加压力	kN	420	480	
	最大提升力	kN	420	500	
	最大行程	mm	8000	9000	
主卷扬	最大提升力	kN	480	600	SWDM550 旋挖钻机
	最大提升速度	m/min	70	50	
副卷扬	最大提升力	kN	110	110	
	最大提升速度	m/min	65	65	
钻桅	左右倾角	°	±4	±4	
	前倾角	°	5	5	
底盘	履带宽度	mm	900	1000	
	履带伸缩宽度	mm	3400～5000	6000	
	底盘长度	mm	7030	7640	
整机	工作高度	mm	31055	35310	
	工作重量	t	158	202	

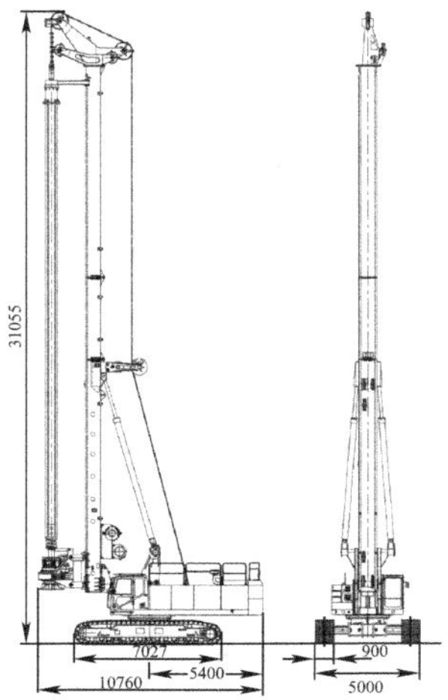

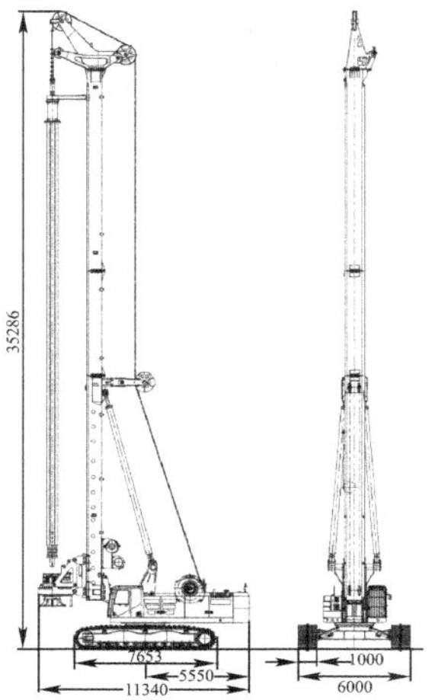

8.4 徐工集团

主要参数名称		单位	XR160E	XR280E
最大钻孔直径		m	ϕ1.5/ϕ1.3*	ϕ2.5
钻杆配置/钻深		m	JS377-4×12.5/44(标配)	JS508-4×16.0/57(标配)
			MZ377-5×12.0/54(选配)	JS508-4×17.0/61(选配)
			MZ377-5×12.5/56(选配)	MZ508-5×16.1/73(选配)
				MZ508-6×17.5/94(特配)
发动机	型号	—	QSB7-C202	TAD1352VE
	功率	kW	150	315
动力头	额定输出扭矩	kN·m	160	300
	工作转速	r/min	5-35	6-27
加压油缸	最大加压力	kN	160	260
	最大提升力	kN	160	330
	最大行程	m	4.2	6
加压卷扬	最大加压力	kN	160	330
	最大提升力	kN	180	330
	最大行程	m	13	13
主卷扬	最大提升力	kN	160	330
	最大卷扬速度	m/min	80	75
副卷扬	最大提升力	kN	60	100
	最大卷扬速度	m/min	80	41
钻桅倾角	侧向/前倾/后倾	°	±4/5/15	±4/5/15
底盘	最大行走速度	km/h	2.1	1.5
	最大爬坡度	%	40	35
	最小离地间隙	mm	384.5	445
	履带板宽度	mm	700	800
	履带最大总宽	mm	2960-4200	3500-4800
液压系统	工作压力	MPa	35	33
整机质量		t	53	106
外形尺寸	工作状态	mm	7862×4200×19328	10825×4800×25200
	运输状态	mm	13993×2960×3464	19750×3500×3790

注：带“*”的参数为卷扬加压配置对应参数。

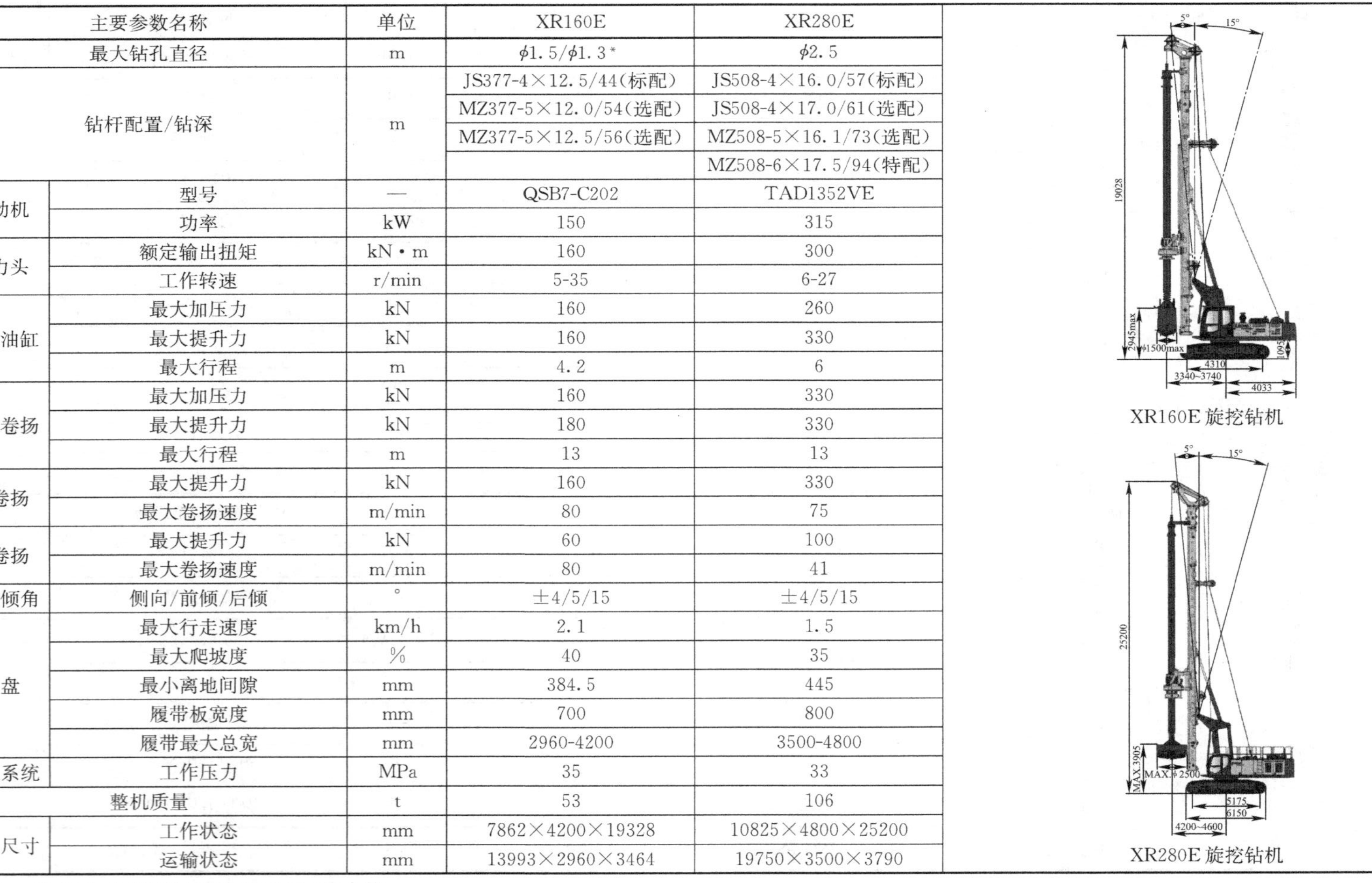

XR160E 旋挖钻机

XR280E 旋挖钻机

续表

主要参数名称		单位	XR360	XR360E
最大钻孔直径		m	ϕ2.5	ϕ2.6/ϕ2.3*
钻杆配置/钻深		m	JS508-4×17.0/62(标配)	JS530-4×17.0/61(标配)
			JS508-4×18.7/69(选配)	JS530-4×18.0/65(选配)
			MZ508-5×17.1/78(选配)	JS508-4×19.0/69(特配)
			MZ508-6×18.7/102(特配)	MZ530-5×18.0/82(选配)
				MZ530-6×18.0/97(特配)
发动机	型号	—	QSM11-C400	TAD1353VE
	功率	kW	298	345
动力头	额定输出扭矩	kN·m	360	360
	工作转速	r/min	5-20	6-27
加压油缸	最大加压力	kN	240	300
	最大提升力	kN	320	350
	最大行程	m	6	6
加压卷扬	最大加压力	kN		300
	最大提升力	kN		350
	最大行程	m		10/16
主卷扬	最大提升力	kN	320	370
	最大卷扬速度	m/min	72	60
副卷扬	最大提升力	kN	100	100
	最大卷扬速度	m/min	65	41
钻桅倾角	侧向/前倾/后倾	°	±4/5/15	±4/5/15
底盘	最大行走速度	km/h	1.5	1.3
	最大爬坡度	%	35	35
	最小离地间隙	mm	445	450
	履带板宽度	mm	800	800
	履带最大总宽	mm	3500-4800	3500-4900
液压系统	工作压力	MPa	32	33
整机质量		t	92	115
外形尺寸	工作状态	mm	11000×4800×24586	10870×4900×25820
	运输状态	mm	17380×3500×3810	20650×3500×3845

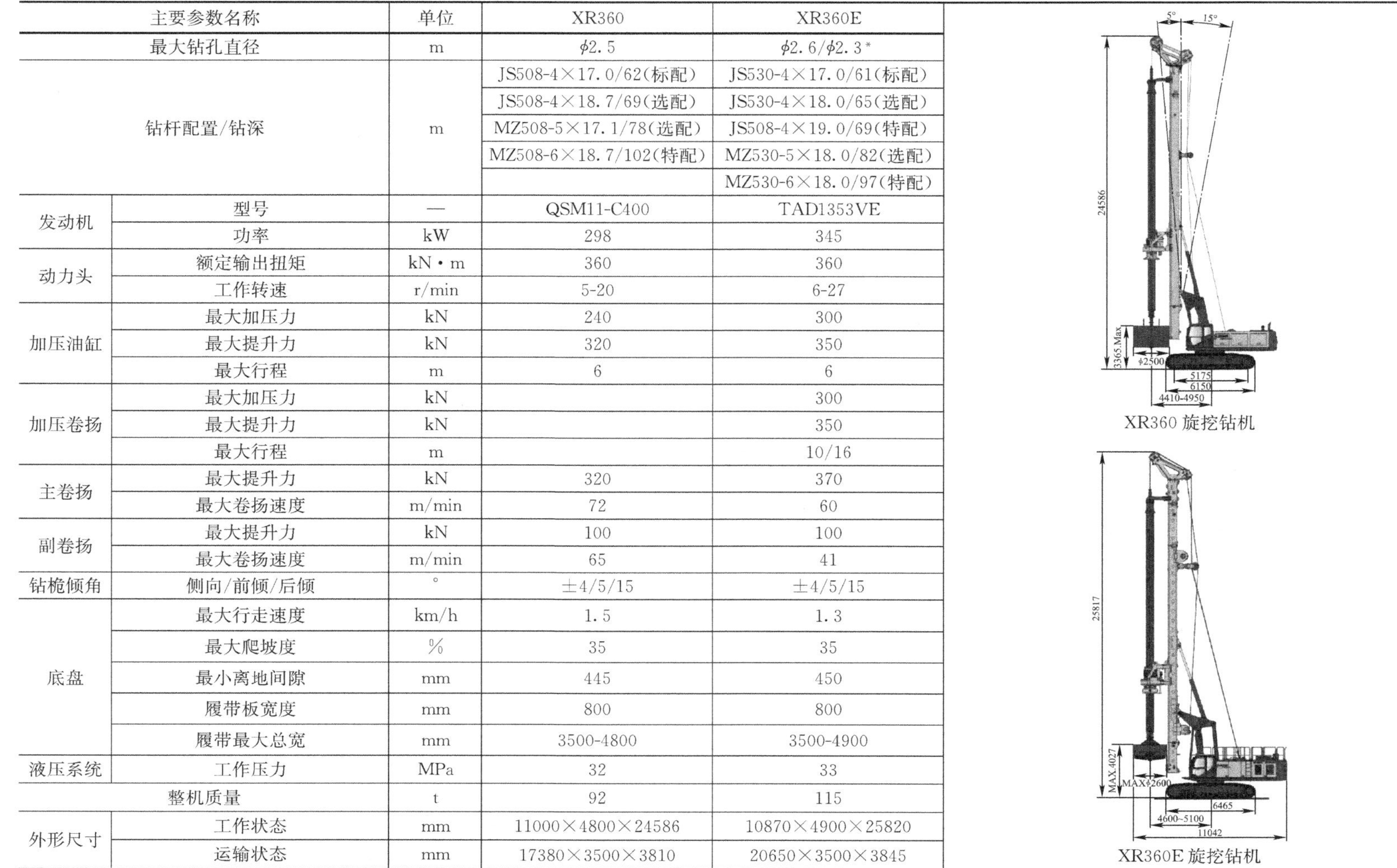

XR360 旋挖钻机

XR360E 旋挖钻机

注：带“*”的参数为卷扬加压配置对应参数。

续表

主要参数名称		单位	XR400D	XR400E
最大钻孔直径		m	$\phi3/\phi2.8^*$	$\phi2.8/\phi2.5^*$
钻杆配置/钻深		m	JS575-4×20.0/72(标配)	JS530-4×19.0/69(标配)
			MZ575-5×20.0/91(选配)	JS575-4×17.0/60(选配)
			MZ575-6×20.0/109(选配)	MZ530-6×19.0/103(特配)
发动机	型号	—	QSX15-C500	QSX15-C500
	功率	kW	373	373
动力头	额定输出扭矩	kN·m	400	400
	工作转速	r/min	7-23	7-25
加压油缸	最大加压力	kN	300	300
	最大提升力	kN	400	400
	最大行程	m	6	6
加压卷扬	最大加压力	kN	300	400
	最大提升力	kN	400	400
	最大行程	m	16	18
主卷扬	最大提升力	kN	420	370
	最大卷扬速度	m/min	60	60
副卷扬	最大提升力	kN	100	100
	最大卷扬速度	m/min	65	65
钻桅倾角	侧向/前倾/后倾	°	±4/90/15	±4/5/90
底盘	最大行走速度	km/h	1.3	1.3
	最大爬坡度	%	35	35
	最小离地间隙	mm	450	450
	履带板宽度	mm	900	800
	履带最大总宽	mm	3700-5100	3500-4900
液压系统	工作压力	MPa	32	32
整机质量		t	132	118
外形尺寸	工作状态	mm	10530×5100×28572	10995×4900×26640
	运输状态	mm	18025×3700×3500	20755×3500×3910

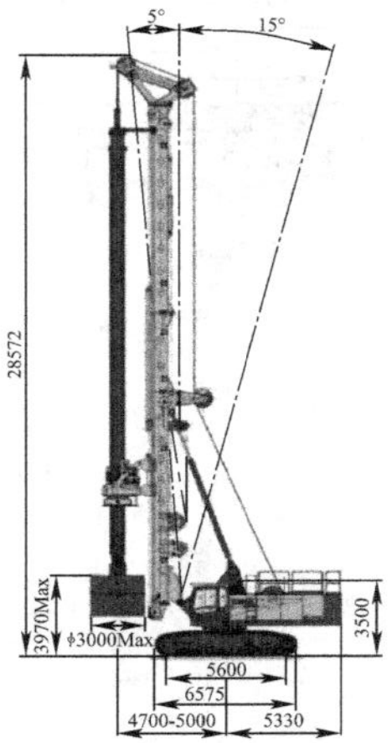

XR400D 旋挖钻机

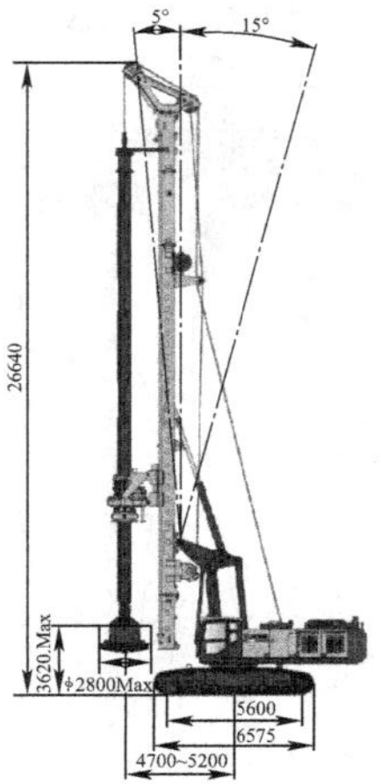

XR400E 旋挖钻机

注：带“*”的参数为卷扬加压配置对应参数。

续表

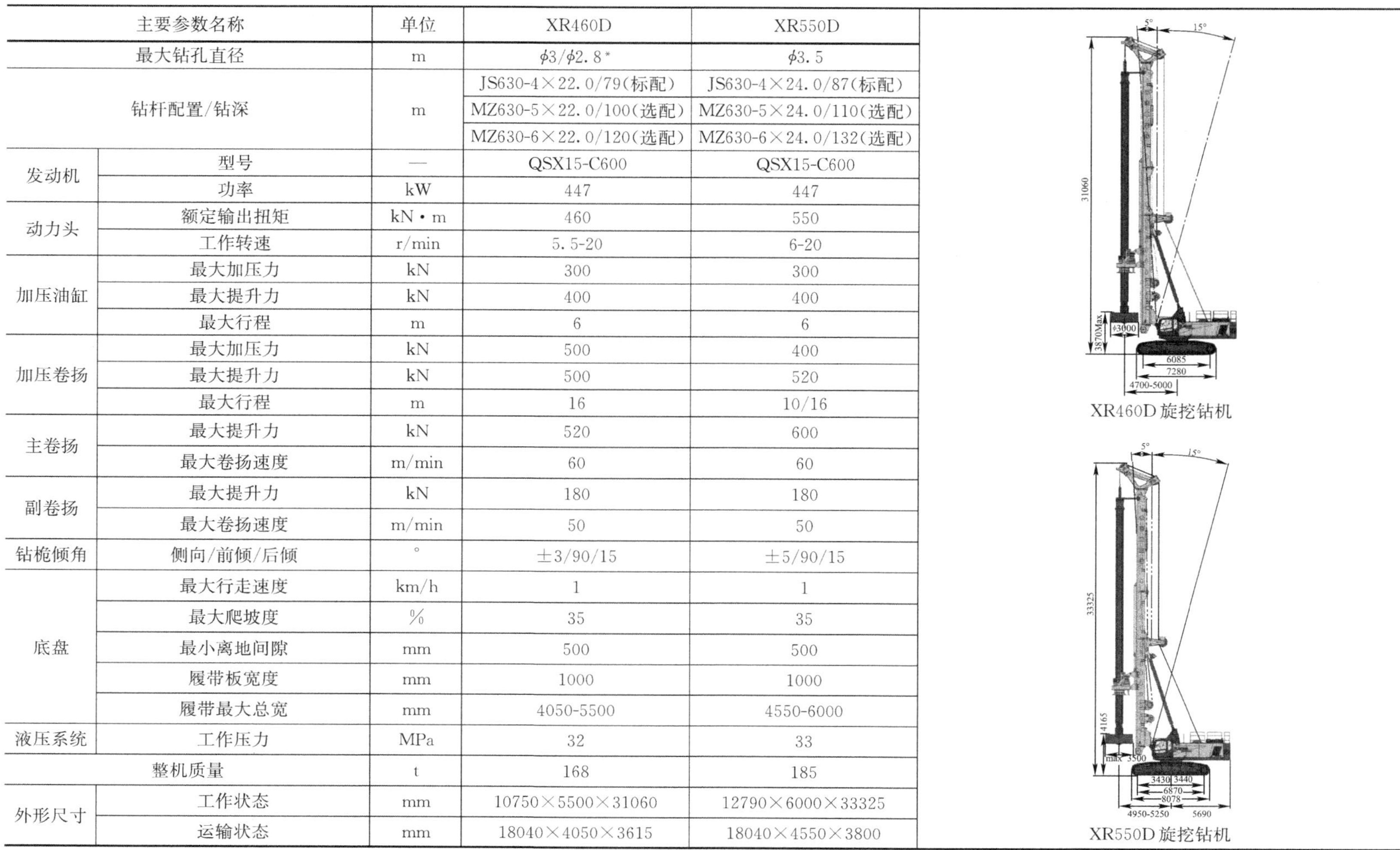

主要参数名称		单位	XR460D	XR550D
最大钻孔直径		m	$\phi3/\phi2.8$*	$\phi3.5$
钻杆配置/钻深		m	JS630-4×22.0/79(标配)	JS630-4×24.0/87(标配)
			MZ630-5×22.0/100(选配)	MZ630-5×24.0/110(选配)
			MZ630-6×22.0/120(选配)	MZ630-6×24.0/132(选配)
发动机	型号	—	QSX15-C600	QSX15-C600
	功率	kW	447	447
动力头	额定输出扭矩	kN·m	460	550
	工作转速	r/min	5.5-20	6-20
加压油缸	最大加压力	kN	300	300
	最大提升力	kN	400	400
	最大行程	m	6	6
加压卷扬	最大加压力	kN	500	400
	最大提升力	kN	500	520
	最大行程	m	16	10/16
主卷扬	最大提升力	kN	520	600
	最大卷扬速度	m/min	60	60
副卷扬	最大提升力	kN	180	180
	最大卷扬速度	m/min	50	50
钻桅倾角	侧向/前倾/后倾	°	±3/90/15	±5/90/15
底盘	最大行走速度	km/h	1	1
	最大爬坡度	%	35	35
	最小离地间隙	mm	500	500
	履带板宽度	mm	1000	1000
	履带最大总宽	mm	4050-5500	4550-6000
液压系统	工作压力	MPa	32	33
整机质量		t	168	185
外形尺寸	工作状态	mm	10750×5500×31060	12790×6000×33325
	运输状态	mm	18040×4050×3615	18040×4550×3800

XR460D 旋挖钻机

XR550D 旋挖钻机

注：带“*”的参数为卷扬加压配置对应参数。

续表

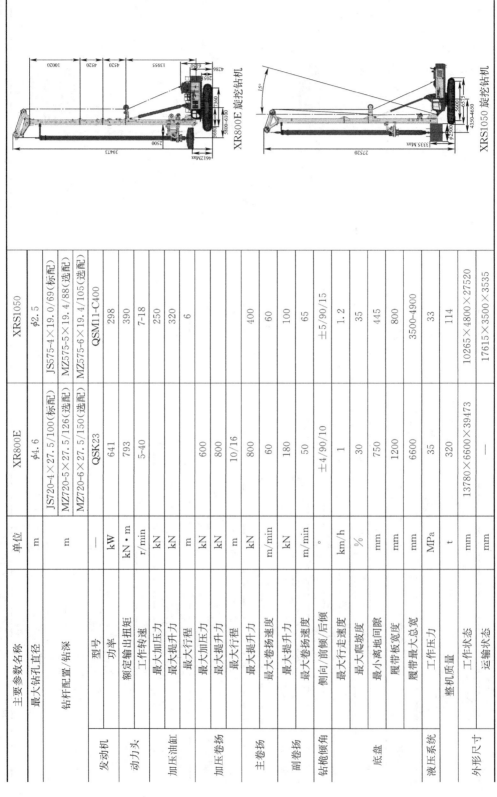

主要参数名称		单位	XR800E	XRS1050
最大钻孔直径		m	ϕ4.6	ϕ2.5
钻杆配置/钻深		m	JS720-4×27.5/100(标配)	JS575-4×19.0/69(标配)
			MZ720-5×27.5/126(选配)	MZ575-5×19.4/88(选配)
			MZ720-6×27.5/150(选配)	MZ575-6×19.4/105(选配)
发动机	型号	—	QSK23	QSM11-C400
	功率	kW	641	298
动力头	额定输出扭矩	kN·m	793	390
	工作转速	r/min	5-40	7-18
加压油缸	最大加压力	kN		250
	最大提升力	kN		320
	最大行程	m		6
加压卷扬	最大加压力	kN	600	
	最大提升力	kN	800	
	最大行程	m	10/16	
主卷扬	最大提升力	kN	800	400
	最大卷扬速度	m/min	60	60
副卷扬	最大提升力	kN	180	100
	最大卷扬速度	m/min	50	65
钻桅倾角	侧向/前倾/后倾	°	±4/90/10	±5/90/15
底盘	最大行走速度	km/h	1	1.2
	最大爬坡度	%	30	35
	最小离地间隙	mm	750	445
	履带板宽度	mm	1200	800
	履带最大总宽	mm	6600	3500-4900
液压系统	工作压力	MPa	35	33
整机质量		t	320	114
外形尺寸	工作状态	mm	13780×6600×39473	10265×4800×27520
	运输状态	mm	—	17615×3500×3535

XR800E 旋挖钻机

XRS1050 旋挖钻机

第 9 章　旋挖钻头

9.1　捞　渣　钻

9.1.1　截齿捞渣钻

截齿捞渣钻（图 9.1-1）适用于含水量较高的砂土层、淤泥质黏土、黏土、砂砾石层、卵砾石层、贝壳层、铁板砂、高强度冻土、强～中风化岩层等软硬地层。

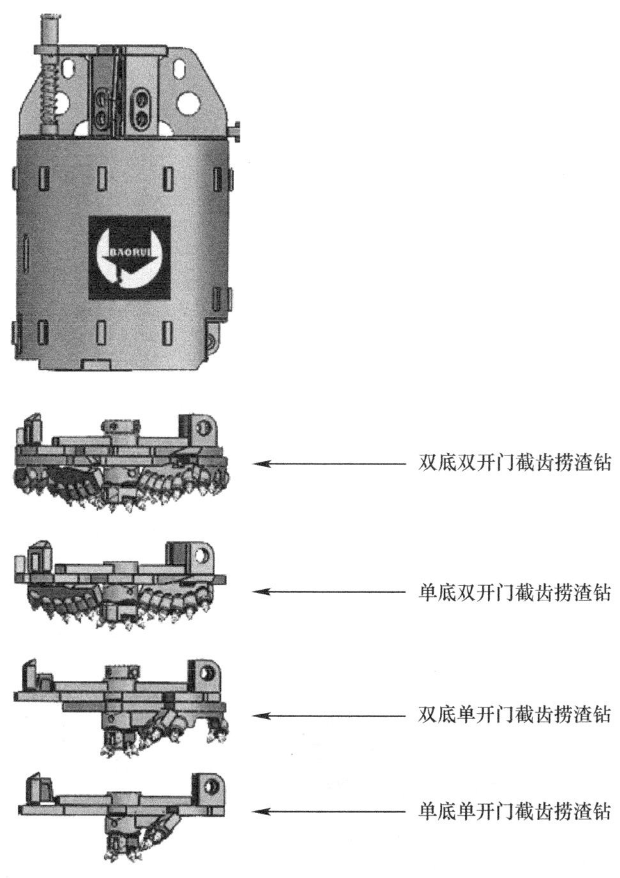

图 9.1-1　截齿捞渣钻

9.1.2　扁齿捞渣钻

扁齿捞渣钻（图 9.1-2）适用于抗压强度 30MPa 以内的泥岩、页岩、粉质红砂岩、泥灰岩等强风化岩，在黏滑的泥岩、砾岩地层使用该系列钻头效率高。

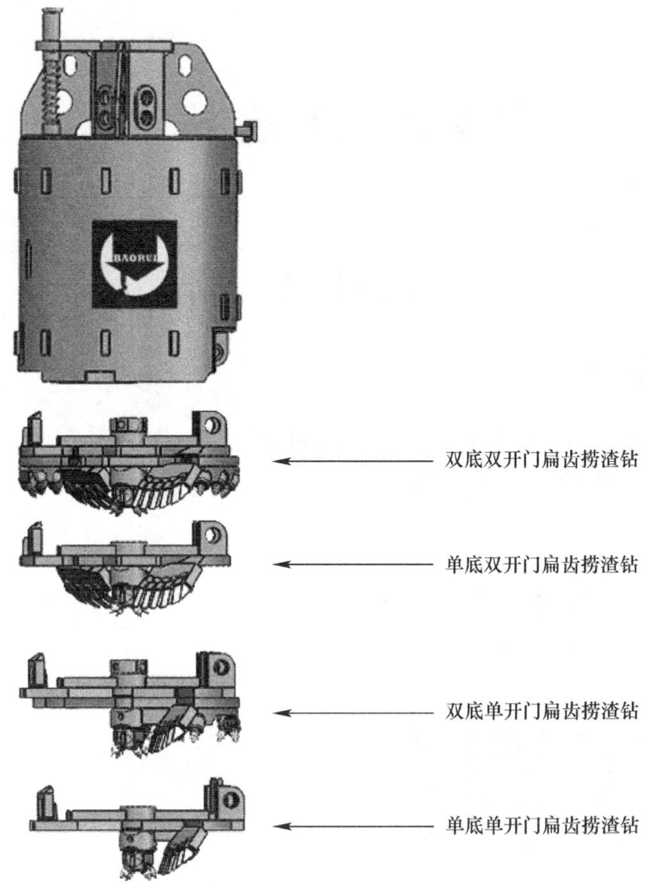

图 9.1-2　扁齿捞渣钻

9.1.3　复合捞渣钻

复合捞渣钻（图 9.1-3、图 9.1-4）适用于半边岩和溶洞层钻进，适用于软硬不均、岩面起伏不平、坡度较大、裂隙发育地层钻进。

图 9.1-3　双底双开门复合捞渣钻

图 9.1-4　双底单开门复合捞渣钻

9.1.4 螺旋捞渣钻

螺旋捞渣钻（图 9.1-5）适用于较硬至硬质岩石（岩层抗压强度 10～60MPa）。

图 9.1-5　单螺旋截齿螺旋捞渣钻

9.1.5 清孔钻

清孔钻（图 9.1-6）适用于孔底清理沉渣。

图 9.1-6　双底双开门清孔钻

9.1.6 锥形钻

锥形钻（图 9.1-7～图 9.1-10）用于泥岩、泥质砂砾岩、淤泥、黏土等易打滑地层的捞渣和钻进。

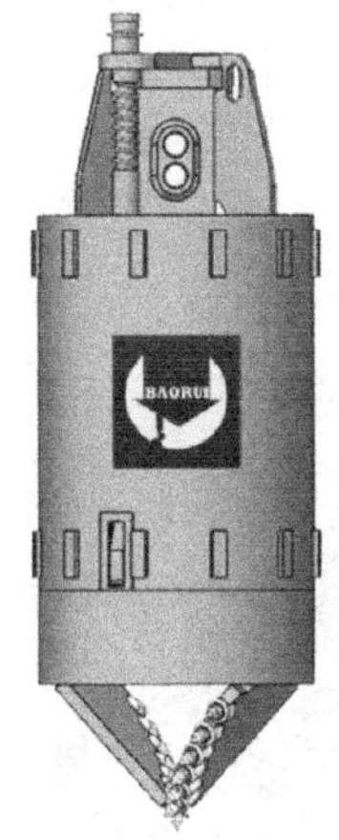

图 9.1-7　截齿锥形钻

图 9.1-8　扁齿锥形钻

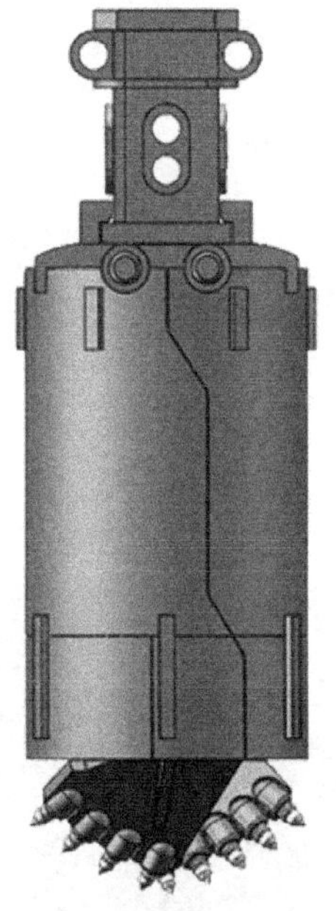

图 9.1-9　截齿两瓣钻

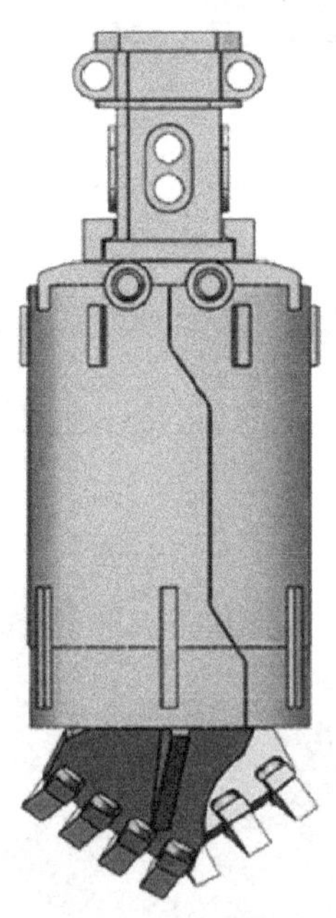

图 9.1-10　扁齿两瓣钻

9.2　筒　　钻

9.2.1　岩芯筒钻

岩芯筒钻（图 9.2-1）适用于抗压强度大于 30MPa 硬质岩层钻进。

9.2.2　双筒分级扩孔导向岩芯钻

双筒分级扩孔导向岩芯钻（图 9.2-2）适用于取芯完毕后进行扩孔钻进，岩层抗压强度＜100MPa；对于软硬不均、溶洞或斜岩地层起扶正作用。

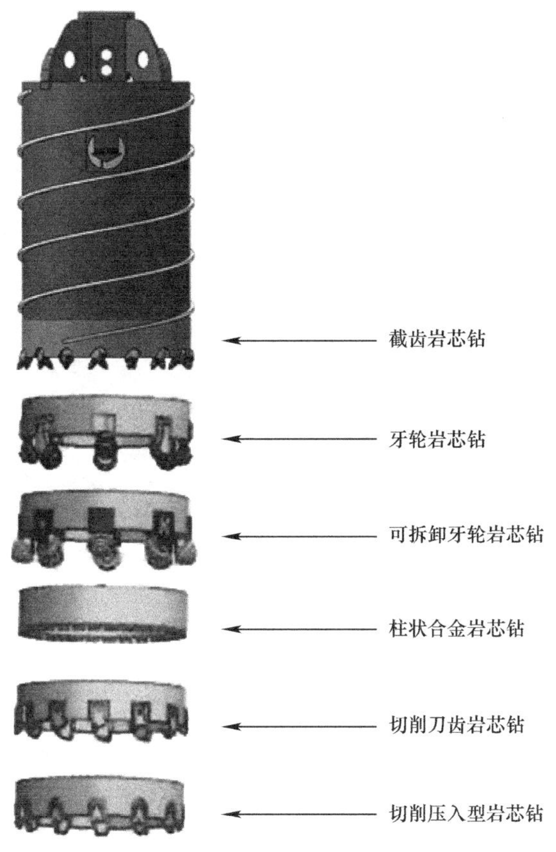

图 9.2-1　岩芯筒钻

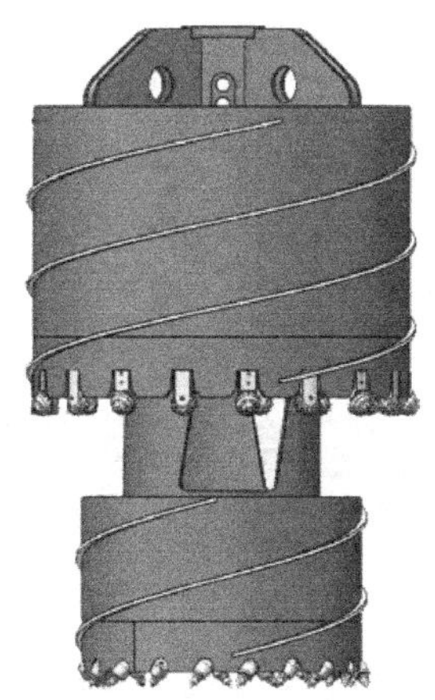

图 9.2-2　双筒分级扩孔导向岩芯钻

9.2.3　双层取芯筒钻

双层取芯筒钻（图 9.2-3）也叫“子母筒钻”，其结构上将常规筒钻的筒体划分为多层空间，提高了钻筒的卸渣能力。双层筒体的直径及间距可根据地层卵石粒径进行设计，更加灵活且更有针对性；双层筒钻内筒长、外筒短的设计，实现了分级钻进，钻进阻力小，减少钻进时强烈振动，对钻机与钻杆的损伤以及对桩孔的振动影响。适用于碎石、卵漂石地层，尤其是大桩径钻进时优势明显。

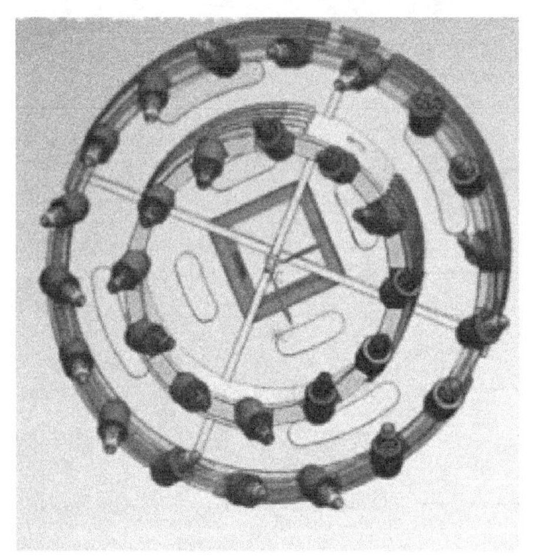

图 9.2-3　双层取芯筒钻

9.2.4　多级复合岩芯钻

多级复合岩芯钻见图 9.2-4。

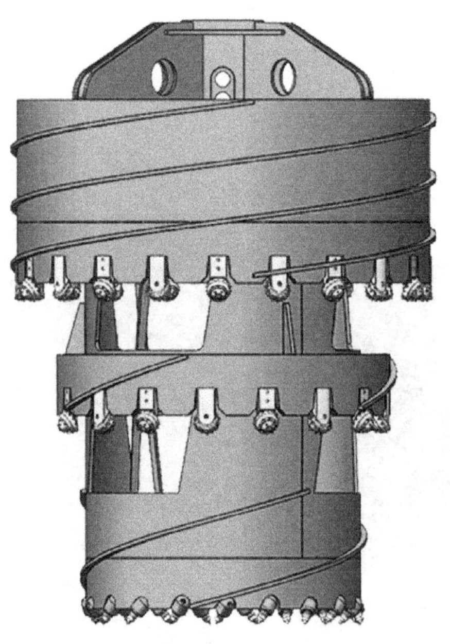

图 9.2-4　多级复合岩芯钻

9.2.5　取芯钻

取芯钻（图 9.2-5）适用于岩芯钻无法取芯的硬岩辅助取芯。

图 9.2-5　取芯钻

9.2.6　破碎钻

破碎钻（图 9.2-6）适用于不能整体取芯的岩层，截齿在饱和抗压强度＜40MPa 时对岩芯进行快速破碎。

图 9.2-6　破碎钻

9.3　螺　旋　钻

9.3.1　单平头单螺旋螺旋钻（截齿）

单平头单螺旋螺旋钻（截齿）（图 9.3-1）适用于紧密的砂砾石、饱和抗压强度＜30MPa 的软质岩层。

9.3.2 单平头单螺旋螺旋钻（扁齿）

单平头单螺旋螺旋钻（扁齿）（图 9.3-2）适用于密实的砂、黏土、中等密实至紧密的砂砾石。

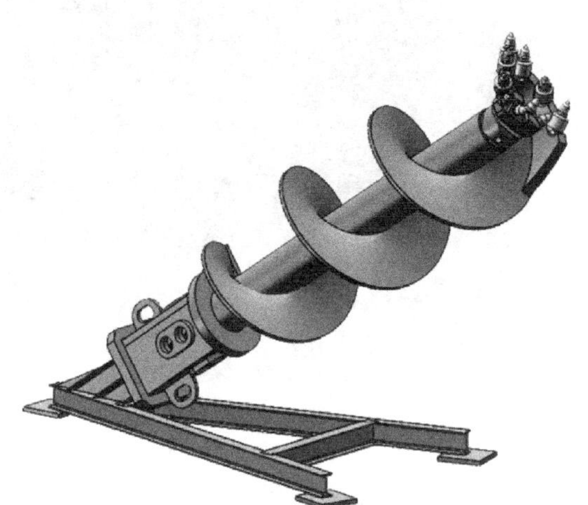

图 9.3-1 单平头单螺旋螺旋钻（截齿）

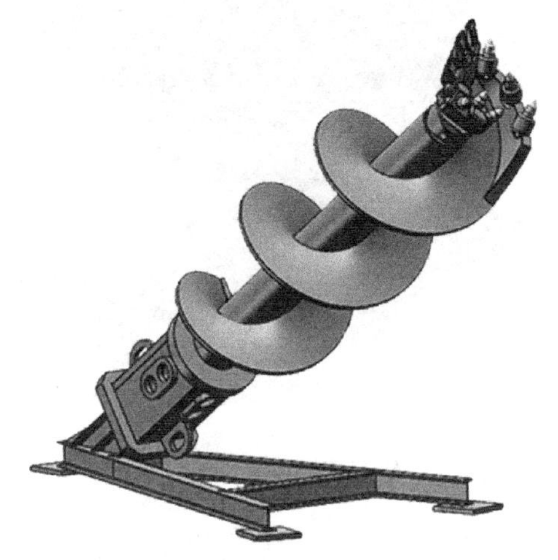

图 9.3-2 单平头单螺旋螺旋钻（扁齿）

9.3.3 双平头单螺旋螺旋钻（截齿）

双平头单螺旋螺旋钻（截齿）（图 9.3-3）适用于密实的砂砾石、抗压强度 30MPa 以下的软质岩石。

9.3.4 双平头单螺旋螺旋钻（扁齿）

双平头单螺旋螺旋钻（扁齿）（图 9.3-4）适用于中等密实以上的砂和硬塑的黏土、中等密实以上的砂砾石。

图 9.3-3 双平头单螺旋螺旋钻（截齿）

图 9.3-4 双平头单螺旋螺旋钻（扁齿）

9.3.5　双平头双螺旋螺旋钻（截齿）

双平头双螺旋螺旋钻（截齿）（图 9.3-5）适用于紧密的砂砾石、饱和抗压强度<30MPa 的软质岩石。

9.3.6　双平头双螺旋螺旋钻（扁齿）

双平头双螺旋螺旋钻（扁齿）（图 9.3-6）适用于中等密实的砂和硬塑黏土、中等密实以上的砂砾石。

图 9.3-5　双平头双螺旋螺旋钻（截齿）

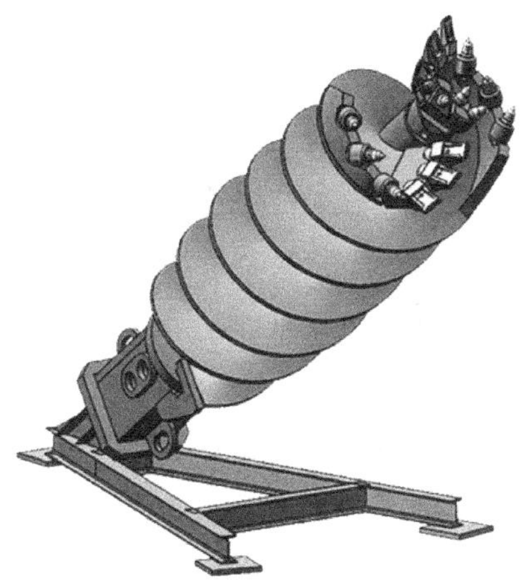

图 9.3-6　双平头双螺旋螺旋钻（扁齿）

9.3.7　单锥单螺旋螺旋钻

单锥单螺旋螺旋钻（图 9.3-7）适用于抗压强度 50～100MPa 的硬质岩层。

9.3.8　双锥单螺旋螺旋钻

双锥单螺旋螺旋钻（图 9.3-8）适用于抗压强度 50～100MPa 的硬质岩层。

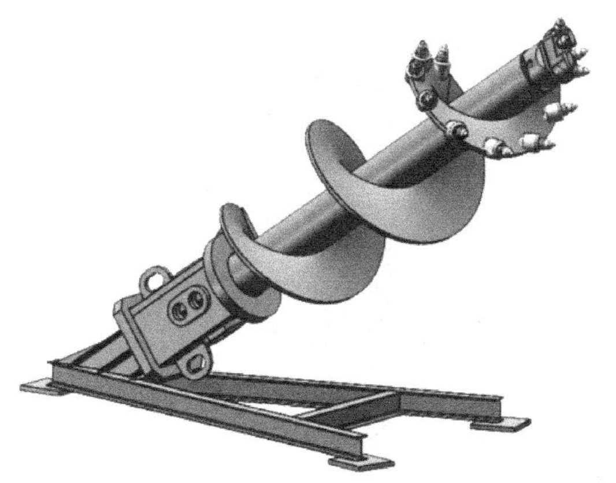

图 9.3-7　单锥单螺旋螺旋钻

图 9.3-8　双锥单螺旋螺旋钻

9.3.9 双锥双螺旋螺旋钻

双锥双螺旋螺旋钻（图 9.3-9）适用于抗压强度 50～100MPa 岩层。

图 9.3-9 双锥双螺旋螺旋钻

9.4 扩 底 钻

9.4.1 土层扩底钻

土层扩底钻头见图 9.4-1～图 9.4-5。

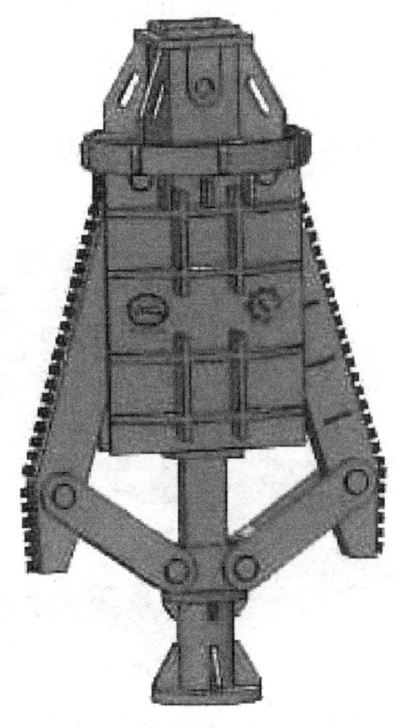

图 9.4-1 两翼土层扩底钻头

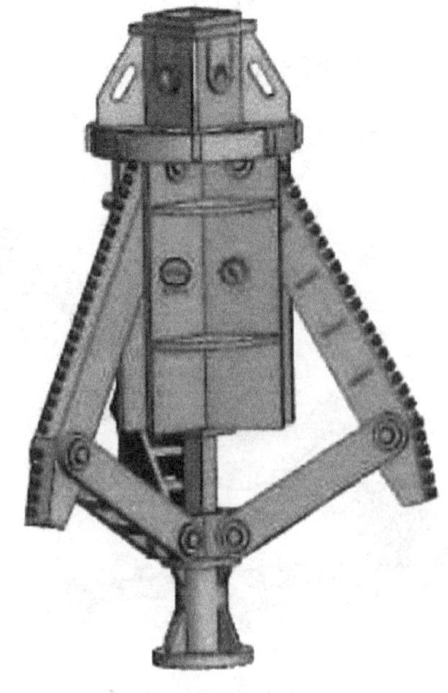

图 9.4-2 三翼土层扩底钻头

图 9.4-3　液压式扩底钻（OMR 工法）

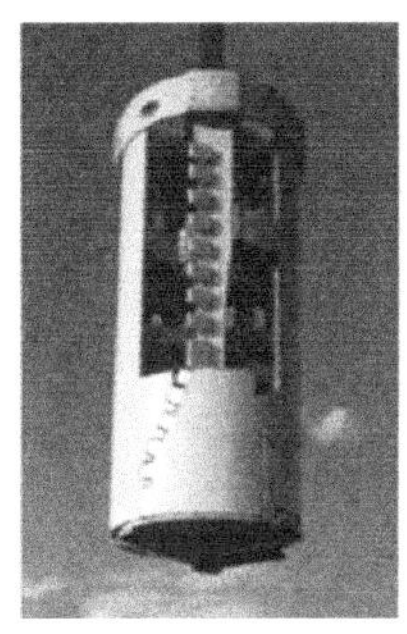

图 9.4-4　液压式扩底钻（OMR 工法）扩底钻进过程

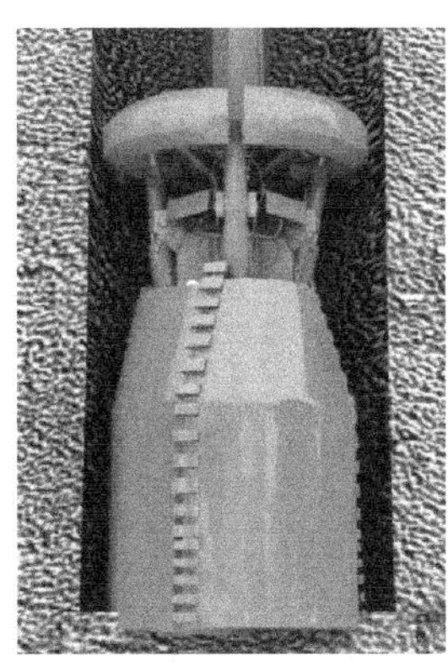

图 9.4-5　全液压扩底钻头水平扩底钻（AM 工法）

9.4.2 岩层扩底钻

岩层扩底钻见图 9.4-6～图 9.4-11。

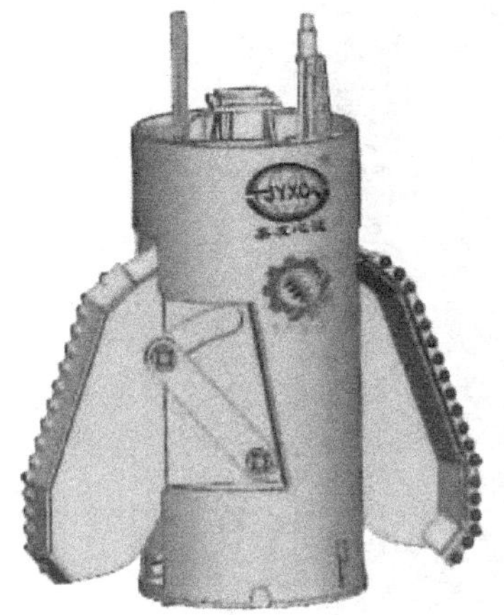

图 9.4-6 硬岩清扩一体钻

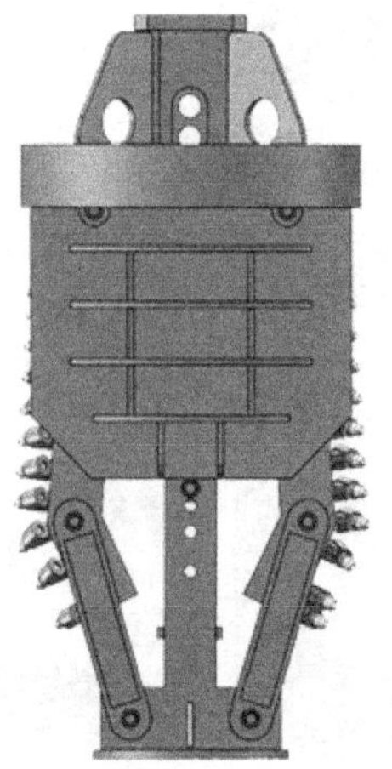

图 9.4-7 两翼岩石扩底钻

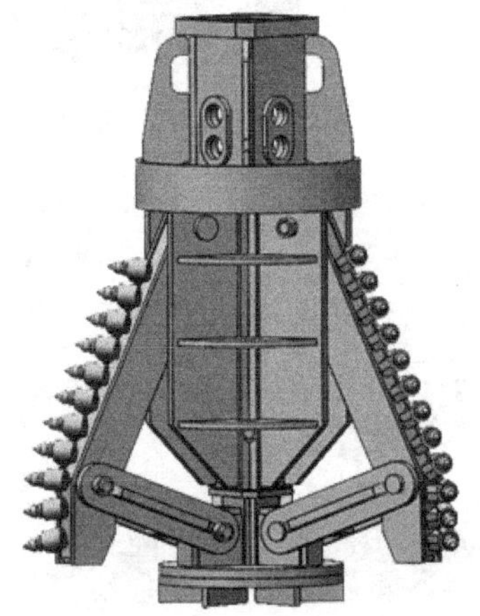

图 9.4-8 三翼岩石扩底钻

图 9.4-9 四翼扩底钻

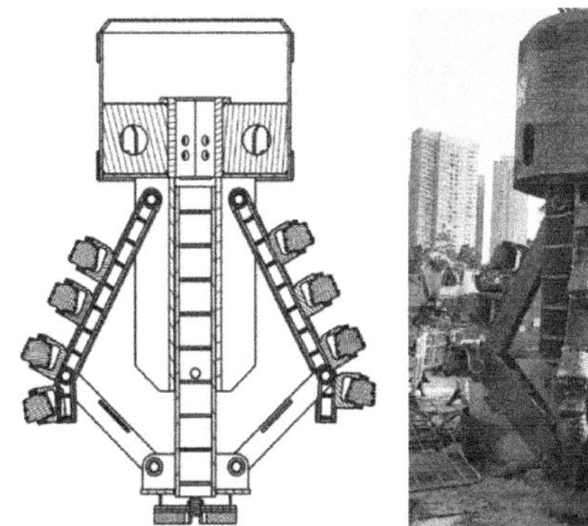

图 9.4-10　硬岩旋挖滚刀扩底钻

图 9.4-11　硬岩旋挖滚刀扩底钻

9.5　特　种　钻

9.5.1　上扶正筒钻

上扶正筒钻（图 9.5-1）适用于软硬不均、斜岩面分级扩孔钻进时首级孔钻进，起扶正作用。

图 9.5-1　上扶正筒钻

9.5.2 推土式捞渣钻

推土式捞渣钻（图 9.5-2）适用于淤泥、淤泥质黏土、黏性土等黏性大不易卸土地层，适用直径<1200mm 钻孔钻进。推土式捞渣钻推渣过程见图 9.5-3。

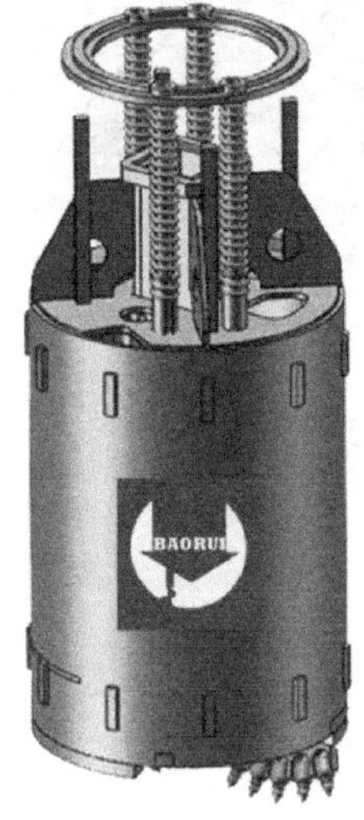

图 9.5-2 推土式捞渣钻

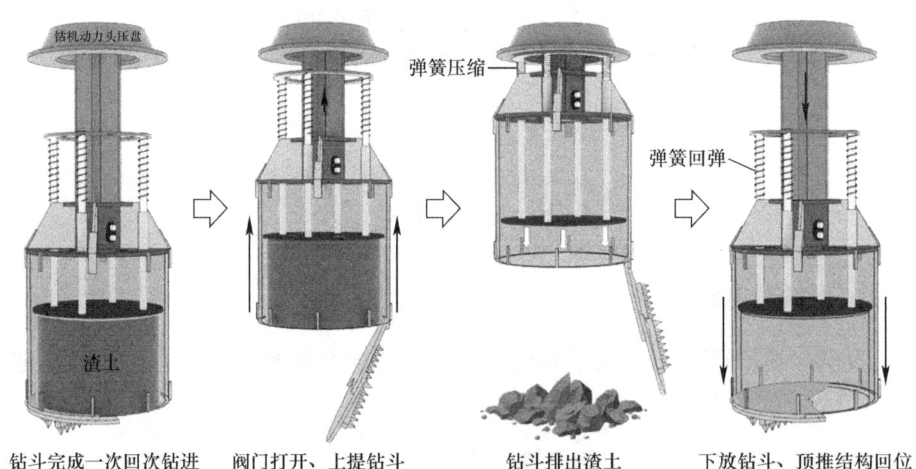

图 9.5-3 推土式捞渣钻推渣过程

9.5.3 滚刀全截面钻

滚刀全截面钻（图 9.5-4）适用于强度大于 100MPa 的坚硬岩层进行全截面一次性成孔，或用于钻孔入岩后磨平孔底。

9.5.4 长螺旋挤土钻

长螺旋挤土钻（图 9.5-5）结构由两部分构成，下部分是普通长螺旋钻具，通过叶片向上带土；上部芯管为锥形体的螺旋钻具，起挤密作用。适用于淤泥质黏土、黏性土、粉土、砂土含小砾石黏性土、黄土和强风化土等。

图 9.5-4　滚刀全截面钻

图 9.5-5　长螺旋挤土钻

9.5.5　地雷形挤土钻

地雷形挤土钻（图 9.5-6）结构外形类似地雷，适用于岩溶发育区溶洞段充填物或回填物的旋挖挤压钻进。

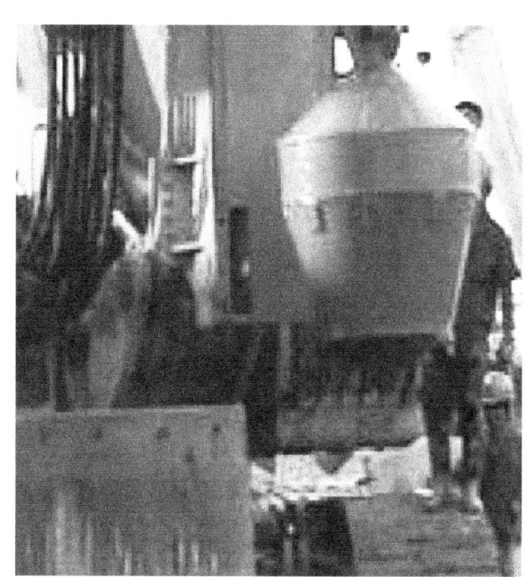

图 9.5-6　地雷形挤土钻

9.5.6 加挡石板钻

加挡石板钻（图 9.5-7）在普通的旋挖钻头顶部设置块石挡板，挡板尺寸与钻斗筒身直径相同，适用于填石地层旋挖钻进施工时承托住掉落的块石。

图 9.5-7 加挡石板钻头

9.5.7 漂石抓取岩芯钻

漂石抓取岩芯钻俗称漂石抱取筒钻或侧抓筒钻（图 9.5-8），提钻时抓取装置向钻头体内移动，减少筒壁的开口，将漂石捞出，适用于漂石、填石层钻进。

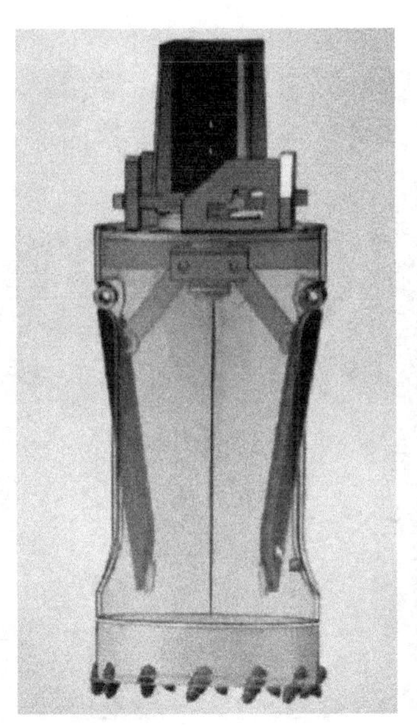

图 9.5-8 漂石抓取筒钻

9.5.8 加上扶正钻头

加上扶正钻头见图 9.5-9～图 9.5-11。

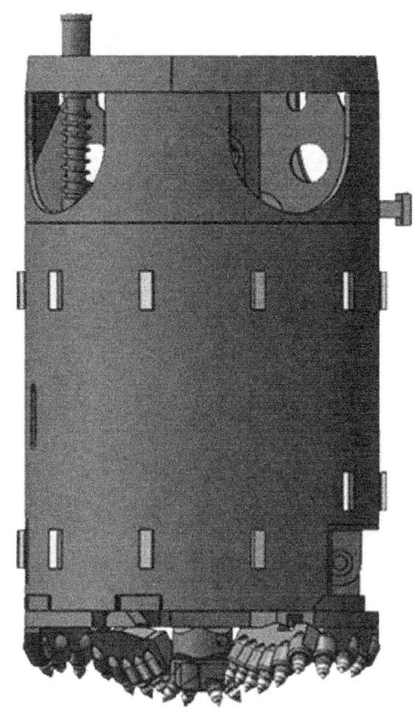

图 9.5-9 加上扶正捞渣钻

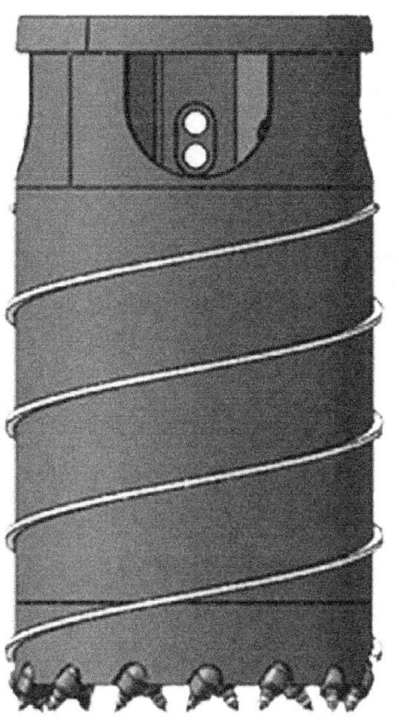

图 9.5-10 加上扶正岩芯钻

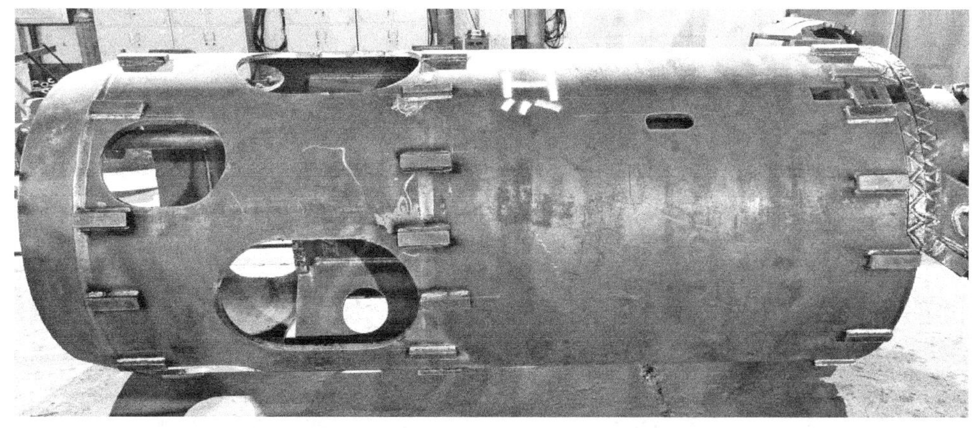

图 9.5-11 加上扶正捞渣钻

9.5.9 装有岩芯抓的岩芯钻

装有岩芯抓的岩芯钻见图 9.5-12。

9.5.10 卵、漂石钻头

卵、漂石钻头（图 9.5-13、图 9.5-14）适用于卵、漂较多的地层施工，利用岩芯钻的结构钻进，然后通过单向挡板把卵、漂石带上来。

图 9.5-12 装有岩芯抓的岩芯钻

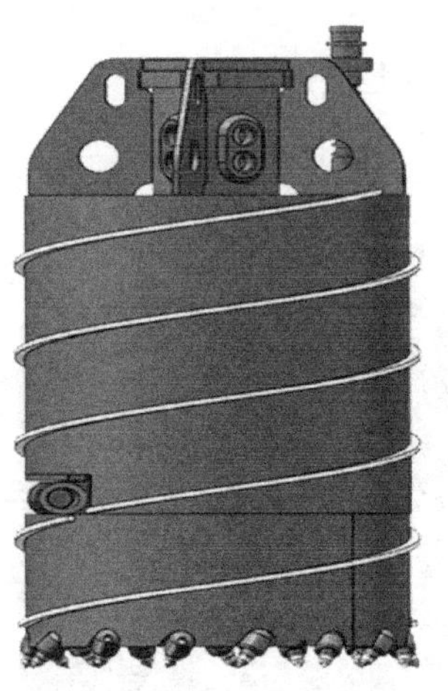

图 9.5-13 卵、漂石钻头正视图

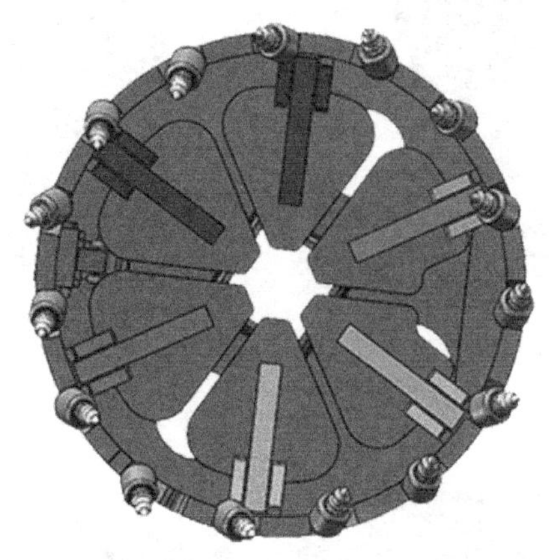

图 9.5-14 卵、漂石钻头底板

9.5.11 岩层刷壁钻

岩层刷壁钻头（图 9.5-15、图 9.5-16）适用于抗拔桩入岩段岩层孔壁刷洗，达到去除泥皮的作用。钻头底安装两层钢丝刷，通过钻头着底后顺时针、逆时针转动而伸出、收缩。

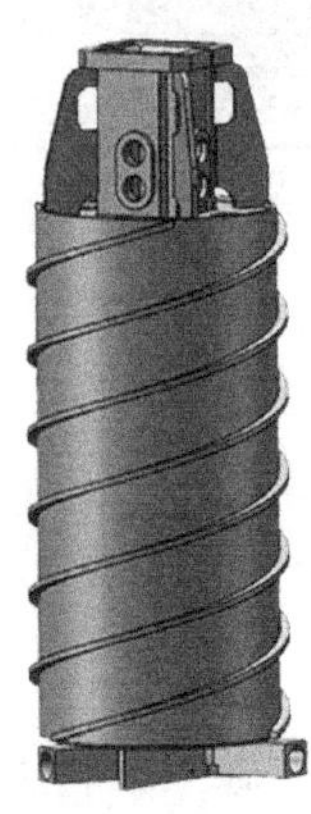

图 9.5-15 刷壁钻头正视图

图 9.5-16 刷壁钻头底部

9.5.12　泥浆循环钻

泥浆循环钻（图 9.5-17）通过上部喇叭口和导渣条实现底部泥渣的往返循环。

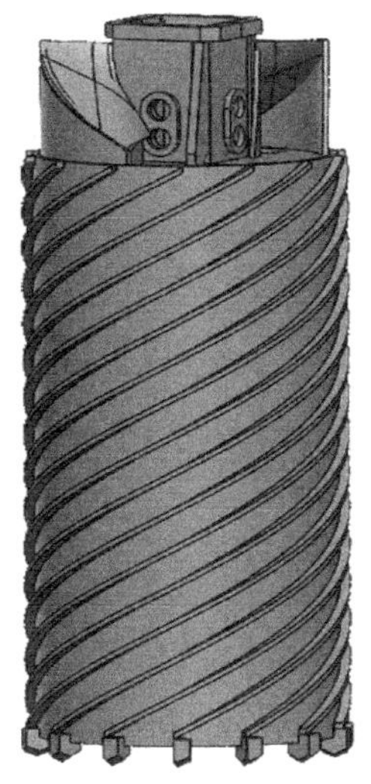

图 9.5-17　泥浆循环钻头

9.5.13　加长型截齿岩芯钻

加长型截齿岩芯钻见图 9.5-18。

图 9.5-18　加长型截齿岩芯钻（用于串珠式溶洞施工）

附：《旋挖灌注桩施工新技术》自有知识产权情况统计表

章名	节名	完成单位	类别	名称	编号	备注
第 1 章 孔口护筒埋设施工新技术	1.1 旋挖孔口护筒嵌入式埋设施工技术	深圳市工勘岩土集团有限公司	发明专利	大直径旋挖灌注桩的护筒埋设方法	ZL2018 1 1185345.3 证书号第 4378709 号	国家知识产权局
			实用新型专利	大直径旋挖灌注桩的护筒埋设结构	ZL 2018 2 1653158.9 证书号第 9526705 号	国家知识产权局
			工法	深圳市市级工法	SZSJGF139-2019	深圳建筑业协会
			科技成果鉴定	省内领先	粤建协鉴字〔2019〕323 号	广东省建筑业协会
			获奖	广东省土木建筑学会科学技术奖三等奖	2021-3-X158-D01	广东省土木建筑学会
			论文	《旋挖灌注桩孔口护筒嵌入式埋设定位施工技术》	《施工技术》2020 年 12 月第 49 卷增刊	亚太建设科技信息研究院、中国建筑设计研究院、中国建筑工程总公司、中国土木工程学会主办
	1.2 旋挖灌注桩深长内外双护筒定位施工技术	深圳市工勘岩土集团有限公司、深圳市工勘基础工程有限公司	发明专利	控制垂直度的双护筒施工方法	ZL 2016 1 0096644.4 证书号第 3012846 号	国家知识产权局
			实用新型专利	控制垂直度的双护筒施工结构	ZL 2016 2 0133026.8 证书号第 5458520 号	中华人民共和国国家知识产权局
			工法	广东省省级工法	GDGF246-2017	广东省住房和城乡建设厅
			工法	深圳市市级工法	SZSJGF079-2017	深圳建筑业协会
			科技成果鉴定	国内领先	粤建协鉴字〔2017〕78 号	广东省建筑业协会
			获奖	广东省土木建筑学会科学技术奖三等奖	2019-3-X75-D01	广东省土木建筑学会
			论文	《旋挖灌注桩深长内外双护筒定位施工技术》	《施工技术》2018 年 6 月第 47 卷增刊	亚太建设科技信息研究院、中国建筑设计研究院、中国建筑工程总公司、中国土木工程学会主办

续表

章名	节名	完成单位	类别	名称	编号	备注
第 1 章 孔口护筒埋设施工新技术	1.3 深基坑旋挖灌注桩试桩隔离侧摩阻力双护筒施工技术	深圳市工勘岩土集团有限公司	工法	广东省省级工法	GDGF285-2019	广东省住房和城乡建设厅
			工法	深圳市市级工法	SZSJGF067-2019	深圳建筑业协会
			科技成果鉴定	国内先进	粤建协鉴字〔2019〕312 号	广东省建筑业协会
			获奖	广东省地质科学技术奖二等奖	DZXHKJ192-20	广东省地质学会
			论文	《护筒隔离技术在灌注桩静载试验中的应用研究》	《施工技术》2019 年 12 月第 48 卷增刊	亚太建设科技信息研究院、中国建筑设计研究院、中国建筑工程总公司、中国土木工程学会主办
	1.4 灌注桩多功能回转钻机深长护筒安放定位技术	深圳市工勘岩土集团有限公司、深圳市金刚钻机械工程有限公司	发明	一种应用于旋挖钻机的接驳式护筒	202111155012.8	实审
			实用新型专利	一种应用于旋挖钻机的接驳式护筒	ZL 2021 2 2381736.6 证书号第 16329332 号	国家知识产权局
			工法	深圳市市级工法	SZSJGF010-2022	深圳建筑业协会
			科技成果鉴定	国内领先	粤建学鉴字〔2022〕第 113 号	广东省土木建筑学会
			获奖	广东省土木建筑学会科学技术奖三等奖	2022-3-X06-D	广东省土木建筑学会
			论文	《大直径灌注桩深长护筒多功能钻机接驳埋设技术》	《科技和产业》2023 年 1 月第 23 卷 第 2 期	中国技术经济学会主办
第 2 章 基坑支护桩施工新技术	2.1 基坑支护接头箱旋挖“软咬合”成桩施工技术	深圳市工勘岩土集团有限公司、深圳市工勘基础工程有限公司	发明专利	基坑支护接头箱旋挖软咬合成桩施工方法	202210785307.1	申请受理中
			发明专利	用于基坑支护咬合素桩成桩的接头箱结构	202210785291.4	申请受理中
			实用新型专利	用于基坑支护旋挖软咬合接头箱成桩施工的孔口平台	ZL 2022 2 1733881.4 证书号第 17912805 号	国家知识产权局
			实用新型专利	用于基坑支护咬合素桩成桩的接头箱	ZL 2022 2 1717355.9 证书号第 17920280 号	国家知识产权局
			科技成果鉴定	国内领先	粤建学鉴字〔2022〕第 109 号	广东省土木建筑学会
			获奖	广东省建筑业协会科学技术进步奖三等奖	2022-J3-072	广东省建筑业协会

续表

章名	节名	完成单位	类别	名称	编号	备注
第2章 基坑支护桩施工新技术	2.2 深厚松散填石层咬合桩一荤二素组合式成桩施工技术	深圳市工勘岩土集团有限公司	实用新型专利	用于深厚松散填石层咬合桩的施工结构	ZL 2018 2 2062032.0 证书号第 9826263 号	国家知识产权局
			工法	广东省省级工法	GDGF288-2019	广东省住房和城乡建设厅
			科技成果鉴定	国内先进	粤建协鉴字〔2019〕316 号	广东省建筑业协会
			获奖	广东省土木建筑学会科学技术奖三等奖	2020-3-X07-D01	广东省土木建筑学会
			论文	深厚松散填石层咬合桩组合成桩技术	《施工技术》2019 年 12 月 第 48 卷 第 23 期	亚太建设科技信息研究院、中国建筑设计研究院、中国建筑工程总公司、中国土木工程学会主办
	2.3 基坑支护咬合桩长螺旋钻素桩与旋挖钻荤桩施工技术	深圳市工勘岩土集团有限公司	发明专利	荤素搭配的咬合桩施工方法	ZL 2019 1 0345449.4 证书号第 4521670 号	国家知识产权局
			实用新型专利	荤素搭配的咬合桩施工结构	ZL 2019 2 0592751.5 证书号第 10126585 号	国家知识产权局
			工法	广东省省级工法	GDGF287-2019	广东省住房和城乡建设厅
			工法	深圳市市级工法	SZSJGF115-2019	深圳建筑业协会
			科技成果鉴定	国内先进	粤建协鉴字〔2019〕324 号	广东省建筑业协会
			获奖	广东省建筑业协会科学技术进步奖三等奖	2020-J3-069	广东省建筑业协会
			论文	《基坑支护咬合桩长螺旋钻与筒式钻斗旋挖钻综合施工技术》	《施工技术》2020 年 10 月 第 49 卷 第 19 期	亚太建设科技信息研究院、中国建筑设计研究院、中国建筑工程总公司、中国土木工程学会主办
	2.4 基坑支护旋挖硬咬合灌注桩钻进综合施工技术	深圳市工勘岩土集团有限公司	实用新型专利	基坑支护咬合桩综合施工结构	ZL 2019 2 1032724.9 证书号第 10717870 号	国家知识产权局
			工法	广东省省级工法	GDGF286-2019	广东省住房和城乡建设厅
			工法	深圳市市级工法	SZSJGF041-2019	深圳建筑业协会
			科技成果鉴定	国内先进	粤建协鉴字〔2019〕313 号	广东省建筑业协会
			获奖	广东省土木建筑学会科学技术奖三等奖	2020-3-X189-D01	广东省土木建筑学会

续表

章名	节名	完成单位	类别	名称	编号	备注
第2章 基坑支护桩施工新技术	2.4 基坑支护旋挖硬咬合灌注桩钻进综合施工技术	深圳市工勘岩土集团有限公司	论文	《基坑支护旋挖硬咬合灌注桩钻进综合施工技术》	《桩基工程技术进展 2019》 ISBN 978-7-112-24368-6	第十四届全国桩基工程学术会议，中国土木工程学会土力学及岩土工程分会、中国工程建设标准化协会地基基础专业委员会主办
	2.5 旋挖钻机切除支护桩内半侵入锚索施工技术	深圳市工勘岩土集团有限公司	发明专利	旋挖钻机切除支护桩内半侵入预应力锚索的方法	ZL 2020 1 0753530.9 证书号第 4994332 号	国家知识产权局
			实用新型专利	便于旋挖钻机切除的支护桩内半侵入预应力锚索结构	ZL 2020 2 1569711.8 证书号第 13696285 号	国家知识产权局
	2.6 深厚填石区基坑支护桩强夯预处理旋挖成桩技术	深圳市工勘建设集团有限公司、深圳市工勘岩土集团有限公司	发明专利	一种强夯预处理成桩施工方法	202211028848.6	申请受理中
			科技成果鉴定	国内领先	粤建协鉴字〔2022〕520 号	广东省建筑业协会
			获奖	广东省建筑业协会科学技术进步奖二等奖	2022-J2-039-2	广东省建筑业协会
第3章 灌注桩硬岩钻进施工新技术	3.1 大直径旋挖灌注桩硬岩分级扩孔钻进技术	深圳市工勘岩土集团有限公司	实用新型专利	大直径旋挖钻孔桩硬岩钻具	ZL 2013 2 0868638.8 证书号第 3713124 号	中华人民共和国国家知识产权局
			工法	广东省省级工法	GDGF091-2014	广东省住房和城乡建设厅
			工法	深圳市市级工法	SZSJGF032-2014	深圳建筑业协会
			科技成果鉴定	国内领先	粤建鉴字〔2014〕95 号	广东省住房和城乡建设厅
			获奖	广东省土木建筑学会科学技术奖三等奖	2016-3-X05-D01	广东省土木建筑学会
	3.2 大直径灌注桩硬岩旋挖导向分级扩孔技术	深圳市工勘岩土集团有限公司、深圳市工勘基础工程有限公司	发明专利	大直径灌注桩硬岩旋挖导向分级扩孔施工方法	202210125586.9	实审
			工法	深圳市市级工法	SZSJGF131-2021	深圳建筑业协会
			科技成果鉴定	国内领先	粤建学鉴字〔2022〕第 110 号	广东省土木建筑学会
			获奖	广东省建筑业协会科学技术进步奖三等奖	2022-J3-073	广东省建筑业协会
			论文	《大直径灌注桩硬岩旋挖导向分级扩孔施工技术》	《科技和产业》2022 年 8 月第 22 卷 第 8 期	中国技术经济学会主办

续表

章名	节名	完成单位	类别	名称	编号	备注
第3章 灌注桩硬岩钻进施工新技术	3.3 硬岩旋挖分级扩孔钻进偏孔多牙轮组筒钻纠偏修复技术	深圳市工勘岩土集团有限公司、深圳市工勘基础工程有限公司				
	3.4 大直径旋挖灌注桩硬岩小钻阵列取芯钻进技术	深圳市工勘岩土集团有限公司	发明专利	一种大直径旋挖灌注桩硬岩小钻阵列取芯钻进方法	202010040904.2	实审
			工法	深圳市市级工法	SZSJGF015-2020	深圳建筑业协会
			科技成果鉴定	国内先进	粤建协鉴字〔2020〕759号	广东省建筑业协会
			获奖	广东省建筑业协会科学技术进步奖三等奖	2020-J3-067	广东省建筑业协会
			论文	《大直径旋挖灌注桩硬岩小钻阵列取芯钻进施工技术》	《第十一届深基础工程发展论坛论文集》	中国建筑业协会深基础地下空间工程分会、中国工程机械学会桩工机械分会、中国土木工程学会土力学及岩土工程分会、建筑安全与环境国家重点实验室主办
	3.5 大直径旋挖灌注桩硬岩阵列取芯分序钻进技术	深圳市工勘岩土集团有限公司	发明专利	大直径旋挖灌注桩硬岩阵列取芯顺序钻进方法	202211224944.8	实审
第4章 旋挖灌注桩综合施工新技术	4.2 抗拔桩嵌岩段孔壁泥皮旋挖伸缩钻头清刷施工技术	深圳市工勘岩土集团有限公司	发明专利	对抗拔桩入岩段孔壁进行清刷的方法	ZL 2020 1 1396126.7 证书号第5092451号	国家知识产权局
			实用新型专利	抗拔桩旋挖伸缩嵌岩刷壁钻头	ZL 2020 2 2902394.3 证书号第14249049号	国家知识产权局
			工法	深圳市市级工法	SZSJGF056-2021	深圳建筑业协会
			科技成果鉴定	国内先进	粤建协鉴字〔2022〕517号	广东省建筑业协会
			获奖	广东省建筑业协会科学技术进步奖三等奖	2022-J3-082	广东省建筑业协会
			论文	《抗拔桩嵌岩段孔壁泥皮旋挖伸缩钻头清刷施工技术》	《第十一届深基础工程发展论坛论文集》	中国建筑业协会深基础地下空间工程分会、中国工程机械学会桩工机械分会、中国土木工程学会土力学及岩土工程分会、建筑安全与环境国家重点实验室主办

续表

章名	节名	完成单位	类别	名称	编号	备注
第 4 章 旋挖灌注桩综合施工新技术	4.4 钢结构装配式平台配合旋挖与全回转组合钻进施工技术	深圳市工勘岩土集团有限公司、深圳市金刚钻机械工程有限公司	实用新型专利	用于辅助旋挖钻机配合全回转钻机作业的装配式平台	ZL 2020 2 1664299.8 证书号第 13085731 号	国家知识产权局
			工法	深圳市市级工法	SZSJGF035-2021	深圳建筑业协会
	4.5 软弱地层长螺旋跟管与旋挖钻成孔灌注桩施工技术	深圳市工勘岩土集团有限公司	工法	广东省省级工法	GDGF284-2019	广东省住房和城乡建设厅
			工法	深圳市市级工法	SZSJGF066-2019	深圳建筑业协会
			科技成果鉴定	国内领先	粤建协鉴字〔2019〕317 号	广东省建筑业协会
			获奖	广东省土木建筑学会科学技术奖三等奖	2020-3-X16-D01	广东省土木建筑学会
			论文	《深厚软弱地层长螺旋跟管、旋挖钻成孔灌注桩施工技术》	《施工技术》2020 年 10 月 第 49 卷 第 19 期	亚太建设科技信息研究院、中国建筑设计研究院、中国建筑工程总公司、中国土木工程学会主办
	4.6 岩溶发育区旋挖地雷形钻头溶洞挤压施工技术	深圳市工勘岩土集团有限公司、深圳市工勘基础工程有限公司	实用新型专利	岩溶发育区旋挖地雷式溶洞挤压钻头	ZL 2020 2 1322731.5 证书号第 13696174 号	国家知识产权局
第 5 章 旋挖钻进出渣降噪施工技术	5.1 旋挖钻筒三角锥出渣减噪施工技术	深圳市工勘岩土集团有限公司	实用新型专利	便于钻筒出渣的施工结构	ZL 2018 2 1006438.0 证书号第 9528773 号	国家知识产权局
			工法	深圳市市级工法	SZSJGF092-2021	深圳建筑业协会
			论文	《旋挖钻筒三角锥辅助出渣降噪绿色施工技术》	《建筑实践》2021 年 7 月 第 40 卷第 19 期	中国建筑学会主办
	5.2 旋挖钻斗顶推式出渣降噪施工技术	深圳市工勘岩土集团有限公司、江门宝锐机械工程有限公司	发明专利	旋挖钻斗顶推式出渣降噪施工方法	202111406292.5	实审
			发明专利	旋挖钻斗顶推式出渣降噪结构	202111407725.9	实审
			工法	广东省省级工法	GDGF328-2021	广东省住房和城乡建设厅
			工法	深圳市市级工法	SZSJGF198-2021	深圳建筑业协会
			科技成果鉴定	国内领先	粤建协鉴字〔2021〕422 号	广东省建筑业协会
			获奖	广东省建筑业协会科学技术进步奖三等奖	2021-J3-102	广东省建筑业协会
			获奖	岩土工程技术创新应用二等成果	—	中国施工企业管理协会

续表

章名	节名	完成单位	类别	名称	编号	备注
第6章 地下连续墙旋挖引孔新技术	6.1 地铁保护范围内地下连续墙硬岩旋挖引孔与双轮铣凿岩综合成槽施工技术	深圳市工勘岩土集团有限公司	实用新型专利	气举反循环的清渣处理结构	ZL 2018 2 1498073.8 证书号第9184786号	国家知识产权局
			工法	深圳市市级工法	SZSJGF021-2019	深圳建筑业协会
			科技成果鉴定	国内领先	粤建协鉴字〔2019〕320号	广东省建筑业协会
			获奖	广东省土木建筑学会科学技术奖三等奖	2020-3-X24-D01	广东省土木建筑学会
			获奖	岩土工程技术创新应用二等成果	—	中国施工企业管理协会
	6.2 地下防空洞区地下连续墙堵、填、钻、铣综合成槽技术	深圳市工勘岩土集团有限公司	发明专利	一种防空洞巷道封堵结构	202010436924.1	实审
			实用新型专利	一种防空洞巷道封堵结构	ZL 2020 2 0865374.0 证书号第12304771号	国家知识产权局
			工法	深圳市市级工法	SZSJGF115-2020	深圳建筑业协会
			科技成果鉴定	国内先进	粤建协鉴字〔2020〕750号	广东省建筑业协会
			获奖	广东省土木建筑学会科学技术奖二等奖	2021-2-X50-D01	广东省土木建筑学会
			论文	《防空洞区地下连续墙堵、填、钻、铣综合成槽施工技术》	《建筑细部》2020年10月第28期	大连理工大学主办
第7章 灌注桩孔内事故处理新技术	7.1 旋挖桩孔内掉钻螺杆机械手打捞施工技术	深圳市工勘岩土集团有限公司、深圳市工勘建设集团有限公司、江门宝锐机械工程有限公司	实用新型专利	一种螺杆原理打捞装置	ZL 2020 2 1147287.8 证书号第12709324号	国家知识产权局
			工法	深圳市市级工法	SZSJGF197-2021	深圳建筑业协会
			科技成果鉴定	国内先进	粤建协鉴字〔2022〕519号	广东省建筑业协会
			获奖	广东省建筑业协会科学技术进步奖三等奖	2022-J3-083	广东省建筑业协会
	7.2 旋挖筒钻双向反钩孔内掉钻打捞技术	深圳市工勘岩土集团有限公司、深圳市工勘建设集团有限公司	实用新型专利	双向反钩的打捞装置	ZL 2022 2 2209248.1 证书号第17812822号	国家知识产权局
			工法	深圳市市级工法	SZSJGF065-2022	深圳建筑业协会
			科技成果鉴定	省内领先	粤建协鉴字〔2022〕521号	广东省建筑业协会
	7.3 孔内旋挖掉钻机械手打捞技术	深圳市工勘岩土集团有限公司	实用新型专利	一种用于打捞旋挖钻头的装置	ZL 2022 2 2452311.4 证书号第18456020号	国家知识产权局